石油和化工行业"十四五"规划教材

 高等职业教育自动化类专业系列教材

安全仪表系统

高兴泉　王景芝　主编

冯晓玲　副主编

陈厚合　主审

 化学工业出版社

·北京·

内容简介

本书以培养安全仪表系统（SIS）技术应用能力为目标，由校企合作编写。本书介绍了安全仪表系统基础知识、SIS 装调和维护知识，以及目前化工生产中广泛应用的 Tricon 控制系统（国外）、TCS-900 控制系统（国内）、ELoP II 控制系统（国外）、HiaGuard 控制系统（国内）等各安全仪表系统的系统概述、系统配置、系统组态、系统维护等内容，同时讲解了 Tricon 控制系统、TCS-900 控制系统实践应用案例，理论和实践相结合，以提高学习效果。本书配套立体化资源（微课视频、习题答案、电子课件等），微课视频扫码即可查看，习题答案和电子课件可登录化工教育网站（www.cipedu.com.cn）免费下载。

本书可作为职业院校化工自动化技术专业及相关专业的学生教材或教学参考书，还可供安全仪表系统技术人员、流程工业安全技术人员和管理人员参考。

图书在版编目（CIP）数据

安全仪表系统 / 高兴泉，王景芝主编. -- 北京：
化学工业出版社，2025. 8. --（石油和化工行业"十四
五"规划教材）（高等职业教育自动化类专业系列教材）.
ISBN 978-7-122-48184-9

Ⅰ. TH89

中国国家版本馆CIP数据核字第2025EK3138号

责任编辑：葛瑞祎　　　　　　　　　　文字编辑：赵子杰　李亚楠
责任校对：张茜越　　　　　　　　　　装帧设计：张　辉

出版发行：化学工业出版社
　　　　　（北京市东城区青年湖南街 13 号　邮政编码 100011）
印　　装：河北京平诚乾印刷有限公司
787mm×1092mm　1/16　印张 17　字数 450 千字
2025 年 8 月北京第 1 版第 1 次印刷

购书咨询：010-64518888　　　　　　　售后服务：010-64518899
网　　址：http://www.cip.com.cn
凡购买本书，如有缺损质量问题，本社销售中心负责调换。

定　　价：56.00元　　　　　　　　　　　　　　　版权所有　违者必究

随着工业自动化水平的提高及现代化工行业的快速发展，工业过程变得更加复杂和高风险，对工业过程的安全性要求越来越高。国家对于"两重点一重大项目"要求进行 SIL 定级与验证，安全仪表系统（safety instrumented system，SIS）已在大型石油化工装置上得到广泛应用，企业对仪表技术人员 SIS 相关能力要求随之提高，安全仪表系统课程的学习对提高学生就业竞争力至关重要。

目前，市场上的安全仪表系统产品多样。国内，自主品牌的市场占有率大幅提升，浙江中控自动化公司的 TCS-900、和利时集团的 HiaGuard 有较大的影响和较广的应用；国外，美国霍尼韦尔 FSC 系统及罗克韦尔 Trusted 系统、法国施耐德 Tricon、德国黑马 ELoP II 应用广泛。本书的内容选取从化工仪表技术人员相关岗位要求及国内外技术发展和市场应用需求出发，设计有施耐德 Tricon、浙江中控 TCS-900、黑马 ELoP II、和利时 HiaGuard 四个安全仪表系统内容。

本书有效衔接企业案例、安全仪表系统相关的国家及行业标准等，将石化行业中安全仪表系统相关的新技术、新规范、新标准、典型生产案例纳入教材，突出职业能力培养。

本书采用模块化编排方式，分为安全仪表系统基础，Tricon 控制系统，TCS-900 控制系统，ELoP II 控制系统，HiaGuard 控制系统及 SIS 的安装、调试及维护六个模块，配套 Tricon、TCS-900 系统实践案例。

本书引入的生产实践案例，贯穿相关安全仪表系统的组态、测试等专业知识和操作方法。本书各模块设有拓展阅读部分，旨在引导学生加强职业素养。各模块均有小结，模块一至模块五有测试题，便于总结提升。本书配套安全仪表相关标准、实践案例操作视频等教学资源，扫描二维码即可获取相应资源。

本书由吉林工业职业技术学院高兴泉、王景芝担任主编，辽宁石化职业技术学院冯晓玲担任副主编，参与编写的有中国石油天然气股份有限公司吉林石化分公司侯英杰、河北化工医药职业技术学院张新岭、重庆化工职业学院伍波、湖南化工职业技术学院李坤鹏、吉林工业职业技术学院王升升。具体编写分工如下：王景芝编写模块一、模块二、模块五，高兴泉编写模块三、模块四，张新岭、伍波编写模块六，冯晓玲、侯英杰负责实践案例编写及相关视频制作，课件、标准等资源由李坤鹏、王升升完成。本书由吉林工业职业技术学院陈厚合主审。

在本书编写过程中，吉林石化公司多位技术人员提供了指导和帮助，并提供了宝贵的技术资料，参与了实践任务案例编写研讨，在此表示衷心感谢。

限于编者水平，书中不妥之处在所难免，敬请广大读者批评指正。

编者

目录

模块一
安全仪表系统基础

模块描述

　　安全仪表系统（safety instrumented system，SIS）是一个综合性的系统，由多个测量、监测、控制和保护设备组成，主要用于监测工业生产和运行过程中的各种参数，并对可能发生的危险情况进行识别、预警和应对。在化工、石油、天然气等领域，为确保生产安全、提高生产效率，已广泛应用安全仪表系统。作为从事自动化仪表技术、安全技术等相关领域的技术人员，应熟悉安全仪表系统的组成、应用、维护。

　　本模块通过对安全仪表系统组成、相关概念、相关标准等基础知识学习，理解安全仪表的设计思想及在工业生产中的作用。

学习目标

知识目标：

① 了解安全仪表系统的设计思想与发展历程；

② 了解安全仪表系统相关标准及认证；

③ 掌握安全仪表系统的分类、组成；

④ 掌握安全仪表系统的相关概念、术语。

能力及素质目标：

① 能熟记安全仪表系统的相关概念、术语；

② 会识读安全仪表回路图；

③ 培养安全意识与标准意识。

知识思维导图

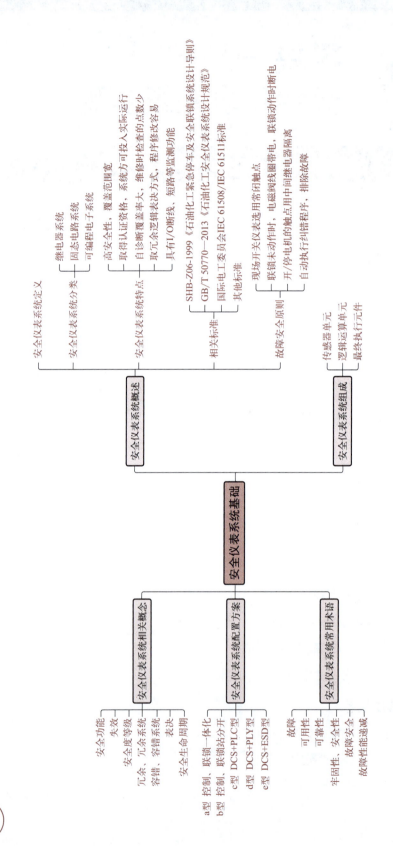

安全仪表系统基础

安全仪表系统概述
- 安全仪表系统定义
- 安全仪表系统分类
  - 继电器系统
  - 固态电路系统
  - 可编程电子系统
- 安全仪表系统特点
  - 高安全性、覆盖范围宽
  - 取得认证资格
  - 自诊断覆盖率大、系统方可投入实际运行
  - 取冗余逻辑表决方式、维修时检查的点数少、程序修改容易
  - 具有I/O断线、短路等监测功能
- 相关标准
  - SHB-Z06-1999《石油化工紧急停车及安全联锁系统设计导则》
  - GB/T 50770—2013《石油化工安全仪表系统设计规范》
  - 国际电工委员会IEC 61508/IEC 61511标准
  - 其他标准
- 故障安全原则
  - 现场开关仪表选用常闭触点
  - 联锁未动作时，电磁阀线圈带电，联锁动作时断电
  - 开/停电机的触点用中间继电器隔离
  - 自动执行纠错程序、排除故障

安全仪表系统组成
- 传感器单元
- 逻辑运算单元
- 最终执行元件

安全仪表系统相关概念
- 安全功能
- 失效
- 安全度等级
- 冗余、冗余系统
- 容错、容错系统
- 表决
- 安全生命周期

安全仪表系统配置方案
- a型 控制、联锁一体化
- b型 控制、联锁站分开
- c型 DCS+PLC型
- d型 DCS+PLY型
- e型 DCS+ESD型

安全仪表系统常用术语
- 故障
- 可用性
- 可靠性
- 本固性、安全性、故障安全
- 故障性能递减

1.1 概述

在石油、化工生产中，由于其生产装置规模向大型化、超大型化、智能化方向发展，并且石油化工装置的物料大多为易燃、易爆及有毒有害物质，许多化学反应在高温高压下进行，一旦生产环节失控，往往会带来严重的后果，发生重大乃至灾难性事故，造成环境污染、重大人员伤亡及巨额财产损失。为确保生产的正常进行，防止事故的发生和扩大，在有可靠安全保障的前提下实现全生产过程的自动化运行，需要广泛地采用安全仪表系统。

安全仪表系统主要为工厂控制系统中报警和联锁部分，可对生产过程进行自动监测并实现安全控制，对控制系统中的检测结果实施报警动作或调节或停机控制，是工厂企业自动控制中的重要组成部分。当各种因素使某些工艺变量（压力、温度、流量、液位等）越限或运行状态发生异常时，系统以灯光或声响引起操作者的注意，自动停车或自动控制事故阀门，使生产过程处于安全状态，这是确保产品质量、产率及设备和人身安全所必需的。

目前，在以石油/天然气开采运输、石油化工、发电等为代表的过程工业领域，紧急停车系统（emergency shut down system，ESD）、燃烧器管理系统（burner management system）、火灾和气体安全系统（fire and gas safety system，FGS）、高完整性压力保护系统（high integrity pressure/pipeline protection system，HIPPS）等以安全保护和抑制减轻灾害为目的的安全仪表系统，已广泛应用于不同的工艺或设备防护场合，保护人员、生产设备及环境。

安全仪表系统不同于批量控制、顺序控制及过程控制的工艺联锁，当过程变量（温度、压力、流量、液位等）越限、机械设备故障、系统本身故障或能源中断时，安全仪表系统能自动（必要时可手动）地完成预先设定的动作，使操作人员、工艺装置处于安全状态。

安全仪表系统在石油、石油化工等领域中已有较多的产品。

❶ FSC（fail safe control system，故障安全控制系统）是 P+F 公司开发的一种安全系统，后被 Honeywe11 收购，名称不变。

❷ PES（programmable electronic system，可编程电子系统）是德国著名的安全系统制造商 HIMA 生产的产品。

除了以上系统之外，还有一些制造商生产的安全仪表系统，如 TRICONEX 公司的 Tricon、Moore Product 公司的 Quadlog PLC、GE 公司的 GMR、ABB 公司的 Triguard SC300E、ICS 公司的 Trusted、YOKOGAWA 公司的 Prosafe-RS 系统、浙江中控技术股份有限公司的 TCS-900 系统、北京和利时公司的 HiaGuard 系统。

总之，安全仪表系统在开车、停车、出现工艺扰动以及正常维护操作期间，对人员、生产装置、环境提供安全保护。当生产装置本身出现故障危险、人为原因导致危险或不可抗拒的原因导致危险时，SIS 立即作出正确处理并输出正确信号，使生产装置安全停车，阻止危险的发生或事故的扩散。

SIS 有高可靠性（reliability）、可用性（availability）和可维护性（maintainability），并且在 SIS 内部出现故障或外界干扰的情况下是安全的。安全仪表系统涉及的内容包括过程安全概念、危险及风险分析、确定安全等级、安全仪表系统的功能、安全仪表系统的安装和调试、预投运检查、投运操作及系统维护。

1.1.1　安全仪表系统定义

安全仪表系统是根据美国仪表学会（ISA）对安全控制系统的定义而得名的。安全仪表系统也称为紧急停车系统、安全联锁系统（safety interlock system，SIS）或仪表保护系统（instrumented protection system，IPS）。它是能实现一个或多个安全仪表功能（safety instrumented function，SIF）的系统，是由国际电工委员会（IEC）标准 IEC 61508 及 IEC 61511 定义的专门用于工业过程的安全控制系统，用于对设备可能出现的故障进行动作，使生产装置按照规定的条件或者程序退出运行，从而使危险降低到最低程度，以保证人员、设备的安全或避免工厂周边环境的污染。

IEC 61508/IEC 61511 的发布，首先将仪表系统的各种特定应用，例如 ESD、FGS、BMS 等都统一到 SIS 的概念下；其次，提出了以 SIL 为指针，基于绩效（performance based）的可靠性评估标准；再者，以安全生命周期（safety lifecycle）的架构，规定了各阶段的技术活动和功能安全管理活动。这样，SIS 的应用形成了一套完整的体系，包括设计理念和设计方法，仪表设备选型准入原则（基于经验使用和 IEC 61508 符合性认证），系统硬件配置和软件组态编程规则，系统集成及安装和调试、运行和维护，以及功能安全评估与审计等。

1.1.2　安全仪表系统的分类

20 世纪 60 年代，在 PLC 和 DCS 出现之前，安全仪表系统由气动、继电器系统组成。随着时间的推移，气动、继电器仪表安全系统暴露的问题越来越多，很难达到实时、安全可靠的要求。到了 20 世纪 70 年代，本质故障安全技术诞生，增加了安全性、整体性的需求。20 世纪 90 年代双重化诊断系统、TMR（三重模块冗余）技术在生产过程中得到了应用。同时，TÜV AK6 安全等级的认证，使得 SIS 技术在欧美石化生产过程中得到广泛应用。到目前为止，SIS 技术正在世界范围内被应用。

从 SIS 发展历史来看，安全仪表系统经历了继电器系统、固态电路系统和可编程电子系统三个阶段。

（1）继电器系统

继电器系统采用单元化结构，由继电器执行逻辑，通过重新接线来重新编程。

▶ **优点**：可靠性高，具有故障安全特性，电压适用范围宽，一次性投资较低，可分散于工厂各处，抗干扰能力强。

▶ **缺点**：系统庞大而复杂，灵活性差，不方便进行功能修改或扩展，无串行通信功能，无报告和文档功能，易造成误停车，无自诊断能力，用户维修周期长，费用高。

（2）固态电路系统

固态电路系统采用模块化结构，采用独立固态器件，通过硬接线来构成系统，实现逻辑功能。

▶ **优点**：结构紧凑，可进行在线测试，易于识别故障，易于更换和维护，可进行串行通信，可配置成冗余系统。

▶ **缺点**：灵活性不够，逻辑修改或扩展必须改变系统硬连线，大系统操作费用较高，可靠性不如继电器系统。

（3）可编程电子系统

以微处理器技术为基础的可编程控制器（PLC），采用模块化结构，通过微处理器和编程软件来执行逻辑。

可编程电子系统具有强大、方便灵活的编程能力，有内部自测试和自诊断功能，可进行双重化串行通信，可配置成冗余或三重模块冗余（TMR）系统，可带操作和编程终端，可带时序事件记录（SER）。

1.1.3　安全仪表系统的特点

❶ SIS 能够检测潜在的危险故障，具有高安全性、覆盖范围宽的自诊断功能。采用自诊断技术可以保证 SIS 运行的可靠性，例如 Honeywell TPS 的紧急停车（FSC）系统，每个过程安全时间（process safety time，PST）中有 1s 或 2s 用于测试 I/O、内部数据总线、处理器，诊断结果送给 PC 机用于系统维护。

❷ SIS 需符合国际安全标准规定的仪表安全标准，从系统开发阶段开始，要接受第三方认证机构（TÜV 等）的审查，取得认证资格后，系统方可投入实际运行。国际安全标准推荐诸如经 TÜV 第三方认证机构现场测试及相关程序审查通过的"用户认可的安全仪表"。

❸ SIS 自诊断覆盖率大，维修时检查的点数非常少。诊断覆盖率是指可在线诊断出的故障占全部故障的百分数。

❹ SIS 由采取冗余逻辑表决方式的输入单元、逻辑结构单元、输出单元三部分组成系统，逻辑表决的应用程序容易修改，特别是可编程型 SIS，需要修改时，根据工程实际要求修改软件即可。

❺ SIS 可与局域网、DCS、I/F（人机接口）及开放式网络等组成多种系统。

❻ SIS 设计特别重视从传感器到最终执行机构所组成的回路整体的安全性保证，具有 I/O 断线、短路等监测功能。

1.1.4　相关标准及认证机构

鉴于 SIS 涉及人员、设备、环境的安全，因此各国均制定了相关的标准、规范，使得 SIS 的设计、制造、使用均有章可循，并由权威的认证机构对产品能达到的安全等级进行确认。这些标准、规范及认证机构主要列举如下。

❶ 中国石油化工集团制定的行业标准 SHB-Z06-1999《石油化工紧急停车及安全联锁系统设计导则》。

❷ 中国石油化工集团制定的国家标准 GB/T 50770—2013《石油化工安全仪表系统设计规范》。

❸ 国际电工委员会 1997 年制定的 IEC 61508/IEC 61511 标准，对由机电设备（继电器）、固态电子设备、可编程电子设备（PLC）构成的安全联锁系统的硬件、软件及应用作出了明确规定。

❹ 美国仪表学会制定的 ISA-S84.01-1996《安全仪表系统在过程工业中的应用》。

❺ 美国化学工程学会制定的 AICHE（ccps）-1993《化学过程的安全自动化导则》。

❻ 英国健康与安全执行委员会制定的 HSE PES-1987《可编程电子系统在安全领域的应用》。

❼ 德国国家标准中有安全系统制造厂商标准 DIN V VDE 0801、过程操作用户标准 DIN V 19250 和 DIN V 19251、燃烧管理系统标准 DIN VDE 0116 等。

❽ 德国技术监督协会（TÜV）是一个独立的、权威的认证机构，它按照德国国家标

准（DIN），将 ESD 所达到的安全等级分为 AK1～AK8，AK8 安全级别最高。其中 AK4、AK5、AK6 为适用于石油和化学工业应用要求的等级。

1.1.5 安全仪表系统发展

安全仪表系统从 20 世纪 60 年代开始开发，以气动和继电元件为主。到 20 世纪 70 年代，由简单的继电器系统发展为微处理器和可编程序调节器，并且由单回路系统发展为冗余系统和容错系统。SIL3 安全度等级是石油化工行业的最高安全等级。而最新等级的产品符合 SIL4 的要求。从 20 世纪 70 年代开始，产生于航空领域的三重冗余多数表决机制（triple modular redundancy，TMR）开始用于安全系统。20 世纪 90 年代，国外一些公司推出具有三重化（TMR）、容错功能的系统，如美国 Woodward 公司的 Micro Net TMR 系统、TRICONEX 公司的 Tricon 系统、Honeywell 公司的 FSC 系统、英国 ICS Triplex 公司的 Regent 系统等。现有 CPU 的四重冗余（QMR，2oo4D）技术和软件冗余技术，如 HIMA 的 H41q/H51q 系统。新型 SIS 可以实现系统所有部件和部分相关设备故障的容错特性。

1.2　安全仪表系统的组成

随着计算机技术、控制技术、通信技术的发展，安全仪表系统的设备配置也不断更新换代，由简单到复杂，由低级到高级。但不管怎么变化其基本组成大致可分为三部分：传感器单元、逻辑运算单元、最终执行元件。SIS 结构简图详见图 1-1。

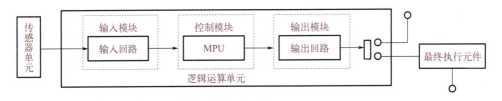

图 1-1　SIS 结构简图

1.2.1 传感器单元

传感器是测量过程变量的单一或组合的设备。传感器单元采用多个仪表或系统，将控制功能与安全联锁功能隔离，即传感器分开独立配置，做到安全仪表系统与过程控制系统的实体分离。用于 SIS 回路的传感器，通常需要在权威机构获得认证，以符合相应的安全完整性等级界定。

（1）传感器的独立设置原则

不同安全级别的安全仪表系统，应选择不同的传感器个数和不同的连接方式。一般来说，一级安全仪表系统可采用单一的传感器，并可以和过程控制系统共用，二级及以上的安全仪表系统应采用冗余的传感器，且应与过程控制系统分开连接。

（2）传感器的冗余设置原则

一级安全仪表系统，可采用单一的传感器。二级及以上的安全仪表系统，宜采用冗余的传感器。

（3）传感器的冗余方式

当传感器的输出作为启动安全仪表系统的自动联锁条件时，应采用两个或两个以上传感器。重点考虑系统的安全性时，传感器输出信号应采用二取一逻辑结构；重点考虑系统的可用性时，传感器输出应采用二取二逻辑结构；在系统的安全性和可用性均需保障时，传感器输出宜采用三取二逻辑结构。

（4）传感器的选用原则

从安全角度考虑，安全仪表系统的传感器宜采用隔爆型的变送器（压力、差压、差压流量、差压液位、温度），不宜采用各类开关传感器；SIS 所用的传感器供电由 SIS 系统提供。

传感器输出采用开关量或 4～20mA DC 模拟信号，不采用现场总线、HART 或其他串行通信信号；采用单个传感器时，传感器输出不能直接作为安全仪表系统的自动联锁条件，提高了系统的安全性和可用性。

1.2.2　最终执行元件

最终执行元件执行逻辑运算器指定的动作，以使过程达到安全状态。原则上，最终执行元件也需要在权威机构获得认证，以符合相应安全完整性等级界定。

最终执行元件可以是独立设置的开关阀，也可以是与过程控制系统共用的调节阀，如气动切断阀（带电磁阀）、气动控制阀（带电磁阀）、电动阀或液动阀等。

（1）阀门独立设置原则

一级安全仪表系统，SIS 阀门可与 DCS 共用，应确保 SIS 优先于 DCS 动作；二级安全仪表系统，SIS 阀门宜与 DCS 分开；三级安全仪表系统，SIS 阀门宜与 DCS 分开。

（2）阀门的冗余设置原则

一级安全仪表系统，可采用单一的阀门；二级安全仪表系统，宜采用冗余的阀门，若采用单一的阀门，配套的电磁阀宜冗余设置；三级安全仪表系统，宜采用冗余的阀门，配套的电磁阀宜冗余设置。

例如，当安全等级为三级时，可采用一台控制阀和一台切断阀串联连接作为安全仪表系统的最终执行元件。

（3）电磁阀设置原则

电磁阀应采用长期带电、低功耗、隔爆型，由 SIS 供电。

最终执行元件宜采用气动控制阀，不宜采用电动控制阀，其设置应满足安全完整性等级要求。

最终执行元件是安全仪表系统中可靠性较低的设备，是安全仪表系统中危险性最高的设备。由于安全仪表系统在正常工况时是静态的、被动的，系统输出不变，最终执行元件一直保持在原有的状态，很难确认最终执行元件是否有危险故障。在正常工况时，过程控制系统又是动态的、主动的，控制阀动作随控制信号的变化而变化，不会长期停留在某一位置，因此要选择符合安全度等级要求的控制阀及配套的电磁阀作为安全仪表系统的最终执行元件。

调节阀带电磁阀配置示例见图 1-2，切断阀带电磁阀配置示例见图 1-3。

图中 SOV 为电磁阀。电磁阀励磁，A → B 通，调节阀开；电磁阀非励磁，B → C 通，调节阀关。

安全仪表的电磁阀应优先选用耐高温绝缘线圈，长期带电型，隔爆型。石油化工过程的最终执行元件的电磁阀以断电为故障安全方式。在工艺过程正常运行时，电磁阀应励磁工作，电磁阀电源应由安全仪表系统提供。

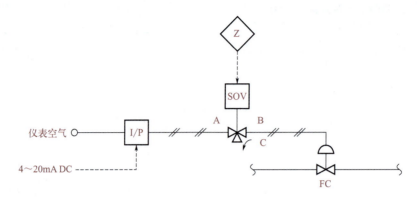

图 1-2　调节阀带电磁阀配置

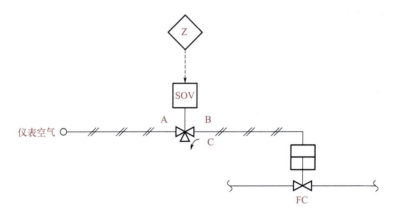

图 1-3　切断阀带电磁阀配置

当系统要求高安全性时，调节阀、切断阀带冗余电磁阀配置可选用如图 1-4、图 1-5 所示的配置方式。

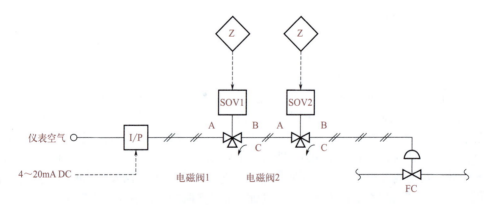

图 1-4　调节阀带冗余电磁阀配置（1）

图 1-4 中，当电磁阀 1 励磁，A → B 通，电磁阀 2 励磁，A → B 通，则控制阀开；当电磁阀 1 励磁，A → B 通，电磁阀 2 非励磁，B → C 通，则控制阀关；当电磁阀 1 非励磁，

B→C 通，电磁阀 2 励磁，A→B 通，则控制阀关；当电磁阀 1 非励磁，B→C 通，电磁阀 2 非励磁，B→C 通，则控制阀关。

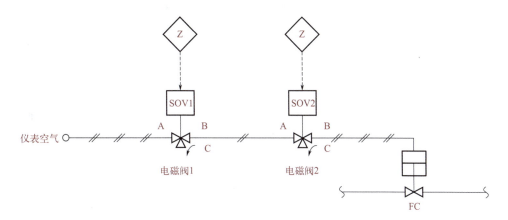

图 1-5　切断阀带冗余电磁阀配置（1）

当系统要求高可用性时，调节阀、切断阀带冗余电磁阀配置可选用如图 1-6、图 1-7 所示的配置方式。

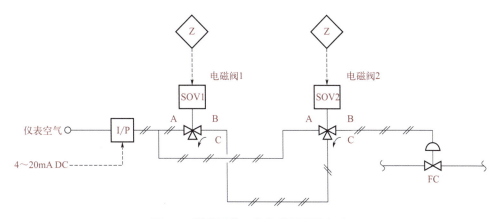

图 1-6　调节阀带冗余电磁阀配置（2）

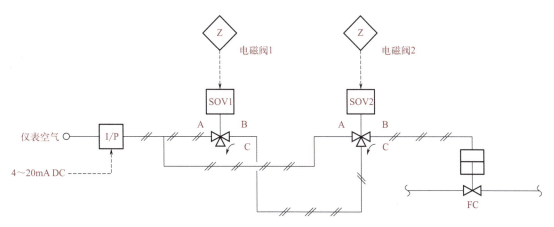

图 1-7　切断阀带冗余电磁阀配置（2）

图 1-6 中，当电磁阀 1 励磁，A → B 通，电磁阀 2 励磁，A → B 通，则控制阀开；当电磁阀 1 励磁，A → B 通，电磁阀 2 非励磁，B → C 通，则控制阀开；当电磁阀 1 非励磁，B → C 通，电磁阀 2 励磁，A → B 通，则控制阀开；当电磁阀 1 非励磁，B → C 通，电磁阀 2 非励磁，B → C 通，则控制阀关。

1.2.3　逻辑运算单元

逻辑运算单元是用来完成一个或多个逻辑功能的部件。可由继电器系统、可编程电子系统或两者混合构成。可编程电子系统可以是可编程序逻辑控制器（PLC）、集散型控制系统（DCS）或其他专用系统。在实际选型中一般采用三重化冗余的可编程序逻辑控制器来实现。

（1）逻辑运算器的技术选择原则

继电器系统用于输入输出点较少、逻辑功能简单的场合，可编程电子系统用于输入输出点较多、逻辑功能复杂、与过程控制系统进行数据通信的场合。

（2）逻辑运算器的独立原则

一级安全仪表系统，宜与过程控制系统分开；二级安全仪表系统，应与过程控制系统分开；三级安全仪表系统，必须与过程控制系统分开。

（3）逻辑运算器的冗余原则

一级安全仪表系统，可采用单一的逻辑运算器；二级安全仪表系统，宜采用冗余或容错的逻辑运算器，其中央处理单元、电源单元和通信系统等应冗余配置，输入/输出模块宜冗余配置；三级安全仪表系统，应采用冗余或容错的逻辑运算器，其中央处理单元、电源单元、通信系统及输入/输出模块应冗余配置。

逻辑运算单元由输入模块、控制模块、诊断回路、输出模块四部分组成。依据逻辑运算单元自动进行周期性故障诊断，基于自诊断测试的安全仪表系统，系统具有特殊的硬件设计，借助于安全性诊断测试技术保证安全性。逻辑运算单元可以在线诊断 SIS 的故障。

安全仪表系统的逻辑单元结构选择见表 1-1。

表 1-1　安全仪表系统逻辑单元结构选择

逻辑单元结构	IEC 61508 SIL	TÜV AK	DIN V 19250
1oo1（一取一）	1	AK2，AK3	1，2
1oo1D（一取一带诊断）	2	AK4	3，4
1oo2（二取一）	2	AK4	3，4
1oo2D（二取一带诊断）	3	AK5，AK6	5，6
2oo3（三取二）	3	AK5，AK6	5，6
2oo4D（四取二带诊断）	3	AK5，AK6	5，6

1.2.4　安全仪表回路图

图 1-8 是一个气液分离容器 A 液位控制的安全仪表回路图。当容器液位开关达到安全联锁值时，逻辑运算器（图 1-9）使电磁阀 S 断电，从而切断调节阀膜头的控制信号，使调节阀切断容器 A 进料，这个动作要在 3s 内完成，安全等级必须达到 SIL2。这是一个安全仪表功能的完整描述。

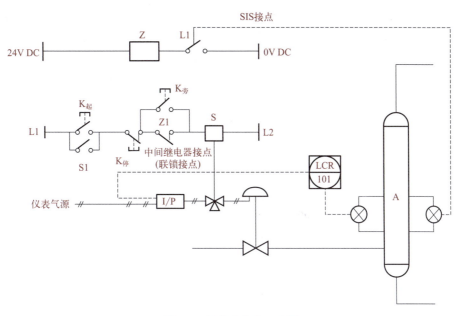

图 1-8　某安全仪表回路图

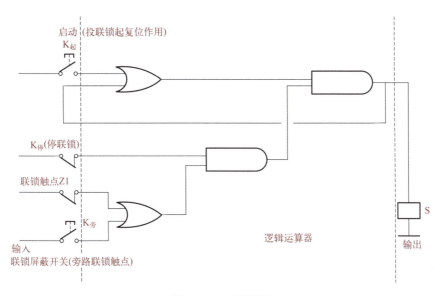

图 1-9　SIS 逻辑图

图 1-8 中，$K_{起}$ 为按钮开关，启动联锁保护回路兼有复位作用；$K_{停}$ 有人工强制启动联锁保护作用；$K_{旁}$ 有旁路联锁保护作用，用于开车或检修联锁信号仪表。

图 1-8 中，L 液面超高，L1 触点闭合，Z 带电，Z1 常闭触点打开，S 线圈断电，S 电磁阀切断调节阀膜头的控制信号，使调节阀切断工艺进料，起到联锁保护作用。

1.2.5　故障安全原则

组成安全仪表系统的各环节自身出现故障的概率不可能为零，虽然尽可能控制在很小值，但仍有可能失效。另外，有些难以抗拒的外部因素（如供电、供气中断，地震导致的损坏，雷击导致的损坏等）亦可能发生。当内部或外部原因使 SIS 失效时，被保护的对象（装置）应按预定的顺序安全停车，自动转入安全状态（fault to safety），这就是故障安全原则。

❶ 现场开关仪表选用常闭触点，工艺正常时，触点闭合，达到安全极限时触点断开，触发联锁动作，必要时采用"二取一""二取二"或"三取二"配置。

❷ 电磁阀采用正常励磁，联锁未动作时，电磁阀线圈带电，联锁动作时断电。

❸ 送往电气配电室用以开 / 停电机的触点用中间继电器隔离，其励磁电路应为故障安全型。

❹ 作为控制装置，"故障安全"意味着当其自身出现故障而不是工艺或设备超过极限工作范围时，至少应该联锁动作，以便按预定的顺序安全停车（这对工艺和设备而言是安全的）；进而应通过硬件和软件的冗余和容错技术，在过程安全时间（process safety time，PST）内检测到故障，自动执行纠错程序，排除故障。

1.3　安全仪表系统相关基本概念

1.3.1　安全功能

IEC 61508 将"安全功能"定义为：为了应对特定的危险事件（如灾难性的可燃性气体释放），由电气、电子、可编程电子安全相关系统，其他技术安全相关系统，或外部风险降低措施实施的功能，期望被控设备（equipment under control，EUC）达到或保持安全状态。可见，安全功能的执行，并不局限于电气或电子安全仪表系统，还包括其他技术（如气动、液动、机械等）及外部风险降低措施（如储罐的外部防护堤）。

安全功能举例如下。

❶ 在要求时执行。如为避免危险状况而采取的行动，如切断电动机、打开阀门、关断电源、紧急停车、核反应堆落棒等。

❷ 采取预防行为。如防止电动机启动；保持连续控制，使被保护对象平稳运行在某一状态；保持连续控制，使被保护对象的某个参数不超过一个预定的值等。

安全状态是指达到安全时，被保护对象的状态。一旦有事，安全功能就应使被保护对象进入安全状态，不同的被保护对象，安全状态也是不同的。如车床工作状态是飞速旋转，安全状态是停车；压力容器的安全状态是其容器内压力小于危险的压力值。

安全功能的作用在于降低风险，但没有限制地降低风险不现实。在大多数的生产企业中，通常的做法是将风险降低到一个可接受的程度，使设备、人员和过程处于安全的状态。因此，要对过程进行风险辨识和分析，确定风险降低的要求，通过增加一些物理保护层进行削减，如仍达不到要求，还需增加安全仪表功能来进一步降低风险。

IEC 61511 定义安全仪表功能（safety instrumented function，SIF）为由 SIS 执行的、具有特定完整性等级的安全功能，用于应对特定的危险事件，使过程达到或保持安全状态。

安全仪表功能针对特定的风险对生产过程进行保护，每一个 SIF 由检测仪表、逻辑控制器和执行元件组成，每个环节的故障均会导致 SIF 回路保护功能的失效。SIL 定级的目的是对安全仪表功能（SIF）回路进行分析，以确定其风险削减所需要的等级。采用合适 SIL 等级的 SIF 回路，可以达到降低风险的要求。

安全功能的正确行使包括以下几点。

❶ 让功能以一个预定的概率实现，即以安全有关的功能能够实现的概率，来保证安全的实现。

❷ 让功能的实现时时处于监视之下，当与安全有关的功能一旦丧失时，及时获得相应信息。

❸ 与安全有关的功能一旦丧失，使其将导致的伤害事件不发生，或至少降低其严重性。

1.3.2 失效

IEC 61508 标准的"失效"是指功能单元执行一个要求功能的能力的终止，或功能单元不按要求起作用。可以理解为功能单元丧失了其执行所要求功能的能力，或功能单元虽提供某项功能，但不是所要求的功能，也就是提供了错误的功能。

失效率指工作到某一时刻尚未失效的产品，在该时刻后，单位时间内发生失效的概率。

安全相关系统的失效分为随机硬件失效、系统性失效、使用错误导致的失效、供给的失效、服务错误导致的失效、自然的外部事件导致的失效、人为非故意的外部事件导致的失效、人为故意破坏导致的失效等。任何安全相关系统都必须具有失效控制机制，将失效率控制在其声明的安全完整性等级之内。

根据引起失效的原因，可将失效分为随机硬件失效、系统性失效、共因失效。

随机硬件失效是指在硬件中，由一种或几种可能的退化机制产生的，按随机时间出现的失效。由随机硬件失效导致的系统失效率可用合理的精确度来预计。

系统性失效在 IEC 61508 中是指原因确定的失效，只有对设计或制造过程、操作过程、文档或其他相关因素进行修改后，才有可能排除这种失效。其具有以下特征。

❶ 仅仅进行正确维护而不加修改，无法排除失效原因。

❷ 通过模拟失效原因可以导致系统性失效。

❸ 人为错误引起的系统性失效，如安全要求规范的错误，硬件设计、制造、安装、操作错误，软件设计和实现的错误等。

系统性失效不能精确预计，其引起的安全相关系统的失效率不能精确地用统计法来量化。

共因失效是相同的原因导致一个以上的组件、模块或设备发生失效。这些因素可能是内在原因，也可能是外部原因。内在原因如设计错误或制造错误，外部原因如维护错误、操作错误等。

1.3.3 安全度等级及响应失效率

SIS 以安全完整性等级为指针，以安全生命周期为框架，规定了各阶段技术活动和功能安全管理活动要求。安全仪表系统是石油化工典型风险降低保护层中重要的保护层，安全仪表功能是分等级的，不同等级的安全仪表系统降低风险的作用是不同的，从设计角度看，如果削减后的风险仍然不可接受，那么还需要增加保护措施，主要通过提高安全仪表功能安全完整性等级来实现。

安全度等级（安全完整性等级）是指在规定的时间段内和规定的条件下安全系统能成功执行其安全功能的概率，它是对风险降低能力和期望故障率的度量，是对系统可靠程度的一种衡量。国际电工委员会 IEC 61508 将安全度等级（SIL）定义为 4 级（SIL1 ~ SIL4，其中 SIL4 用于核工业）。

SIL1 级：装置可能很少发生事故。若发生事故，对装置和产品有轻微的影响，不会立即造成环境污染和人员伤亡，经济损失不大。

SIL2 级：装置可能偶尔发生事故。若发生事故，对装置和产品有较大的影响，并有可能造成环境污染和人员伤亡，经济损失较大。

SIL3 级：装置可能经常发生事故。若发生事故，将对装置和产品造成严重的影响，并造成严重的环境污染和人员伤亡，经济损失严重。

石油和化工生产装置的安全度等级一般都低于 SIL3 级，采用 SIL2 级安全仪表系统基本上都能满足多数生产装置的安全需求。

IEC 61508/IEC 61511 依据不同的操作模式，用不同的技术指标划分 SIL 等级。

当工艺条件达到或超过安全极限值时，SIS 本应引导工艺过程停车，但由于其自身存在隐性故障（危险故障）而不能响应此要求，即该停车而拒停，降低了安全性。

衡量安全性的指标为响应失效率或称要求的故障率（probability of failure on demand，PFD）。它是安全仪表系统按要求执行指定功能的故障概率，是度量安全仪表系统按要求模式工作故障率的目标值（SHB-Z06-1999），IEC 61511 将安全仪表功能的操作模式分为低要求操作模式、高要求操作模式或连续操作模式。

❶ 低要求操作模式。对一个安全相关系统提出的操作要求的频率不大于每年一次或不大于两倍的安全仪表功能检验测试频率。例如：石油炼化装置的紧急停车系统。

❷ 高要求（连续）操作模式。对一个安全相关系统提出的操作要求频率大于每年一次或大于两倍的安全仪表功能检验测试频率。例如：与零件装配生产线相关的速度控制，锅炉的燃烧器控制。

一般情况下，生产过程对 SIS 的需求为低要求操作模式。安全度等级对低要求、高要求操作模式下的失效概率要求见表 1-2、表 1-3。

表 1-2　安全度等级对低要求操作模式下的失效概率要求

安全度等级	要求平均失效概率（PFDavg）	目标风险降低因数（1/PFD）
4	$10^{-5} \sim < 10^{-4}$	$10000 \sim 100000$
3	$10^{-4} \sim < 10^{-3}$	$1000 \sim 10000$
2	$10^{-3} \sim < 10^{-2}$	$100 \sim 1000$
1	$10^{-2} \sim < 10^{-1}$	$10 \sim 100$

表 1-3　安全度等级对高要求（连续）操作模式下的危险失效频率要求

安全度等级	危险失效平均频率 /h^{-1}
4	$10^{-9} \sim < 10^{-8}$
3	$10^{-8} \sim < 10^{-7}$
2	$10^{-7} \sim < 10^{-6}$
1	$10^{-6} \sim < 10^{-5}$

安全仪表系统的 SIL 等级是由传感器、逻辑运算器、最终执行元件等各组成部件的 SIL 等级共同决定的。其中根据 SIL 等级不同，逻辑运算器可采用不同的结构。

在工程设计中，逻辑运算器的 SIL 等级一般选得都比较高，可达到 SIL3 级，但传感器和最终执行元件的 SIL 等级通常都在 SIL2 级以下，因此，整个系统的 SIL 等级一般都不会高于 SIL2 级。

1.3.4 冗余及冗余系统

冗余（redundant）指为实现同一功能，使用多个相同功能的模块或部件并联。冗余也可定义为指定的独立的 $N:1$ 重元件，且可自动地检测故障，并切换到备用设备上。

冗余系统（redundant system）指并行使用多个系统部件，并具有故障检测和校正功能的系统。

对于采用微处理器（CPU）逻辑单元的安全仪表系统，其冗余的选择是基于可靠性、安全性要求的。安全仪表系统的冗余由两部分组成，如图 1-10 所示，其一是逻辑结构单元本身的冗余，其二是传感器和执行器的冗余。这只是硬件配置，还要考虑冗余部件之间的软件逻辑关系。针对不同的场合，冗余的次数及实现冗余的软逻辑不同。

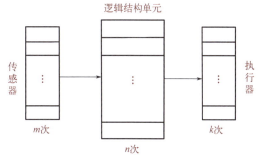

图 1-10　安全仪表系统冗余组成

1.3.5 表决

表决指冗余系统中用多数原则将每个支路数据进行比较和修正，从而最后确定结论的一种机理，列举如下。

1oo1D（1 out of 1D）：一取一带诊断。

1oo2（1 out of 2）：二取一。

1oo2D（1 out of 2D）：二取一带诊断。

2oo3（2 out of 3）：三取二。

2oo4D（2 out of 4D）：四取二带诊断。

在选择了冗余后，对于冗余表决逻辑则根据情况编写相应的软件程序。

（1）二取一表决逻辑（1oo2）方式

如图 1-11 所示，1oo2 方式包括两并联通道，正常状态下，A、B 状态为 1，只要 A、B 任一信号为 0，即发生故障，表决器命令执行器执行相应动作，因此每一个通道都可以使安全功能得到执行，适用于安全性较高的场合。

安全仪表系统中，1oo2 方式表示当一个 CPU 被检测出故障时，该 CPU 被切除，另一个 CPU 继续工作，若第二个 CPU 再被检测出故障，则系统停车。

（2）二取二表决逻辑（2oo2）方式

如图 1-12 所示，2oo2 方式包括两个并联通道，正常状态下，A、B 状态为 1，只有当 A、B 信号同时为 0 即发生故障时，表决器才命令执行器执行相应动作，两个通道一起作用才能够使得安全功能得到执行，适用于安全性要求一般而可用性较高的场合。

2oo2 方式能有效防止安全失效的发生，从而大大提高系统的可用性，从另一角度出发选择的冗余表决逻辑，两个通道中只要有一个发生危险失效就会导致表决在要求时失效，系统极有可能造成严禁故障的发生。因此，从安全角度讲，2oo2 方式是不可选的。

图 1-11　二取一表决逻辑（1oo2）方式　　　图 1-12　二取二表决逻辑（2oo2）方式

通过对以上二重化表决逻辑分析可以看出，1oo2 和 2oo2 都有缺陷，当出现 A、B 两个状态相异时，究竟哪个正确、哪个错误，这种情况下，要辨别正误比较困难。

（3）三取一表决逻辑（1oo3）方式

如图 1-13 所示，1oo3 方式包括三个通道，正常情况下，A、B、C 状态为 1，只要 A、B、C 任一信号为 0，即发生故障，表决器就命令执行器执行相应的联锁动作，也就是每一个通道都可以使安全功能得到执行，因此，只有三个通道都发生危险失效才会导致表决失效，适用于安全性很高而不顾及其他情况的场合。

三取一表决逻辑（1oo3）方式出自高度安全角度，它最有效地防止了严禁故障的发生，比 1oo2 方式更严格，但增大了安全失效发生的机会。

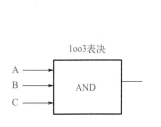

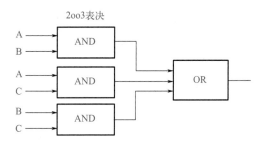

图 1-13　三取一表决逻辑（1oo3）方式　　　图 1-14　三取二表决逻辑（2oo3）方式

（4）三取二表决逻辑（2oo3）方式

如图 1-14 所示，2oo3 方式包括三个通道，正常情况下，A、B、C 状态为 1，当 A、B、C 中任两个组合同时为 0 即发生故障时，表决器就命令执行器执行相应的联锁动作，也就是只有一个通道出现执行安全功能的信号并不会触发安全功能的执行，必须至少有两个通道的信号有效才能触发安全功能的执行，适用于安全性、可用性高的场合。

三取二表决逻辑（2oo3）是比较合理的选择，它能克服二重化系统不辨真伪的缺陷，任一通道不管发生什么故障，系统通过表决后都能照常工作，其安全性和可用性保持在合理的水平。

安全仪表系统中，2oo3 方式表示三个 CPU 中若有一个与其他两个不同，即该 CPU 故障，其余两个继续工作，若再有一个 CPU 故障，则剩下的那个继续工作，直到三个都故障，则系统停车。

（5）四取二带诊断（2oo4D）方式

2oo4D（2 out of 4 with diagnostic）系统中两个控制模块各有两个 CPU，当一个控制模块中 CPU 被检测出故障时，该 CPU 被切除，另一个控制模块开始以 1oo2D 方式工作，若这一模块中再有一个 CPU 被检测出故障，则系统停车。

1.3.6　容错

容错机制是指一个或多个元件或部件出现故障时，使系统仍能继续运行的机制，容错系统能发现故障并排除故障的影响，容错手段主要是冗余、自诊断和在线维护修理。

容错（fault tolerant）：具有内部冗余的并行元件和集成逻辑，当硬件或软件部分故障时，能够识别故障并使故障旁路，进而继续执行指定的功能；或在硬件和软件发生故障的情况下，系统仍具有继续运行的能力。它往往包括三方面的功能：第一是约束故障，即限制过程或进程的动作，以防止故障在被检测出来之前继续扩大；第二是检测故障，即对信息和过程或进程的动作进行动态检测；第三是故障恢复，即更换或修正失效的部件。

❶ 容错是指对失效的控制系统元件（包括硬件和软件）进行识别和补偿，并能够在继续完成指定的任务、不中断过程控制的情况下进行修复的能力，容错是通过冗余和故障屏蔽（旁路）的结合来实现的。

❷ 容错技术是发现并纠正错误，同时使系统继续正确运行的技术，包括错误检测和校正用的各种编码技术、冗余技术、系统恢复技术、指令复轨、程序复算、备件切换、系统重新复合、检查程序、诊断程序等。

❸ 容错系统是对系统中的关键部件进行冗余备份，并且通过一定的检测手段，能够在系统中软件和硬件故障时切换到冗余部件工作，以保证整个系统不会因这些故障而使处理中断，在故障修复后，又能够恢复到冗余备份状态，容错系统又分为硬件容错系统和软件容错系统，硬件容错系统在 SIS 中更有优势。

容错系统一定是冗余系统，冗余系统不一定是容错系统。容错系统的冗余形式有双重、三重、四重等。

1.3.7　安全生命周期

安全仪表系统的安全生命周期也是一个非常重要的概念，要保证工艺装置的安全生产运行，不但要选择合适的控制系统，而且对工艺过程的风险评估、安全回路等级划分和控制系统的维护管理也非常重要。

安全生命周期是指从方案的确定阶段开始到所有的电气/电子/可编程电气安全相关系统、其他技术的完全相关系统或外部风险降低设备等不再可用时为止的时间周期，在这个时间周期内发生为实现安全相关系统所必需的活动。

安全生命周期是用系统的方式建立的一个框架，用以指导过程风险分析、安全相关系统的设计和评价。SIS 的整个安全生命周期可分为分析、工程实施及操作维护三大阶段。在分析阶段，要辨识工艺过程的潜在危险，并对其后果和可能性进行分析，以便确定过程风险及必要的风险降低要求。工程实施阶段主要完成 SIS 的工程设计、仪表选型，安全逻辑控制器的硬件配置、软件组态以及系统集成，完成操作和维护人员的培训，完成 SIS 的安装和调试，以及完成 SIS 的安全验证。操作维护阶段在整个安全生命周期中时间区间最长，包括操作和维护、修改和 SIS 的停用。

在 SIS 设计选型后，要根据可靠性数据和操作模式，对安全仪表功能的危险失效概率或危险失效频率进行计算，评定是否满足目标安全仪表的功能安全要求。这是保证必要的风险降低和安全仪表功能安全的重要环节。同时，在 SIS 运行后，日常维护、修改管理、周期性检验测试、功能安全审计等也是功能安全的核心工作。

安全生命周期中的各项活动紧密地联系在一起，各个环节实现相对独立，各个环节只有时序方面的互相依赖，如果某一环节出了问题，整个安全生命周期的活动就要回到出问题的阶段，评估变化造成的影响，对该环节的活动进行修改甚至重新进行该阶段的活动。

1.4 安全仪表系统常用术语

1.4.1 故障

针对控制系统的安全，SIS 故障（failure）有两种：显性故障（安全故障）和隐性故障（危险故障或严禁故障）。

显性故障能显示出故障自身存在的故障，是故障安全故障（如系统断路等），由于故障出现使数据产生变化，因此通过比较可立即检测出，系统自动产生矫正作用，进入安全状态。显性故障不影响系统安全性，不会引起生产装置发生灾难性事故，仅影响系统可用性，又称为无损害故障（fail to nuisance，FTN）。

隐性故障是不对危险产生报警，允许危险发展的故障，是故障危险故障（如 I/O 短路等），开始不影响数据，仅能通过自动测试程序检测出，它不会使正常得电的元件失电，又称为危险故障（fail to danger，FTD），系统不能产生动作进入安全状态。隐性故障影响系统的安全性，会引起装置的灾难性后果。隐性故障的检测和处理是 SIS 系统的重要内容。

以紧急停车系统（ESD）为例来说明显性故障（安全故障）和隐性故障（严禁故障）的区别。图 1-15 为 ESD 的一个典型通道，该图从传感器到继电器到 ESD 工作正常。

图 1-15　ESD 的通道

图 1-16 为安全故障示例。在图 1-16（a）中，传感器处于正常状态，而继电器则由于触点黏死等故障引起 ESD 动作造成停工。在图 1-16（b）中，生产装置正常，传感器本身故障发出停车信号，ESD 执行命令使装置停工。

图 1-16　安全故障示例

图 1-17 为隐性故障（严禁故障）示例。在图 1-17（a）中，传感器检测到了装置的异常情况，但继电器出现故障而对此没有相应的反应，ESD 不动作。在图 1-17（b）中，生产装置处于危险状态，传感器却照常输出假性正常信号，造成 ESD 不动作。这两种情况都会给生产带来严重后果，为严禁发生的故障。

图 1-17　严禁故障示例

1.4.2　可用性

工艺条件并未达到安全极限值，SIS 不应引导工艺过程停车，但其自身存在显性故障（安全故障）而导致工艺过程停车，即不该停车而误停，降低了可用性。

可用性（利用率）是指系统可以使用时间的占比，用字母 A 表示。

从定义里看出，故障状态和停车检修显然不在可用状态。根据定义，其表达式为

$$A = \frac{\text{平均工作时间（MTTF）}}{\text{平均工作时间（MTTF）} + \text{平均修复时间（MTTR）}}$$

表 1-4 以 ESD 为例，说明了系统的可用性（利用率）情况。在表中第①种情况下，ESD 与装置两者都处于可用状态；在第②种情况下，ESD 与装置都在不可用状态；在第③种情况下，ESD 不在可使用状态，而装置则继续运行，处于危险的可使用状态。分析表 1-4 可知，追求高的可使用性，其安全风险大，追求高的安全性，则可使用性就要降低。

表 1-4　系统可用性举例

序号	ESD 状况	装置状况
①	ESD 正常	装置运行正常
②	ESD 出现安全故障	装置停车
③	ESD 出现严禁故障	装置继续运行

1.4.3　可靠性

可靠性是指系统在规定的时间间隔内发生故障的概率，用字母 R 表示。

可靠性指的是安全联锁系统在故障危险模式下，对随机硬件或软件故障的安全度。可靠性计算是根据故障（失效）模式来确定的，故障模式有显性故障模式（失效 - 安全型模式）和隐性故障模式（失效 - 危险型模式）两种。

危险失效是可导致安全仪表系统处于潜在危险或丧失功能的失效。

安全失效是不会导致安全仪表系统处于潜在危险或丧失功能的失效。

显性故障模式表现为系统误动作，可靠性取决于系统硬件所包含的元器件总数。隐性故障模式表现为系统拒动作，可靠性取决于系统的拒动作率（PFD），一般表示为

$$R = 1 - PFD$$

冗余逻辑表决方法与安全性、可用性的关系如表 1-5 所示。

表 1-5　冗余逻辑表决方法与安全性、可用性关系

表决方式	隐性故障概率（拒动）	显性故障概率（误动）	允许	不允许	安全性	可用性
一取一 1oo1	0.02（短路概率）	0.04（开路概率）	—	存在隐性故障和显性故障	差	差
二取一 1oo2	0.0004（两个短路概率）	0.08（只有一个开路概率）	其中之一存在隐性故障（仍可安全停车）	其中之一存在显性故障（将误停车）	最好	最差

表决方式	隐性故障概率（拒动）	显性故障概率（误动）	允许	不允许	安全性	可用性
二取二 2oo2	0.04 （只有一个短路概率）	0.0016 （两个开路概率）	其中之一存在显性故障（不会误停车）	其中之一存在隐性故障（该停拒停）	最差	最好
三取二 2oo3	0.0012 （三个中两个均短路概率）	0.0048 （三个中两个均开路概率）	其中之一存在隐性故障或显性故障	其中两个存在隐性故障或显性故障	较好	较好

注：此表中故障概率数据摘自西门子公司资料。

1.4.4 牢固性与安全性

在有了可靠性概念后，IEC 等又引入了牢固性（integrity），它也经常出现在 IEC 的标准中。可靠性与牢固性在意义上极为相似，很难加以区分。

IEC（WG10）：硬件牢固性（hard ware integrity），是系统安全性的组成部分，它指在危险方式下硬件的随机故障。

IEC 和 SP84 对安全性（safety integrity）的定义为：在规定的时间和条件下，PES 完成安全功能的可靠性。

英国的 PES 对安全性的定义为：安全性是安全系统在规定的条件下或者在需要它去执行的要求下，按人们的要求完成功能时所表现的特性。

从可靠性、安全性定义中可以看出，安全性这个术语用在安全保护系统中，而可靠性的适用范围则相对广泛。

1.4.5 故障安全

故障安全是安全仪表系统在故障时按一个已知的预定方式进入安全状态。

故障安全是指 SIS 系统发生故障时，不会影响到被控过程的安全运行。系统在正常工况时处于励磁（得电）状态，故障工况时应处于非励磁（失电）状态。当发生故障时，SIS 系统通过保护开关将其故障部分断电，称为故障旁路或故障自保险，因而在 SIS 故障时，仍然是安全的。

具体地说，在设计安全仪表系统时，有下列两种不同的安全概念。

❶ 故障安全停车：在出现一个或多个故障时，安全仪表系统立即动作，使生产装置进入一个预定义的停车工况。

❷ 故障连续工作：尽管有故障出现，安全仪表系统仍然按设计的控制策略继续工作，并不使装置停车。

对应于上述两种情况的 SIS 系统分别称为故障 - 安全（fail-safe）型系统和容错（fault-tolerant）型系统。

1.4.6 故障性能递减

故障性能递减指的是在 SIS 的 CPU 发生故障时，安全等级降低的一种控制方式。故障性能递减可以根据使用的要求通过程序来设定。如图 1-18 所示，1oo2D 二取一带自诊断方式即系统故障时性能递减方式为 2-1-0，表示当第一个 CPU 被诊断出故障时，该 CPU 被切除，另一个 CPU 继续工作，当第二个 CPU 再被诊断出故障时，系统停车。

又如图 1-19 所示，采取三取二表决方式，即三个 CPU 中若有一个运算结果与其他两个不同，即表示该 CPU 故障，然后切除，其他两个 CPU 则继续工作，当其他两个 CPU 运算结果不同时，则无法表决出哪一个正确，系统停车。

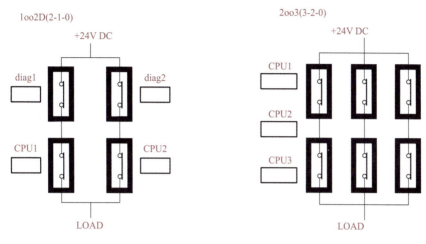

图 1-18　二取一带自诊断（2-1-0）方式　　　图 1-19　三取二（3-2-0）方式

在双重化二取一带自诊断 2oo4D 方式，系统故障时，递减方式为 4-2-0，系统中两个控制模块各有两个 CPU，同时工作，又相对独立，当一个控制模块中 CPU 被检测出故障时该CPU 被切除，切换到 2-0 工作方式；其余一个控制模块中两个 CPU 以 1oo2D 方式投入运行，若这一控制模块中再有一个 CPU 被检测出故障时，系统停车。

总之，在出现 CPU 故障时，安全等级下降，但仍能保持一段时间的正常运行，此时必须在允许故障修复时间内修复，否则系统将出现停车。如 3-2-0 方式允许的最大修复时间为1500h。对于不同的系统、不同的安全等级，故障修复时间不同。

1.5　SIS 与 DCS 的区别

安全仪表系统（SIS）与集散控制系统（DCS）在石油、化工生产过程中分别起着不同作用，从控制系统本身的安全可靠性来看，SIS 比 DCS 在可靠性、可用性上要求更严格。

一个典型的化工生产过程有各种保护层，包括本质安全设计、物理保护、工厂应急响应、基本过程控制系统、报警及人员干预、安全仪表功能等。

生产运行过程中，DCS、SIS、FGS 的系统共同构成一整套完整的自动控制与安全保护系统，它们的作用相辅相成，又相对独立，见图 1-20。生产装置从安全角度来讲，可分为四个层次，第一层为生产过程层，第二层为过程控制层，第三层为安全仪表系统停车保护层，第四层为火灾与燃气系统保护层。

生产装置在最初的工程设计、设备选型及安装阶段，其过程和设备的安全性都经过了考虑，因此装置本身就构成了安全的第一道防线。

采用控制系统对过程进行连续动态控制，使装置在设定值下平稳运行，不但生产出各种合格产品，而且将装置的风险又降低了一个等级。这是安全的第二道防线。

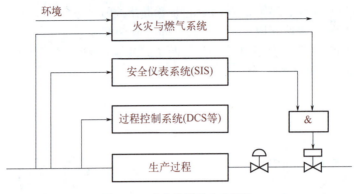

图 1-20　生产装置的安全层次

在过程之上，要设置一套安全仪表系统，对过程进行监测和保护，把发生恶性事故的可能性降到最低，最大限度地保护生产装置和人身安全，避免恶性事故的发生。这构成了生产装置最稳固、最关键的最后一道防线。因此控制系统与安全仪表系统，在生产过程中所起的作用是截然不同的。DCS 和 SIS 是两种功能上不同的系统，详见表 1-6。

表 1-6　DCS 与 SIS 的区别

DCS	SIS
① DCS 用于过程连续测量、常规控制（连续、顺序、间歇等）、操作控制管理，保证生产装置平稳运行 ② DCS 是"动态"系统，它始终对过程变量连续进行检测运算和控制，对生产过程动态控制，确保产品质量和产量 ③ DCS 可进行故障自动显示 ④ DCS 对维修时间的长短的要求不算苛刻 ⑤ DCS 可进行自动 / 手动切换 ⑥ DCS 系统只做一般联锁、泵的开停、顺序等控制，安全级别要求不像 SIS 那么高	① SIS 用于监视生产装置的运行状况，对出现的异常工况迅速进行处理，使故障发生的可能性降到最低，使人员和装置处于安全状态 ② SIS 是"静态"系统，在正常工况下，它始终监视装置的运行，系统输出不变，对生产过程不产生影响，在异常工况下，它将按预先设计的策略进行逻辑运算，使生产装置安全联锁或停车 ③ SIS 必须测试潜在故障 ④ SIS 维修时间非常关键，否则会造成装置全线停车 ⑤ SIS 永远不允许离线运行，否则生产装置将失去安全保护屏障 ⑥ SIS 与 DCS 相比，在可靠性、可用性上要求更严格，IEC 61508、ISA S84.01 强烈推荐 SIS 与 DCS 硬件独立设置

1.6　SIS 系统的配置方案

SIS 系统发展到今天，经历了由低级到高级，由简单的继电器系统到以微处理器为主的安全仪表系统，由单回路的联锁系统到三重化冗余带高级自诊断的系统的发展历程。目前安全仪表系统的设备配置及软件功能，能够实现更复杂的联锁逻辑，提供更高的可靠性、可用性，满足生产装置对安全运行的要求。

我国石油、化工生产过程中使用 DCS 系统已有数十年的历史，经历了用 DCS 系统实现 SIS 功能，即用 DCS 实现控制与安全联锁功能，到 DCS 与 SIS 分别独立设置的阶段。图 1-21 是 DCS 实现控制和联锁的五种形式。

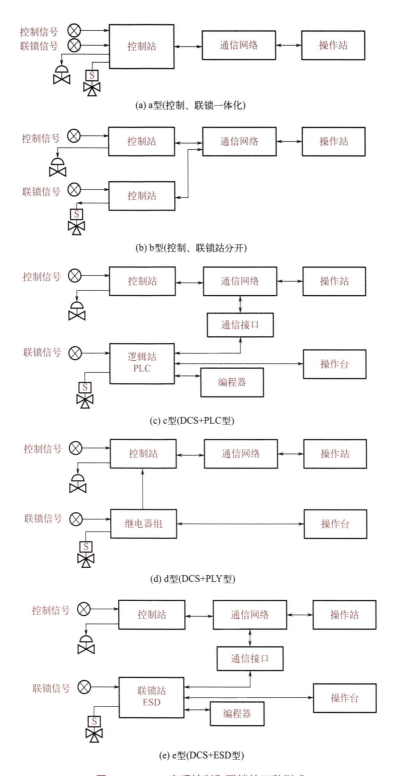

图 1-21　**DCS 实现控制和联锁的五种形式**

（1）a 型（控制、联锁一体化）

控制系统和联锁系统全部由 DCS 控制站完成。过程控制信息由通信网络传给操作站显示报警，操作员的操作指令由操作站通过通信网络传给控制站执行。

（2）b 型（控制、联锁站分开）

控制系统信号由一组控制站完成，报警联锁信号由另一组控制站完成，两站信息由通信网络送到操作站，操作员指令由操作站经通信网络送达各个控制站执行。

（3）c 型（DCS+PLC 型）

控制信号由 DCS 独立执行。联锁信号由 PLC 独立执行，PLC 由独立的编程器进行软件编写，重要的信息送操作台显示或由操作台发出硬开关动作指令。PLC 联锁报警的非重要信号由通信接口送到通信网络并传到操作站进行显示，部分非重要指令由操作站发出，送 PLC 执行。

（4）d 型（DCS+PLY 型）

控制报警信号由 DCS 系统执行，重要的联锁信号由继电器系统完成，由硬开关及操作台进行显示和操作。

（5）e 型（DCS+ESD 型）

控制信号由 DCS 独立完成，联锁报警信号由三重化冗余的紧急联锁控制器 ESD 完成。

软件编程器独立设置，重要动作及操作指令由独立操作台显示和发出，非重要信号指令由通信接口经通信网络送操作站显示和发出。

总之，SIS 原则上应单独设置，独立于 DCS 和其他系统，并与 DCS 进行通信；SIS 应具有完善的诊断测试功能，其中包括硬件（CPU、I/O 通信电源等）和软件（操作系统、用户编程逻辑等）的诊断测试功能；SIS 应采用经 TÜV 安全认证的 PLC 系统；SIS 关联的检测元件、执行机构原则上单独设置；SIS 中间环节应保持最少；SIS 应采用冗余或容错结构，如 CPU、通信、电源等单元；SIS 应设计成故障安全型，I/O 模件（又称卡件、模块）应带电磁隔离或光电隔离，通道之间应相互隔离，可带电插拔；来自现场的三取二信号应分别接到三个不同的输入卡，当模拟量输入信号同时用于 SIS、DCS 时，应先接到 SIS 的 AI 卡，采用 SIS 系统对变送器进行供电。

1.7   工艺过程风险分析

工艺过程的风险是以恶性事故概率及其造成的后果来衡量的。同样，目标安全水平是以可接受的恶性事故概率及其造成的后果来确定的。针对每一种恶性事故过程，引入 SIS 只能降低恶性事故发生的频率，而不能改变其造成的后果。目标安全水平与恶性事故概率之间的差值就是安全功能的 SIL 等级，即 SIS 系统中采用某 SIL 等级的安全功能来使恶性事故概率低于目标安全水平。

不同的工艺过程（生产规模、原料和产品的种类、工艺和设备的复杂程度等）对安全的要求是不同的，一个具体的工艺过程，是否需要配置 ESD、配置何种等级的 ESD，其前提应该是对此具体的工艺过程进行风险的评估及安全度等级（SIL）的评定。

在确定了某个具体工艺过程的安全度等级之后，再配置与之相适应的 ESD。若某工艺过程经评定后为 SIL2，则配置达到 AK4 的 ESD 即可，其响应失效率（PFD）为百分之一至千分之一之间。应该注意的是不同安全级别的 ESD，只能确保响应失效率（PFD）在一定的范围内，安全级别越高的 ESD，其 PFD 越小，即发生事故的可能性越小，但它不能改变事故造成的后果，因此，工艺过程安全度等级的评定是一项十分重要的工作。

下面介绍 DIN V 19250/IEC 61508 标准风险分析方法，确定综合安全级别，如图 1-22 所示。

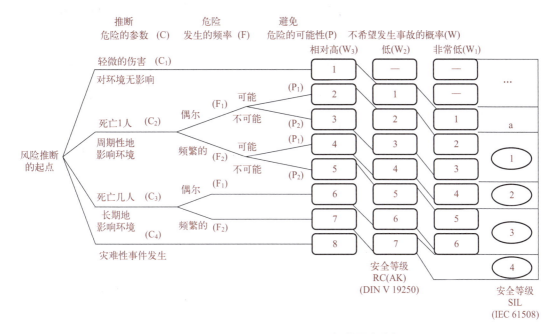

图 1-22　DIN V 19250/IEC 61508 标准风险分析

C—风险损害程度的分类；F—风险频率和处理风险的时间；P—避免风险发生的可能性；W—不希望出现风险的概率；
1 ～ 8—必须采取的最小的抑制风险级；……—没有安全要求；a—没有特殊安全要求

SIL 等级现通过 3 种技术来确定：定性风险评估技术、半定量风险评估技术及定量风险评估技术。

现以定性风险评估技术对图 1-23 某过程控制系统进行风险评估。

如图 1-23 所示，这个系统由一个压力容器和相应的仪表控制系统组成，压力容器中装有易燃的有毒液体。过程控制系统根据液位信号来控制流入压力容器的液体流量。

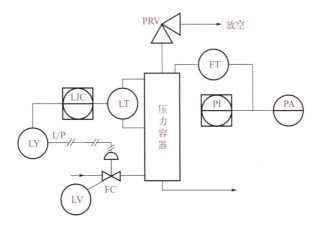

图 1-23　某过程控制系统图

当压力超过设定值时，压力变送器的信号会发出一个压力高限报警，提示操作员做适当处理，切断流入压力容器中的液体，如果操作员没有立即对报警作出响应，压力容器顶部的泄压阀就会动作，通过泄压放空来降低容器中的压力，避免容器破裂。

根据图 1-22 所示的这种 IEC 61508 的定性技术，能方便地分析超压引起的事故，如何确定安全功能的 SIL 等级，按下列步骤进行：

❶ 确定超压引起事故的破坏程度，从图表分析，我们假定为 C_2；

❷ 确定人员暴露在事故现场的频率，由于压力容器没有封闭隔离，人员出现在事故现场是永久性的，所以为 F_2；

❸ 确定是否有什么方法避免人员出现在事故现场，在此假定为 P_2；

❹ 确定事故发生的概率，在此假定为 W_2。

这样根据 C_2、F_2、P_2 和 W_2，可以看到为避免超压情况引起事故，满足工艺过程的目标安全水平，需要一个 SIL2 的安全功能，在原来的工艺过程中引入一个具有 SIL2 安全功能的 SIS 系统后，工艺过程满足了目标安全水平。各种标准规范有关安全度等级划分如表 1-7 所示。

表 1-7 各种标准规范有关安全度等级划分对照

IEC 61508 SIL	DIN V 19250 AK Class	ANSI/ISA S84.01 SIL	说明
1	2、3	1	仅对少量的财产和简单的生产及产品进行保护
2	4	2	对大量的财产和复杂的生产及产品进行保护，也对生产操作人员进行保护
3	5、6	3	对工厂的财产，全体员工的生命和整个社区的安全进行保护
4	7	—	避免灾难性的事故（例如核事故）、会对整个社会形成巨大冲击的事故

注：对于 AK1，无特殊安全要求；对于 AK8，E/E/PES 已满足不了要求。

1.8 逻辑运算的基本规则

❶ 交换律：$\begin{cases} A \cdot B = B \cdot A \\ A + B = B + A \end{cases}$

❷ 结合律：$\begin{cases} A \cdot B \cdot C = A \cdot (B \cdot C) \\ A + B + C = A + (B + C) \end{cases}$

❸ 分配律：$\begin{cases} A \cdot (B + C) = A \cdot B + A \cdot C \\ A + (B \cdot C) = (A + B) \cdot (A + C) \end{cases}$

❹ 重复律：$\begin{cases} A \cdot A \cdot A \cdots A = A \\ A + A + A + \cdots + A = A \end{cases}$

❺ 自等律：$\begin{cases} A \cdot 1 = A \\ A + 0 = A \end{cases}$

❻ 吸收律：$\begin{cases} A \cdot (B + A) = A \\ A + (B \cdot A) = A \end{cases}$

❼ 互补律：$\begin{cases} A \cdot \bar{A} = 0 \\ A + \bar{A} = 1 \end{cases}$

⑧ 0-1律：$\begin{cases} A \cdot 0 = 0 \\ A + 1 = 1 \end{cases}$

⑨ 非非律：$\overline{\overline{A}} = A$

⑩ 反演律：$\begin{cases} \overline{A \cdot B \cdot C} = \overline{A} + \overline{B} + \overline{C} \\ \overline{A + B + C} = \overline{A} \cdot \overline{B} \cdot \overline{C} \end{cases}$

🌱 拓展阅读

安全责任重于泰山

2011年7月23日，浙江温州境内发生"7·23"甬温线特别重大铁路交通事故，造成了40人死亡、172人受伤的惨剧。这起事故是由一系列事故所致。其原因之一是前一列动车因故临时停车；原因之二是铁路信号系统遭到损坏，导致后一列动车未能接收到停车信号，从而未做停车处理，当司机行驶到可用肉眼发现前面的列车时，紧急制动已经来不及了。这是一个典型的系统性失效的案例，失效的关键在于安全相关系统的设计没有贯彻故障安全原则。

事故分析如下。

当今铁路高效安全运行的简单机制是，将铁路（一个方向）分为若干段，每一段铁路只允许一列火车运行，而每段铁路都由铁路信号系统分割以控制安全。如图1-24所示。

当列车通过铁路信号系统A，进入X段后，铁路信号系统A向后面的列车发出不可通行的信号；当列车通过铁路信号系统B，驶出X段后，铁路信号系统A向后面的列车发出可通行的信号，允许下一辆列车进入X段。

"7·23"事故的情况是：铁路信号系统A遭到雷击并损坏，损坏前向上位机发出的是可通行信号；前一列动车进入X段后临时停车。而该系统设计思路是，如果上位机定期向铁路信号系统进行数据更新时，铁路信号系统未发出数据，则以原数据复新，这样，已损坏的信号系统不会再发数据，上位机不断以原数据（即可通行信号）复新，后面的列车得到的就只能是可通行信号。所以，后面的列车在得到可通行信号的情况下进入了X段，结果发生了惨剧。显然这是一个设计上的错误，错误的原因是设计思路没有贯彻故障安全原则。

图1-24　铁路信号系统分割控制安全示意图

铁路信号系统是典型的安全相关系统，必须贯彻故障安全原则，如按故障安全原则设计，当探测到信号系统故障时，应将被保护对象（如列车）导入安全状态。所以说，上述设计错误导致的失效就是系统性失效。

模块小结

本模块主要介绍安全仪表系统的相关标准、组成、基本概念、常用术语等，是进一步学习安全仪表系统的工作原理及应用的基础。

主要内容	要点
① 安全仪表系统相关标准 ② 安全仪表系统的组成	① SIS 设计、制造、应用均依据标准，产品必须获得权威认证机构的确认，标准如 IEC 61508/IEC 61511 等 ② SIS 由传感器单元、逻辑运算单元、最终执行元件等部分组成
安全仪表系统的基本概念	包括安全功能、失效、安全度等级及响应失效率、冗余、表决、容错、安全生命周期等概念 ① 安全度等级有 SIL1～SIL4 等 4 级，石化装置一般低于 SIL3 级 ② 冗余是多个相同功能的模块并联 ③ 表决有 1oo2 方式、2oo2 方式、2oo3 方式、2oo4 方式等
安全仪表系统常用术语	包括故障、可用性（利用率）、可靠性、牢固性、安全性、故障安全、故障性能递减等术语 ① SIS 故障包括显性故障（安全故障）和隐性故障（危险故障或严禁故障）两种 ② 可靠性取决于系统的拒动作率（PFD），等于 1-PFD ③ 故障安全是指 SIS 系统发生故障时，不会影响到被控过程的安全运行
SIS 配置	SIS 原则上单独设置，独立于 DCS 和其他系统，具有完善的诊断测试功能

模块测试

一、选择题

1. 安全仪表系统的组成为（　　　　）。

A. 执行元件、阀门、控制组件

B. 紧急切断、紧急冷却、安全泄放

C. 紧急停车按钮、开关、信号报警器

D. 传感器单元、逻辑运算单元、最终执行元件

2. （　　　）故障模式（失效—安全型模式）是指安全仪表系统的此种故障将导致正常运行的装置发生误停车。

A. 显性　　　　　　　　　　B. 随机　　　　　　　　　　C. 隐性

3. 国际电工委员会（IEC）IEC 61508 标准将安全仪表系统的安全等级分为 4 级，其中低要求操作模式下 SIL4 级每年故障危险的平均概率为（　　　　）。

A. 0.001～0.0001　　　　　B. 0.0001～0.00001　　　　C. 0.00001～0.000001

4. （　　　）是安全仪表系统在故障时按一个已知的预定方式进入安全状态。

A. 容错　　　　　　　　　　B. 冗余　　　　　　　　　　C. 故障安全

5. （　　　）故障模式（失效—危险型模式）是指故障并不会立即表现出来，只有在生产装置出现异常，需要停车时，安全仪表系统无法动作，使生产装置和整个工厂陷入危险境地。

A. 显性　　　　　　　　　　B. 隐性　　　　　　　　　　C. 随机

6. （　　　）指用多个相同的模块或部件实现特定功能或数据处理。

A. 故障安全　　　　　　　　B. 容错　　　　　　　　　　C. 冗余

7. ( ) 表决逻辑适用于安全性、实用性很高的场合。

A. 二取二 2oo2   B. 三取一 1oo3   C. 三取二 2oo3

二、判断题

1. ESD 的监视型输入/输出卡件可对现场回路的状态进行监视。(   )

2. 安全联锁系统的安全等级称为安全度等级。(   )

3. 使用紧急停车系统，是为了确保装置或独立单元快速停车。(   )

4. 紧急停车系统、安全联锁系统、仪表保护系统、故障安全控制系统均可称为安全仪表系统。(   )

5. SIS 与 DCS 是两种功能不同的系统，在生产过程中起到的作用也是截然不同的。(   )

三、简答题

1. 什么是安全仪表系统？

2. 安全仪表系统中，安全度等级（SIL）分为几个等级？各适用于哪些场合？

3. 安全仪表系统由哪几部分组成？

4. 什么是冗余、冗余系统？什么是安全功能？

5. 低要求操作模式下，安全度等级分别对应的平均失效概率为多少？

安全仪表系统

模块二
Tricon 控制系统

模块描述

TRICONEX 公司是一家安全仪表系统厂家，成立于 1983 年，总部位于美国加利福尼亚州尔湾市，隶属于英维斯（Invensys）集团，集团拥有遍布全球的销售和服务网络，是专业制造 Tricon 系统、紧急停车系统等安全仪表系统的厂家。后来被施耐德电气收购，成为施耐德集团的一个重要产品线。

Tricon 控制系统是一种专为石油和天然气、电力、炼油、化工、制药和生物技术等行业设计的新一代安全及关键控制系统，旨在确保装置或设备安全控制的完整性，防止内在风险和危害，以及抵御外部威胁（如网络攻击）。

本模块学习并熟悉 Tricon 控制系统工作原理、系统配置、软件组态、系统维护等，通过组态实例了解现场 Tricon 控制系统应用，加深对 Tricon 控制系统工作原理等的理解。

学习目标

知识目标：

① 了解 Tricon 控制系统的工作原理、应用；

② 掌握 Tricon 控制器的结构、系统配置、各硬件构成及功能；

③ 熟悉 TriStation 1131 软件应用，掌握基于 TriStation 1131 软件组态的一般流程；

④ 掌握 Tricon 控制系统维护、故障诊断方法。

能力及素质目标：

① 初步具备 Tricon 控制系统硬件的安装技术；

② 能熟练使用 TriStation 1131 软件；

③ 能运用 TriStation 1131 软件进行联锁保护系统的组态与仿真；

④ 会进行 Tricon 控制系统维护、故障诊断；

⑤ 强化标准意识，培养严谨认真、攻坚克难的精神。

知识思维导图

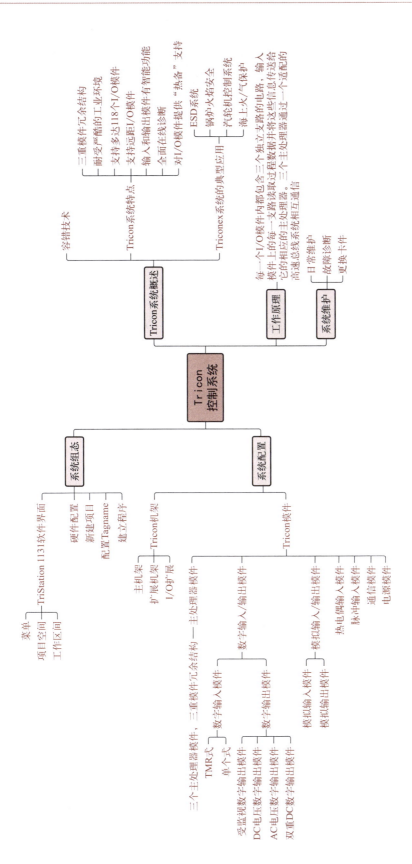

Tricon 控制系统

Tricon系统概述

- 容错技术
- Tricon系统特点
  - 三重模件冗余结构
  - 耐受严酷的工业环境
  - 支持多达118个I/O模件
  - 支持远距I/O模件
  - 输入和输出模件有智能功能
  - 全面在线诊断
  - 对I/O模件提供"热备"支持
- Triconex系统的典型应用
  - ESD系统
  - 锅炉火焰安全
  - 汽轮机控制系统
  - 海上火/气保护

工作原理

每一个I/O模件内都包含三个独立的电路，每一支路读取应程数据并将这些信息传送给它们的相应的主处理器。三个主处理器通过一个适配的高速总线系统相互通信

系统维护

- 日常维护
- 故障诊断
- 更换卡件

系统组态

- TriStation 1131软件界面
  - 菜单
  - 项目空间
  - 工作区间
- 硬件配置
- 新建项目
- 配置Tagname
- 建立程序

系统配置

- Tricon机架
  - 主机架
  - 扩展机架
  - I/O扩展
- Tricon模件
  - 主处理器模件
    - 三个主处理器模件，三重模件冗余结构
  - 数字输入输出模件
    - 数字输入模件
      - TMR式
      - 单个式
    - 数字输出模件
      - 受监视数字输出模件
      - DC电压数字输出模件
      - AC电压数字输出模件
      - 双重DC数字输出模件
  - 模拟输入输出模件
    - 模拟输入模件
    - 模拟输出模件
  - 热电偶输入模件
  - 脉冲输入模件
  - 通信模件
  - 电源模件

2.1 Tricon 系统概述

TRICONEX 公司的 Triconex 系统完全遵循 IEC 61508/IEC 61511 标准，采用当今较先进的 TMR 微处理器硬件技术，和成熟可靠的 TriStation 1131 软件的三重化冗余容错控制系统，系统具有能同时满足高可靠性、高可用性的容错控制能力，被广泛应用于石化、炼油、天然气、电力、轨道交通、航天、核工业等行业，在装置安全联锁系统、蒸汽透平控制、燃气透平控制、压缩机防喘振控制、海上石油平台、火气监测保护（FGS）等方面有广泛的业绩。

为保证系统的高可靠性和高可用性，控制器、I/O 模块 、通信均采用三重化设计。控制系统可以识别控制系统元件的故障，自动把故障的元件加以排除，并允许在继续完成指定任务的同时，对故障元件进行在线修复而不中断过程的操作。任何故障及相关数据被存储在 NVRAM 中，I/O 模块中任一通道故障，系统保证该模块能维持运行 1500h，仍能满足 TÜV AK6 级的要求。

TRICONEX 旗下有 Tricon 和 Trident 两套控制系统（统称 Triconex 系统），其中 Trident 更适用于系统比较小的中 / 小型现场环境，而 Tricon 则多用在需要控制的设备比较多的大系统中。它们都是一种现代化的可编程逻辑与过程控制器，可以提供高水平的系统容错能力。

2.1.1 容错技术

容错是 Tricon 控制器最重要的特性，是指在出现故障或错误时，功能单元仍继续执行规定功能的能力。它可以在线识别瞬态和稳态的故障并进行适当的修正。容错技术提高了控制器的安全能力和可用性，使过程得到控制。

Tricon 通过三重模件冗余结构（TMR）提供容错能力。此系统由三个安全相同的系统通道组成（电源模件除外，该模件是双重冗余的）。每个系统通道独立地执行控制程序，并与其他两个通道并行工作。硬件表决机制则对所有来自现场的数字输入和输出进行表决和诊断，对模拟输入则进行取中值的处理。

因为每一个支路都是和其他两个隔离的，所以任一支路内的任何一个故障都不会传递给其他两个支路。如果在一支路内有硬件故障发生，该支路就能被其他两支路修复。维修工作，包括拆卸和更换有分电路故障的故障模件都可以在 Tricon 在线情况下进行，而不中断过程控制（在有热备卡件的情况下，并确认热备卡件处于工作状态，方可进行），系统能自行重新配置而执行完全的 TMR 控制。

对于各个支路、各模件和各功能电路广泛的诊断工作能够及时地探查到运行中的故障，并进行指示或报警。诊断还可以把有关故障的信息存储在系统变量内。在发现有故障时，操作员可以利用诊断信息修改控制动作，或者指导其维护过程。从用户的观点看，使用是简单的，因为此三重系统工作起来和一个控制系统一样，用户将传感器或执行机构连接到一路接线端上，并且应用一组逻辑为 Tricon 编程，其余的事都由 Tricon 自行管理。

2.1.2 Tricon 系统特点

为了保证在任何时候系统都有最高的完整性，Tricon 有以下特点。

❶ 提供三重模件冗余结构。三个完全相同的系统支路各自都独立地执行控制程序，而

且备有专用的硬件 / 软件机制，可对输入和输出进行"表决"。

❷ 能耐受严酷的工业环境。能够现场安装，可以现场在线地进行模件级的安装和修复工作，而不需打乱现场接线。

❸ 能支持多达 118 个 I/O 模件（模拟的和数字的）和选装的通信模件。通信模件可以与 Modbus 主机和从属机连接，或者和 Foxboro 与 Honeywell 分散控制系统（DCS）、其他在 Peer-to-Peer 网络内的各个 Tricon 以及在 802.3 网络上的外部主机相连接。

❹ 可以支持位于远离主机架 12km 以内的远距 I/O 模件。

❺ 利用基于 Windows NT 系统的编程软件完成控制程序的开发及调试。

❻ 输入和输出模件有智能功能，减轻主处理器的工作负荷。每个 I/O 模件都有三个微处理器。输入模件的微处理器对输入进行过滤和修复，并诊断模件上的硬件故障。输出模件微处理器对输出数据的表决提供信息，通过输出端的反馈回路电压检查输出状态的有效性，并能诊断现场线路的问题。

❼ 提供全面的在线诊断，并具有修理能力。可以在 Tricon 正常运行时进行常规维护而不中断控制过程。

❽ 对 I/O 模件提供"热备"支持，可用在某些不能及时提供服务的关键场合。

2.1.3 Triconex 系统的典型应用

（1）ESD 系统

Triconex 为精炼厂、石化 / 化工厂，以及其他工业过程中需要高安全级别的地方提供连续的保护。例如，对反应堆和压缩机单元，厂级的跳闸信号—压力、产品进料、温度等进行监视，并在预设的条件出现后产生跳闸动作。传统的跳闸系统执行时多采用机械或电子继电器，但往往造成危险的误跳闸。

Triconex 提高了系统的安全性，提供自动检测和确认现场传感器的完整性、完全的跳闸和控制功能，与管理数据高速公路直接连接，以实现安全回路功能的连续监控。

（2）锅炉火焰安全

在大多数的精炼厂中，蒸汽锅炉起循环回路部件的功能。为了保护锅炉，正常启动和停机的安全联锁系统以及锅炉火焰安全系统由 Triconex 系统整合为一体。传统应用中，这些功能由独立的、非整合的部件提供。但是在容错的失效 - 安全的 Triconex 控制器中，锅炉操作员可以在更有效地使用循环资源的同时保证锅炉的安全性在（或高于）一个继电保护系统级别。

（3）汽轮机控制系统

对于燃气 / 蒸汽轮机的控制和保护需要高度的完整性和安全性。Triconex 的容错控制器的连续运行可以在保证汽轮机最高安全性的同时提供最高的工作性能。速度控制和启动及停机一样，由一个单独的系统执行。热备模件的使用，减少了意料之外的损耗。如果模件发生了错误，系统自动更换为备用模件，不会对操作过程造成中断。

（4）海上火 / 气保护

海上平台的火 / 气保护需要连续的可靠性及稳定性。Triconex 通过在线更换错误模件的方式提供了该功能。模件错误、现场接线或传感器故障均自动地由内置诊断功能管理，模拟量的火 / 气传感器直接接至 Triconex 系统，操作员界面可监视火 / 气系统，诊断 Triconex 控制器和传感器。传统的火 / 气仪表均可用一个集成的控制系统来替换，节约宝贵的地面空间，并保证高安全性及可靠性。

2.2 工作原理

三重模件冗余（TMR）结构（图 2-1）保证了设备的容错能力，并能在元部件出现硬件故障或者内部或外部来源的瞬态故障的情况下提供正确的不间断控制。

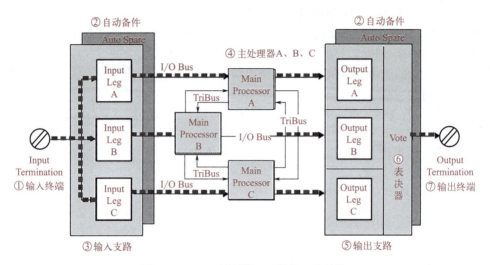

图 2-1 Tricon 控制器三重模件冗余结构

每一个 I/O 模件内都包含三个独立支路的电路，输入模件上的每一支路读取过程数据并将这些信息传送给相应的主处理器。三个主处理器通过一个适配的高速总线（TriBus）系统相互通信。

每扫描一次，主处理器都通过 TriBus 与其相邻的主处理器进行通信，达到同步。TriBus 表决数字式输入数据，比较输出数据，并将模拟输入数据拷贝至各个主处理器。主处理器执行控制程序并把控制程序产生的输出送给输出模件。除对输入数据进行表决之外，Tricon 在离现场最近的输出模件上完成输出数据的表决，使其尽可能地与现场靠近，以便检测出任何错误并予以修复。

对于每个 I/O 模件，系统可以支持一个可选的热备模件。如果装有备件，运行中当主模件发生故障时，备件投入控制，热插备件位置也被用于系统的在线修理。

2.3 系统配置

Tricon 系统分为 Tricon 高密度系统和低密度系统，其主要区别为系统组态的模件数量的多少。具体地说，一个基本的 Triconex 系统由各个模件、容纳各模件的机架、现场端子板以及编程工作站等组成。

Tricon 内一个逻辑槽位由两个物理槽位构成，每个 I/O 模件占据其中一个槽位，左模件占据标记"L"下面的槽位，右模件占据标记"R"下面的槽位。任何时候不论左模件还是右模件都可以是"工作的"或"热备的"（用于在线更换或备份）。

2.3.1　Tricon 模件

　　Tricon 模件由装在一金属骨架内的电子元件所构成，可现场更换。每个模件有一保护盖，当模件从机架上取下时，保证不暴露任何部分或电路，印刷电路板的接头使得各模件不可以头朝下地插入，各模件上的"键"又可避免模件被插入到错误的槽内。

　　Tricon 支持数字和模拟的输入与输出点，以及热电偶输入和多重通信能力。常用模件见表 2-1。

表 2-1　Tricon 系统常用模件

模件名称	电源 / 型式	说明	点数	型号
高密度主机架	120V AC/V DC	可支持全部 Tricon 的电源要求，提供 NO，C 及 NC 报警触点	—	8310
高密度扩展机架	24V DC		—	8311
远程扩展机架（RXM）	230V AC		—	8312
主处理器模块	16MB DRAM	执行控制程序并对输入和输出表决	—	3008
	2MB	执行控制程序并对输入和输出表决		3006
模拟量输入模块	0～5V DC	差分的，DC 耦合的	32	3700
	0～5V DC	差分的，DC 耦合的，+6% 超限	32	3700A
	0～10V DC	差分的，DC 耦合的	32	3701
	0～5V DC 0～10V DC	差分的，DC 耦合的，+6% 超限	16	3703E
	0～5V DC 0～10V DC	高密度、公共的，DC 耦合的，+6% 超限	64	3704E
	0～5V DC −5～5V DC	差分的，DC 耦合的	32	3721
模拟量输出模块	0～20mA	DC 耦合的，公共返回	8	3805E
	0～20mA，6 点输出；16～320mA，2 点输出	DC 耦合的，公共返回	8	3806
数字量输入模块	115V AC/V DC	隔离的，非公共的	32	3501E
	48V AC/V DC	每组 8 点，共用，带自测试功能	32	3502E
	24V AC/V DC	每组 8 点，共用，带自测试功能	32	3503E
	24/48V DC	高密度、公共的，DC 耦合的	64	3504E
	24V DC	低门槛电压，带自测，公共的	32	3505E
	24V DC	简易型，公共的	64	3564

续表

模件名称	电源 / 型式	说明	点数	型号
数字量输出模块	115V AC	光隔离，非公共的	16	3601E
	120V DC	光隔离，非公共的	16	3603E
	120V DC	光隔离，公共的	16	3603E
	24V DC	光隔离，非公共的	16	3604E
	48V DC	光隔离，非公共的	16	3608E
	115V AC	监督型，光隔离，非公共的	8	3611E
	120V AC	监督型，光隔离，公共的	8	3613E
	48V AC	监督型，光隔离，公共的	8	3617E
	24V DC	监督型，光隔离，公共的	8	3614E
	120V DC	监督型，光隔离，公共的	16	3623
	24V DC	监督型，光隔离，公共的	16	3624
	24V DC	监督型 / 非监督型的，光隔离，公共的	32	3625
	48V DC	双通道输出，公共的	32	3664/3674
继电器输出	继电器，NO	非三重的，非公共的	32	3636R
热电偶输入	J.K.T 型	差分的，DC 耦合的，非隔离的	32	3706
	J.K.T.E 型	差分的，隔离的	16	3708E
脉冲累计输入	0 ～ 20kHz	非公共的，AC 耦合的	8	3510
	0 ～ 20kHz	非公共的，AC 耦合的，快速更新	8	3511
远程模件（RXM）	光纤	用于主 RXM 机架的一组三个模件，多模，最远 2km		4200-3
	光纤	初级 RXM 机架用的一组三个模件		4201-3 4210-3 4211-3
Tricon 多功能通信模块	TCM	以太网（802.3），RS-232 或 RS-485 串行口		4351A/4352A 4351B/4352B 4353/4354
	EICM	Modbus 主机或从机，TriStation 和 centronics 打印机，选用 RS-232、RS-422 或 RS-485 串行口		4119
	NCM	TriStation，Peer-to-Peer，TSAA 和 TCP-IP/UDP-IP		4329

注：1.#3504E 型必须用 TriStation 配置为 24V DC 或 28V DC。

2.#3703E 型和 #3704E 型必须用 TriStation 配置成 0 ～ 5V DC 或 0 ～ 10V DC。

3.#3706 型和 #3708E 型用的热电偶型必须用 TriStation 配置。

2.3.2　Tricon 机架

对于 V9 型 Tricon 系统，有主机架、扩展机架、和远程机架三种型式的机架。一个 Tricon 系统可以最多包含十五个机架，用以容纳各种输入、输出和热插备用模件，以及通信模件等组合。

（1）主机架

Tricon 系统的主机架安装主处理器模件以及最多六个 I/O 组。在机架内的各 I/O 模件通过三重的 RS-485 双向通信口连接。主机架支持两个电源卡件、三个主处理器、通信卡件（ICM、NCM、ACM 或 SMM 等）、I/O 卡件、带热插拔备件。

❶ 主机架电池。Tricon 的双重冗余电池用于保存用户程序、自诊断信息，如果发生电源故障，这些锂电池能为数据和程序的保存提供电能，累计维持时间为六个月。每个电池的寿命为 5 年。Triconex 建议每五年更换一次电池，或者累计使用了六个月后更换，以先达到时间的为准。

❷ 主机架钥匙开关。主机架上有个四位置的钥匙开关，开关上的设定为 RUN（运行）、PROGRAM（编程）、STOP（停止）、REMOTE（远程）。

RUN：不可对操作变量进行修改，应用程序处于只读状态，也不可做 Download All 或 Download Change。

PROGRAM：可写入变量，可做 Download All 或 Download Change。

STOP：停止读入输入值，对于输出，若有保留值，则保持；无保留值，则保持输出值全部回"0"。（可通过软件来屏蔽该位置）

REMOTE：允许外部上位机修改操作变量，但不能修改逻辑，不可做 Download All 或 Download Change。

（2）扩展机架

每一个扩展机架（机架 #2 到 #15）可以支持最多八个 I/O 组。扩展机架支持两个电源卡件、I/O 卡件（带热插拔备件）、通信卡件（仅限于 #2 扩展机架）。

扩展机架通过一个三重的 RS-485 双向通信口和主机架连接，用来连接一组主机架和扩展机架的标准电缆的总长最多为 30m，远程扩展机架可以让系统扩展到远距的位置，最远离主机架 12km。

Tricon 主机架与扩展机架的连接方式如图 2-2 所示。

每个机架具有不同的总线地址（1 ~ 15），机架内的每个卡件都有地址，用以确定卡件的位置或槽口。

（3）I/O 扩展

Tricon I/O 总线可支持最多 15 台机架，大多数情况下，扩展机架都装在主机架的附近，I/O 模件最多限制为 118 个，I/O 总线最大总长为 30m，I/O 总线长度大于 30m 时必须用远程机架支持。每台 Tricon 机架底板装有六个 RS-485 扩展总线接口，为扩展机架和远程机架提供三重串行通信通道，用 I/O 电缆把扩展机架的 RS-485 口接到其他机架。每台机架都是多个 I/O 扩展总线内的一个节点。

I/O 为三对，形成 Tricon I/O 总线的三重化扩展，数据通过三重化的 I/O 总线传输，与 Tricon 内部的 I/O 总线传输速率一样，为 375kbit/s，用这种方式，可将三条控制支路在物理上和逻辑上延伸到扩展机架而不损害其性能。

2.3.3　总线系统及电源分配

如图 2-3 所示，三条三重总线系统都蚀刻在机架背板上，三条总线为 TriBus、I/O 总线及通信总线。

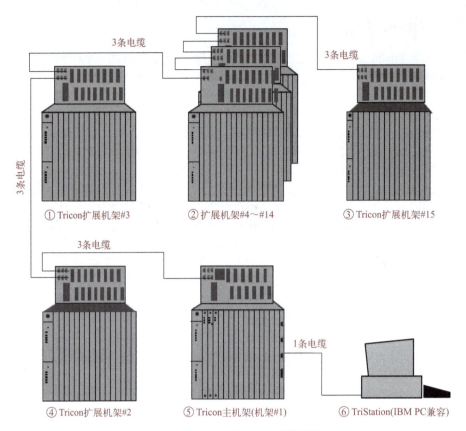

① Tricon扩展机架#3   ② 扩展机架#4～#14   ③ Tricon扩展机架#15

④ Tricon扩展机架#2   ⑤ Tricon主机架(机架#1)   ⑥ TriStation(IBM PC兼容)

图 2-2　V9-V10 型 Tricon 系统配置

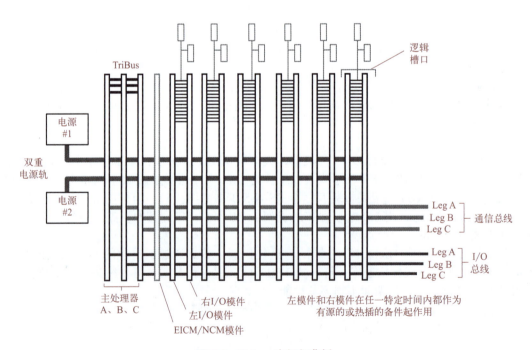

图 2-3　Tricon 主机架背板

扫描开始时各主处理器同步，然后，每个主处理器将它的数据送入其上游和下游的主处理器。

TriBus 完成下列三种功能：

❶ 传输模拟的、诊断的、通信的数据；

❷ 传输和表决数字输入数据；

❸ 对上次扫描的输出数据和控制程序存储器进行数据比较，并对不同之处进行标识。

Tricon 容错结构的一个重要特征是，每一个 MP 使用了同一个数据发送器将数据同时送给上游的和下游的主处理器，这样保证了上游处理器和下游处理器接收相同的数据。

TriBus 总线在主处理器之间传送数据。

每个 I/O 模件通过其对应的端子板接收现场信号或向现场传送数据，机架相邻的物理槽位视作同一个逻辑槽位，第一个位置放置工作模件，第二个位置放置热备 I/O 模件，端子板通过背板顶部的 Elco 插头相连，同时连接工作和热备的 I/O 模件。所以，这两个模件接收的是相同的来自端子板的信号。

I/O 总线在 I/O 模件和主处理器之间传送数据，速率为 375kbit/s。三重化 I/O 总线沿着背板的底部敷设。I/O 总线的每一支路在一个主处理器和与其相应的 I/O 模件上的相应支路间传递信息。I/O 总线通过一组三条 I/O 总线电缆在各机架间延伸。

通信总线在主处理器和通信模件之间传输信息，其速率为 2Mbit/s。机架的电力被分配在两个独立的电源轨上，机架上的各个模件从两条电源轨上通过双重电源调节器获得供电，每一块 I/O 模件有两组电源调节器，一组对应一个支路（A、B 和 C），剩下一组用于状态指示灯。

2.3.4 主处理器模件

Triconex 系统包含三个主处理器模件。每个模件控制系统的独立的一支，并与其他两个主处理器并行工作。

每个主处理器上有一个专用的 I/O 通信处理器，用以管理在主处理器和 I/O 模件之间交换的数据。一条三重 I/O 总线位于机架的背板上，从机架上延伸出来并借助于 I/O 总线电缆和别的机架连接。

(1) 工作原理

当每个输入模件被询问时，I/O 总线相应的一支就把新的输入数据传递给主处理器，输入数据被装入主处理器内的一个表内，并被存入存储器以备用于硬件表决过程。

主处理器内的每一个输入信号通过 TriBus 被传输到其邻近的主处理器，在此传输中，硬件表决被完成。TriBus 利用可编程装置对三个主处理器之间的数据进行同步、传送、表决以及比较，如果发现不一致，则三个信号内两个相同的信号值优先被采用，第三个信号的值按此改正。每个主处理器把数据改正的情况保存在当地存储器内，每次奇偶性失常都被标示出来，并在扫描结束时被 Triconex 的内装故障分析器例行程序用来确定某一模件内是否存在故障。

主处理器把改正过的数据送入控制程序，32 位的主微处理器和一个算术联合处理器一起执行控制程序，并和邻近的主处理器模件一起并行执行。

在发生外部电源失效时，SRAM 由电池进行保护，电池装在主机架的背板上。在没有电力供给 Tricon 时，电池能保持程序和保存的变量的完整性，至少可以保持 6 个月。

主处理器模件通过双重电源模件和主机架的电源轨供电，一个电源模件或者一条电源轨的失效不会影响系统的工作。

（2）状态指示灯

通过观察主处理器状态指示灯可以判断系统工作状态。主处理器状态指示灯、通信指示器的说明如表 2-2、表 2-3 所示。

表 2-2　主处理器状态指示灯

PASS 绿色	FAULT 红色	ACTIVE 黄色	MALNTI 红色	MALNT2 红色	说明及措施
ON	OFF	闪烁	任意	任意	模件工作正常。ACTIVE 指示灯在执行控制程序时每扫描一次闪烁一次。不需要采取措施
ON	OFF	OFF	任意	任意	MP 内没有下装控制程序，或者控制程序已装入 MP，但未运行。此状态也存在于当模件已装好且正在被其他 MP 所"教化"中的情况。如在几分钟内，ACTIVE 指示器不点亮，说明卡件有故障，应予更换，装上一个新换的卡件
OFF	ON	OFF	闪烁	OFF	MP 被重新"自教育"中。允许 6min 后 PASS 点亮，然后 ACTIVE 点亮。不需要采取措施
OFF	ON	任意	ON	任意	模件已故障，更换新的模件
OFF	OFF	任意	任意	任意	模件上指示灯 / 信号电路误动作，更换新的模件
ON	OFF	任意	OFF	ON	MP 软故障计数很高

表 2-3　主处理器通信指示器

发送 RX（COM 和 I/O）	接收 TX（COM 和 I/O）	说明
闪烁	闪烁	如果 MP 与通信模件正常通信，指示器连续闪动
闪烁	闪烁	如果 MP 和 I/O 模件正常通信，指示器连续闪动

（3）TriBus 专用总线

每个主处理器上有 TriBus 的高速专用总线系统，用于执行处理器间的通信、所有数字输入数据的硬件多数表决、控制程序变量比较等功能。

TriBus 利用一个完全隔离的串行通道通信，一个直接存储控制器管理着同步、传输、表决和数据修正，独立于用户的应用或所执行的软件而工作。

#3008 型主处理器有 16M DRAM（带后备电池）和 32K SRAM，用于存放用户编写的控制程序、SOE 数据、I/O 数据、诊断以及通信缓冲器。外部电源故障时 SRAM 可完好地保存用户程序，时间至少六个月。

（4）事件顺序功能（SOE）

主处理器和通信卡件一起工作，支持 SOE 数据的采集，每次扫描时，主处理器检查指定的离散变量是否有状态改变，状态改变称作事件。当事件发生时，主处理器把变量的当时状态和时间保存在一个称作缓冲器的存储区域内，缓冲器是 SOE 块的一部分。可以用 TriStation 1131 对 SOE 块进行组态，用 SOE 事件记录器可以获得事件数据。

（5）诊断

多方面的诊断功能可保证各个主处理器和各个 I/O 卡件及通信通道的正常状态。瞬态故障被硬件多数表决电路所记录和屏蔽，持久性的故障受到诊断，出错的卡件可被热插拔更换或在容错方式下工作，直到完成在线更换。

主处理器进行下列诊断工作：

❶ 检验固化程序存储；

❷ 检验 RAM 静态部分；

❸ 测试所有基本处理器指令和操作状态；

❹ 测试所有的基本浮点处理器指令；

❺ 检查与各个 I/O 通信处理器共用的存储器接口；

❻ 检查 CPU 和各个 I/O 通信处理器、本地内存、共用存储器的存取以及 RS-485 转发器的环路；

❼ 检验 TriClock 接口；

❽ 检验 TriBus 接口。

每个主处理器下方有一个标准的 25 脚的"阳型 D"连接器（RS-232），速率是 9600bit/s，可供 TRICONEX 公司人员进行诊断分析。RS-232 口是充分隔离的（最大 500V DC），以提供对接地故障的保护。

2.3.5　数字输入 / 输出模件

2.3.5.1　数字输入模件

Tricon 支持两种基本形式的数字输入模件：TMR 式和单个式。在 TMR 模件中，全部关键的信号通路都被 100% 地三重化，以保证安全性和最大的利用率。在单个式模件上，只有那些保证安全运行所需的信号通路部分才被三重化。

每个数字输入模件有三条隔离的输入支路，它们独立地处理所有输入给卡件的数据。每一支路上的微处理器扫描每个输入点，编辑各种数据，并将其传送给主处理器。然后，输入数据在送到主处理器之前进行表决，保证其最大统一性。

（1）工作原理

每个数字输入模件内有三条完全相同的支路（A、B、C）。虽然这些支路都在同一模件上，但它们是完全相互隔离的，而且完全独立工作。每一支路独立地对信号进行支配，并在现场和 Tricon 之间实现光学隔离（#3504E 型高密数字输入模件是一个例外，它没有隔离）。一条支路上的故障不会被传给另外的支路。另外，每条支路有一个 8 位输入 / 输出通信处理器，它处理与其相应的主处理器的通信。

三条输入支路的每一支路非同步地测量输入端子板上每点信号，判别其状态并将值放在相应的 A、B、C 输入表内。每个输入表都定期由位于相应的主处理器模件上的 I/O 通信处理器经过 I/O 总线进行询问，例如，主处理器 A 通过 I/O 总线 A 查询输入表 A。

（2）状态指示灯

全部数字输入卡件对每一支路进行持续诊断。在任一支路上诊断到故障时，卡件上的 FAULT 指示灯受到触发，进而触发机架的报警信号。FAULT 指示灯亮只说明某个通道上有故障，并不是卡件故障，卡件在某些故障存在的情况下继续容错正常工作。数字输入卡件指示灯如表 2-4 所示，数字输入卡件的状态指示灯如表 2-5 所示，数字输入卡件现场指示灯如表 2-6 所示。

表 2-4　数字输入卡件指示灯

指示灯	颜色	指示灯	颜色
PASS	绿	ACTIVE	黄
FAULT	红	POINTS（32 或 64）	红

表 2-5　数字输入卡件的状态指示灯

PASS	FAULT	ACTIVE	说明及措施
ON	OFF	ON	卡件已运行并正常工作。不需要采取措施
ON	OFF	OFF	卡件可以运行，但未工作，如果它是一个热备，则不需要采取任何措施。如果此卡件刚被装入，允许等几分钟让它完成初始化过程。如果此件是工作卡件（不是热备）而 ACTIVE 灯未点亮，则模件有故障必须更换，换上一个新卡件
OFF	ON	ON	卡件已探测出故障，换上一个新卡件
OFF	OFF	任意	指示灯 / 信号电路误动作，更换一个卡件

表 2-6　数字输入卡件现场指示灯

点（1 ~ 32/64）	说明
ON	现场电路已得电
OFF	现场电路没有得电

2.3.5.2　数字输出模件

数字输出模件有监督型数字输出模件、DC 电压数字输出模件、AC 电压数字输出模件、双重 DC 数字输出模件四种基本类型。

所有的数字输出卡件都支持热插拔，以便对故障卡件进行在线更换，或者作为工作卡件的热备。每个卡件都带机械键锁，防止被错误地安装到已配置好的机架内。

和所有的 I/O 卡件一样，数字输出卡件需要有一电缆接口，以便和位于远处的外部端子连接，数字输出卡件可为现场设备提供电源，现场电源必须被连接在现场端子板的输出点上。

（1）工作原理

每个数字输出模件都包含有三个完全相同的相互隔离的支路。每一条支路含有一个 I/O 微处理器，它接收相应的主处理器上 I/O 通信处理器输出表。

所有的数字输出模件，除了双重 DC 模件以外，都采用四重性的输出电路，即"四方输出表决器"，在各个输出信号被送至负载之前对其进行表决。

这个表决电路的基础是并行—串行路径，它在支路 A 和 B 或者支路 B 和 C 或者支路 A 和 C 的驱动器命令路径关闭时传送信号。换句话说，它是三取二输出表决。双重数字输出模件具有一个单个的串行路径，而三取二的表决过程单独作用于每一个开关。

每种数字输出模件对每点进行专门的输出表决器诊断（OVD），OVD 执行过程中，每一个点的状态被逐点保存在输出驱动器上，卡件上的反馈控制回路允许每个微处理器读出此点的输出值，以决定输出电路内是否存在潜在的故障。在 AC 和 DC 电压数字输出模件上的 OVD 都可以被禁动。

（2）状态指示灯

数字输出模件指示灯说明见表 2-7。

表 2-7　数字输出卡件指示灯

指示灯	颜色	指示灯	颜色
PASS	绿	LOAD/FUSE	黄
FAULT	红	点（1 ～ 16/32）	红
ACTIVE	黄		

数字输出模件状态指示灯说明如表 2-8 所示。数字输出模件的 LOAD/FUSE 指示器和点指示灯说明如表 2-9、表 2-10 所示。

表 2-8　数字输出卡件状态指示灯

PASS	FAULT	ACTIVE	说明与措施
ON	OFF	ON	卡件已通电并正常工作，不需要采取任何措施
ON	OFF	OFF	卡件可以运行但未工作。如果它是热备，不需要采取措施。如卡件刚被装入，允许等待几分钟让它完成初始化过程。如果这是个工作卡件（不是备件），而 ACTIVE 指示灯不亮，则卡件有故障必须更换，换上一个新卡件
OFF	ON	ON	卡件已检测出故障，换上一个新卡件
OFF	OFF	任意	指示灯 / 信号电路误动作，换装一个新卡件

表 2-9　数字输出模件的 Load/Fuse 指示器

LOAD/FUSE	说明与措施
ON	至少在一个点上，命令的状态和测得的状态不一致。用 TriStation 的诊断画面将怀疑的点隔离开，再用控制画面确定输出点的命令状态；用一电压表测定输出的真实状态，然后将其卸掉并更换保险，或改正外部电路中存在的问题。如这些步骤都不能解决问题，换装一新的模件
OFF	所有连接的负载功能正常，不需要采取任何措施

表 2-10　数字输出模件的点指示灯

点（12 ～ 16/32）	说明
ON	现场电路已得电
OFF	现场电路未得电

2.3.6　模拟输入 / 输出模件

2.3.6.1　模拟输入模件

模拟输入卡件有三条独立的输入支路，各输入支路从各点处接收变化的电压信号，并将其转换成数字信号传送给三个主处理器，再用中值选择算法选出一个值，以保证每次扫描数据的正确性。

每个模拟输入卡件对各支路进行连续不间断的诊断。任何一条支路上的任何诊断中发现有故障时，卡件的 FAULT 灯触发，进而触发机架报警信号。FAULT 指示灯指示的是支路的故障，不是卡件故障，卡件在有单一故障时能保证正常运行，有时在有多重故障时还能继续正常工作。

模拟卡件支持热备功能，有故障的卡件允许进行在线更换，或作为工作卡件的热备。

模拟输入卡件需要有一单独的带有电缆接口的端子板，用来和 Tricon 背板连接，每个卡件都带机械键锁，防止被错误地安装到已配置好的机架内。

（1）工作原理

在模拟输入模件上，三个支路的每一个支路都非同步地测量各输入信号，并把结果置入输入表。三个输入表的每一个均会通过相应 I/O 总线被传递给与其相关联的主处理器模件。每个主处理器模件内的输入表通过 TriBus 传送给邻近主处理器。中值被各主处理器选出，各主处理器内的输入表按此改正。在 TMR 模式中，控制程序使用中值数据。而在双重化模式中，使用的是均值。

每个模拟输入模件通过多路转换器读取多个参考电压的方法自动进行校核。参考电压可以确定增益和偏差，用来调整模数转换读数。模拟输入模件和终端子板可以支持不同的模拟输入，这些模件可以是隔离的也可以是非隔离的形式（0 ～ 5V DC、0 ～ 10V DC、4 ～ 20mA，热电偶，包括 K、J、T、E 等型号以及电阻式热装置 RTD）。

（2）状态指示灯

模拟输入卡件的状态指示灯如表 2-11 所示。

表 2-11　模拟输入卡件状态指示灯

PASS	FAULT	ACTIVE	说明与措施
ON	OFF	ON	卡件可以运行并正常工作，不需要采取任何措施
ON	OFF	OFF	卡件可以运行但未工作。如果它是热备，不需要采取措施。如卡件刚被装入，允许等待几分钟让它完成初始化过程。如果这是个工作卡件（不是备件），而 ACTIVE 指示灯不亮，则卡件有故障必须更换，换上一个新卡件
OFF	ON	ON	卡件已探测出故障，换上一个新卡件
OFF	OFF	任意	指示灯 / 信号电路误动作，换装一个新卡件

2.3.6.2　模拟输出模件

模拟输出卡件的三条支路从对应的主处理器接收输出信号。每一组数据都进行表决，选出一条良好的支路以驱动八个输出。卡件监控电流输出，并保持一个内部基准电压，以提供自我校验和卡件良好状况的信息，卡件的输出超限能力为 +6%。

模拟输出卡件上每一条支路都有一电流反馈回路，它检验模拟信号的精度，如果因为开路，卡件输出电流不能驱动输出，LOAD 指示灯为 ON。

模拟输出卡件提供冗余回路电源（带有单个指示灯 PWR1 和 PWR2）。模拟输出用的外部回路电源必须由用户提供。每个卡件要求最多 1A，在 24 ～ 42.5V 时，如果检测到一个或几个输出点上有一开路，则 LOAD 指示灯触发。如果回路电源存在，则 PWR1 和 PWR2 指示灯亮。

每个卡件对每一支路进行连续不间断的诊断。任何支路上诊断出的故障都会触发 FAULT 指示灯，进而触发机架报警信号。FAULT 指示灯指示一个支路故障，而不是卡件故障。

模拟输出卡件支持热插拔功能，故障卡件可以在线更换，或继续作为工作卡件的热备。

(1) 工作原理

模拟输出模件接收输出值的三个表，每个表从相应主处理器获取。每一条支路有它自己的数 - 模转换器（DAC）。三条支路中有一条被选中，就可以驱动模拟输出。输出被每点的输入反馈回路连续不断地校核以达到正确性，每一点上的输入被三个微处理器同时读取。如果工作的支路发现有故障，该支路即被宣布为故障支路，并选择别的支路来驱动现场设备。这个"驱动支路"的选定是各支路间轮换的，因此三条支路都会得到测试。

(2) 状态指示灯

模拟输出卡件指示灯说明如表 2-12 所示。

表 2-12　模拟输出卡件指示灯

指示灯	颜色	指示灯	颜色
PASS	绿	LOAD	黄
FAULT	红	POWER（1～2）	黄
ACTIVE	黄		

模拟输出卡件状态指示灯说明如表 2-13 所示。模拟输出模件的 LOAD 和 POWER 指示灯说明如表 2-14 所示。

表 2-13　模拟输出卡件状态指示灯

PASS	FAULT	ACTIVE	说明与措施
ON	OFF	ON	卡件已通电并正常工作，不需要采取任何措施
ON	OFF	OFF	卡件可以运行但未工作。如果它是热备，不需要采取措施。如卡件刚被装入，允许等待几分钟让它完成初始化过程。如果这是个工作卡件（不是备件），而 ACTIVE 指示灯不亮，则卡件有故障必须更换，换上一个新卡件
OFF	ON	ON	卡件已检测出故障，换上一个新卡件
OFF	OFF	任意	指示灯 / 信号电路误动作，换装一个新卡件

表 2-14　模拟输出模件的 LOAD 和 POWER 指示灯

指示灯		说明及措施
LOAD	ON	一个或多个输出点没有连接负载，把所有尚未连上的负载接上
	OFF	所有负载连接功能正常，不需要采取措施
POWER（1～2）	ON	现场电源已连上且工作正常
	OFF	现场电源丢失

2.3.7　热电偶输入模件

用 TriStation 1131 的机架配置窗口中插入模件对话框组态各卡件热电偶的型式和工程单位。

三重化温度传感器装在端子板内，用作冷端补偿。热电偶卡件的各分支路利用内部的精确电压基准每 5s 完成一次自校和温差冷端补偿。在隔离的热电偶卡件上，冷端温度补偿指示灯可以显示冷端补偿是否故障。在非隔离热电偶卡件上，传感器故障由 FAULT 指示灯表示。

热电偶卡件支持热插拔功能，出故障的卡件允许进行在线更换，或使其继续作为工作卡件的热备。

（1）工作原理

热电偶输入卡件具有三条独立支路，各输入支路从各点接收变化的电压信号，完成热电偶的线性化，进行冷端补偿，并将结果转换成摄氏度或华氏度。每个分支路根据命令将 16 位的带符号的整数传给三个主处理器。为保证每一扫描数据的正确，会进行中值选择。

（2）状态指示灯

热电偶输入卡件指示灯、状态指示灯、冷端补偿指示灯如表 2-15、表 2-16、表 2-17 所示。

表 2-15　热电偶输入卡件指示灯

指示灯	颜色	指示灯	颜色
PASS	绿	ACTIVE	黄
FAULT	红	CJ（冷端补偿）	黄

表 2-16　热电偶输入卡件状态指示灯

PASS	FAULT	ACTIVE	说明与措施
ON	OFF	ON	卡件可以运行并正常工作，不需要采取任何措施。
ON	OFF	OFF	卡件可以运行但未工作。如果它是热备，不需要采取措施。如卡件刚被装入，允许等待几分钟让它完成初始化过程。如果这是个工作卡件（不是备件），而 ACTIVE 指示灯不亮，则卡件有故障必须更换，换上一个新卡件
OFF	ON	ON	卡件已检测出故障，换上一个新卡件。保证现场端子板（外部或内部的）已安装好，连接正确，否则可能发生故障，如果更换卡件后问题仍未解决，应更换现场端子板
OFF	OFF	任意	指示灯/信号电路误动作，换装一个新卡件

表 2-17　热电偶输入卡件冷端补偿指示灯

CJ	说明及措施
ON	指示器有冷端补偿故障。换上一个新的卡件。保证现场端子板（外部或内部的）已安装好，连接正确，否则可能发生故障，如果更换卡件后问题仍未解决，应更换现场端子板
OFF	卡件没有来自冷端补偿的故障，不需要采取任何措施

2.3.8　脉冲输入模件

#3510 和 #3511 脉冲输入卡件有八个非常敏感的高频输入，它常被用于装在旋转设备上（如透平或压缩机）。卡件接收来自旋转设备上磁电式速度传感器输入装置的电压传输，此传输在一选定的时间内累积起来，计数器产生一个频率或转速，再传送给主处理器。此脉冲计数以 1μs 的分辨率进行测量。

每个卡件对各支路进行连续不间断诊断，任何一支路上任何一次故障都能触发卡件的 FAULT 指示灯，进而触发机架上的报警信号。FAULT 指示灯指示的是支路有故障，不是卡件故障。卡件在有单个故障存在时能保证正常工作，还可在发生某些组合故障情况下继续正常运行。

（1）工作原理

脉冲输入卡件有三条相互隔离的输入支路，每一输入支路独立处理所有输入到卡件的数据，并把数据传给主处理器，在主处理器内，数据在处理前被表决，保证处理前的一致性。

（2）状态指示灯

脉冲输入卡件指示灯说明如表 2-18 所示，状态指示灯说明如表 2-19 所示，现场指示灯说明如表 2-20 所示。

表 2-18　脉冲输入卡件指示灯

指示灯	颜色	指示灯	颜色
PASS	绿	ACTIVE	黄
FAULT	红	点（1～8）	红

表 2-19　脉冲输入卡件状态指示灯

PASS	FAULT	ACTIVE	说明与措施
ON	OFF	ON	卡件可以运行并正常工作，不需要采取任何措施。
ON	OFF	OFF	卡件可以运行但未工作。如果它是热备，不需要采取措施。如卡件刚被装入，允许等待几分钟让它完成初始化过程。如果这是个工作卡件（不是备件），而 ACTIVE 指示灯不亮，则卡件有故障必须更换，换上一个新卡件
OFF	ON	ON	卡件已探测出故障，换上一个新卡件
OFF	OFF	任意	指示灯 / 信号电路误动作，换装一个新卡件

表 2-20　脉冲输入卡件现场指示灯

点（1～8）	说明与措施
闪烁	每脉冲闪动一次
OFF	此时没有信号输入

2.3.9　通信模件

Tricon 可以和下列元部件接口连接：Modbus 主机、从属机，其他在 Peer-to-Peer 网络中的 Trcion，在 802.3 网络上运行的外部主机，Honeywell 和 Foxboro 分散控制系统。主处理器是通过通信总线向通信模件传送数据的。

2.3.9.1 增强型智能通信模件（EICM）

增强型智能通信卡件可使 Tricon 与 Modbus 装置（主机或从机）及 TriStaion 工作站进行通信，一个 Tricon 高密系统可以支持最多两个 EICM，它们必须位于一条逻辑槽内，可提供总数为六个的 Modbus 口、两个 TriStaion 口，以及两个打印机口。

EICM 有四个串行口和一个并行口，它们可以同时工作，四个串行口有唯一的地址，可以支持 Modbus 接口或 TriStaion 接口，Modbus 通信可以用 RTU 方式也可用 ASCI 方式进行，并行口为打印机提供一个 Centronics 接口。

每个 EICM 支持一个组合的 57.6kbit/s 的数据速度，即全部四个口的总数据速度必小于或等于 57.6kbit/s。

（1）工作原理

通过外部设备支持 RS-232 和 RS-485 串行通信，速度最高可到 19.2kbit/s。这个 EICM 可给出四个串行口，可以和 Modbus 主机、从属机或者主从两者、TriStation 接口连接。

当为 Tricon 控制器写程序时，变量名被用作标识符，但 Modbus 装置则使用被称作 Alias 的数字地址作为标识符，所以，每个 Tricon 变量都要指定一个 Alias，由 Modbus 装置存取，一个 Alias 是一个五位数，它代表 Modbus 信息形式和 Tricon 内的变量地址。

（2）状态指示灯

增强型智能通信卡件指示灯、状态指示灯说明如表 2-21、表 2-22 所示。

表 2-21 增强型智能通信卡件指示灯

指示灯	颜色	指示灯	颜色
PASS	绿	TX（1～4）	黄
FAULT	红	RX（1～4）	黄
ACTIVE	黄		

表 2-22 增强型智能通信卡件 EICM 状态指示灯

PASS	FAULT	ACTIVE	说明及措施
ON	OFF	ON	卡件已通电并正常工作，不需要采取任何措施
ON	OFF	OFF	卡件可以工作但未通电。如果卡件刚被装入，允许等待几分钟让它完成初始化过程。确认已在 TriStation 的控制程序中组态 EICM，并且程序已下装。如果 ACTIVE 指示灯不亮，则卡件有故障，必须更换一个新卡件
任意	ON	任意	卡件已检测出故障，换上一个新卡件。通信卡件不支持热备。如果卡件有故障，即使 ACTIVE 灯亮，也必须更换。在更换并工作正常前，不能进行与 CM 相连的设备的通信
OFF	OFF	任意	指示灯/信号电路误动作，换装一个新卡件

2.3.9.2 网络通信模件（NCM）

Tricon 系统可以借助网络通信卡件（NCM）提供 TCP/IP 网络，该卡件可支持所有的 Triconex 的协议和应用、用户书写的应用以及外部系统的网络。

协议是一组用于在两个或多个装置之间交换数据的规则，在 Peer-to-Peer 协议中，网络上的任何一个装置都可以发起一个数据传送操作，在主/从协议中，只有主装置可以发起数据传送操作。TRICONEX 已开发了一种 Peer-to-Peer 协议和三种主/从协议（时间同步、TriStation 和 TSAA），用以支持不同类型的应用。

Peer-to-Peer 协议可以让用户将系统中的少量的安全和过程信息传送给专门的网络，协议最多可支持 10 个 Tricon 或 TriconLite。

时间同步是一种主/从协议，用以使靠 NCM 相互联系起来的所有 Tricon 或 Tricon Lite 维持一个统一的时间基准，时间同步通过 NCM 的 NET1 起作用，并可支持最多十个 Tricon 或 TriconLite。

TriStation 协议是一个主/从协议，在其中主机（TriStation PC）通过一专门的网络和从机（Tricon 或 TriconLite）进行通信，TriStation 通过 NCM 的 NET2 起作用，并可支持最多十个 Tricon 或 TriconLite，但每个主机一次只能和一台从机进行通信。

TSAA（Tricon System Access Application）协议是一种主/从协议，在其中主站（外部主机）通过一个开式网络和多个从站（Tricon 或 TriconLite）进行通信。TSAA 利用 NCM 的 NET2，并可支持最多十个 Tricon 或 TriconLite。

TCP/IP 协议规定了接口、命令和数据结构，可以用来编写用于外部计算机的应用程序，此计算机向 Tricon 或 TriconLite 发送数据并接收数据，TCP/IP 及 UDP/IP 通过 NCM 的 NET2 起作用。

（1）工作原理

网络通信模块允许 Tricon 和其他 Tricon 通信，或者通过 802.3 网络用高速（10Mbit/s）数据线与外部主机通信。NCM 支持一定数量的 TRICONEX 协议和用途，也支持用户书写的用途，包括那些采用 TCP-IP/UDP-IP 协议的用途。

（2）状态指示灯

网络通信卡件指示灯说明如表 2-23 所示。

表 2-23　网络通信卡件指示灯

指示灯	颜色	指示灯	颜色
PASS	绿	TX（NET1-2）	黄
FAULT	红	RX（NET1-2）	黄
ACTIVE	黄	COMM TX/RX	未使用

网络通信卡件状态指示灯说明如表 2-24 所示。

表 2-24　网络通信卡件状态指示灯

PASS	FAULT	ACTIVE	说明及措施
ON	OFF	ON	卡件已通电并正常工作，不需要采取任何措施
ON	OFF	OFF	卡件可以工作但未通电。如果卡件刚被装入，允许等待几分钟让它完成初始化过程。确认已在 TriStation 的控制程序中组态 NCM/DCM，并且程序已下装。如果 ACTIVE 指示灯不亮，则卡件有故障，必须更换一个新卡件
任意	ON	任意	卡件已检测出故障，换上一个新卡件
OFF	OFF	任意	指示灯/信号电路误动作，换装一个新卡件

2.3.10 电源模件

位于机架的左下方，把外部电压转换成适合各 Tricon 模件使用的 DC 电源。每层机架有两个电源模件，两个电源模件用的接线条装在背板的面板部分的左下侧处，一根接线条用于选定系统的接地方案，另一条用于电源引入线和报警连接。

每个电源模件上有供外部电源用的保险丝，其装在模件内，需要更换模件时，不需要拆卸任何接线或卸掉电源模件，只要把模件从机架上卸下即可。

（1）工作原理

两个电源模件以双重冗余方式工作。每个电源能独立承担机架中所有模件的供电，每个电源在机架的背面装有独立的电源导轨，并有内部的诊断电路用以检查电压的输出范围和超温条件。每个模件从背板上获取电源，每个支路都配有两个独立的电压调节器，支路短路只能影响这个支路的电源调节器，而不影响整个电源总路线。

（2）状态指示灯

每一电源模件前面的 LED 指示灯表明模件的状态，其状态和颜色表示系统是否正常。电源模件状态指示灯说明如表 2-25 所示。

表 2-25　电源模件状态指示灯

PASS	FAULT	ALARM	BATT LOW	TEMP	说明及措施
ON	OFF	OFF	OFF	OFF	模件工作正常。不需要采取措施
ON	OFF	ON	OFF	ON	模件工作正常但室温对于 Tricon 来说太高（高于 60℃ /140 ℉）。解决环境的问题，否则 Tricon 可能永久性故障
ON	ON	ON	ON	OFF	模件工作正常但其电池的功率不够。若发生电力故障，电池不能保持住 RAM 内的程序
OFF	ON	ON	任意	任意	模件失效或电力丧失。如果外部电源故障。应恢复供电。如模件故障，应更换模件
OFF	OFF	任意	任意	任意	指示灯 / 信号电路工作不正常。更换模件
ON	OFF	ON	OFF	OFF	模件工作正常，但在机架 / 系统内的另一模件功能故障。观察另一个模件上的 PASS/FAULT 指示灯或者利用 TriStation 的诊断画面确定功能故障的模件。换掉故障的模件

（3）电源 / 报警连接用的接线

背板上备有 12 个接线端用于电源输入和报警连接，#1 和 #2 电源各有 6 个，具体说明见表 2-26。

表 2-26　电源和报警接线

#1/#2 电源端子	说明
L	火线或 DC+
N	中线或 DC-

续表

#1/#2 电源端子	说明
⏚	机架的地，保护接地
NO	NO 机架报警触点
C	公共报警触点
NC	NC 机架报警触点

（4）报警说明

❶ 主机架报警。在下列情况下，主机架电源模件报警触点被触发。

a. 系统配置不能和控制程序配置匹配。

b. 数字输出（DO）模件之一中出现了 LOAD/FUSE 错误。

c. 系统中某个地方卡件缺失。

d. 主机架中有一个主处理器或 I/O 硬件故障。

e. 扩展机架中某个在线 I/O 卡件故障。如果某一扩展机架内的某 I/O 卡件内有一支路故障，但还能继续正确运行或把控制传递给了热插备件，则主机架报警不会被触发。

f. 主处理器探测到有一系统故障。在此情况下，两个报警触点都可能被触发。

g. 机架之间的 I/O 总线电缆安装不正确。例如支路 A 的电缆被连到了支路 B 上。

在下列情况下，主机架电源卡件至少一个报警触点被触发。

a. 电源模件故障。

b. 通向电源卡件的供电电源消失。

c. 电源卡件上有一个"电池电压低"或"温度过高"报警。

❷ 扩展机架的报警。扩展机架上的两个电源卡件的报警触点在 I/O 卡件失效时触发。当发生下列情况时，扩展机架至少一个电源卡件的报警触点被触发。

a. 有一个电源卡件故障。

b. 引入电源卡件的初级电源丢失。

c. 电源卡件有一温度过高的报警。

2.4　Tricon 组态

TriStation 1131 开发平台是一款针对 Triconex 的控制器，用来开发、测试、存储危险保护和过程控制的软件，拥有以下特点。

❶ 语言编辑器可以开发和执行程序，例如函数、函数块和数据类型。

❷ 从 IEC- 自适应库（包括过程控制，火气函数）或者用户库中选择函数和函数块。

❸ Tricon 系统可以配置每一种模块（卡件）。

❹ Tricon 系统可以设置 SOE 功能，以方便查询。

❺ 运用不同的"用户名"和"密码"权限等级，保护工程文件和程序。

❻ 可以用仿真功能调试逻辑程序。

❼ 程序逻辑、硬件设置、变量列表和主过程参数均可以打印出来。

❽ 单用户的 Tricon 系统中可以执行 250 个程序项。

❾ 控制面板可以显示系统参数和诊断信息。

Tristation 1131 的应用平台是 Windows NT、Windows XP。

Tristation 1131 程序支持功能块图（FBD）、梯形图（LD）、结构文本（ST）、因果矩阵（CEM）四种语言。

FBD、LD、ST 三种语言完全符合 IEC 1131-3 国际标准中的关于程序控制器程序语言的规定。

功能块图（FBD）：FBD 是和回路相对应的图形语言，本语言的元素以块来表示，将块连接起来就形成了回路图。

梯形图（LD）：LD 也是一种图形化语言，它采用一套标准的符号来表示继电器逻辑，基本元件是线圈和触点，通过线路连接起来。它与 FBD 中的连线有所不同，因为它只能在 LD 符号之间传输二进制数据，这与继电器逻辑的传输特性保持一致。LD 图表中也可应用功能块和功能元素，只要它们至少有一个能使用二进制的信号流，进行便利的输入和输出操作即可。

结构文本（ST）：ST 是一种通用的高级编程语言，它与 PASCAL 或 C 语言相似。ST 语言在复杂的运算中非常有用，被用来实现那些不容易用图形语言来表现的复杂程序。

Tristation 1131 的四大功能为离线组态编程、离线仿真与监控、在线程序监控、支持在线程序修改。

2.4.1 TriStation 1131 软件界面

在项目创建完成后会自动以默认的用户名及口令（MANAGER/PASSWORD）登录。这个用户有最高的优先级别（01 级）。之后进入如图 2-4 所示的画面。整个界面分为菜单、工具条、项目空间、工作区间（图 2-4 灰色区域）。

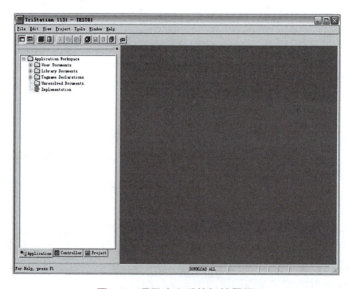

图 2-4　项目建立后的初始界面

（1）顶端菜单

顶端菜单功能分别如表 2-27 ～表 2-33 所示。

表 2-27   **File 菜单功能**

命令	说明
New Project	新建一个项目，可选择 Tricon 或者 Trident
Open Project	打开一个已有的项目
Close Project	关闭已打开的一个项目
Log On As New User	更换一个用户名登录
Save Project	保存项目
Save Project As	用另外的文件名保存项目
Backup Project	备份项目
Restore Project	恢复已保存的项目
Restore Project To Last Download	把项目恢复到上一次下装前
Print	打印
Print Preview	打印预览
Print Setup	打印机设置

表 2-28   **Edit 菜单功能**

命令	说明
Undo Delete Selected Elements	恢复已经删除的元素
Redo	重新执行上次的任务
Roll Backward or Forward	可以在弹出的对话框内选择需要的一步
Cut	将选中的目标剪切到剪切板中
Copy	复制选中的目标到剪切板中
Paste	将剪切板的内容复制到当前窗口
Insert	插入一个本地变量、输入变量、输出变量、输入 / 输出变量或者 Tagname 到列表中
Delete	删除列表里的变量
Find	查找文本 / 变量名
Replace	替换（如把程序里所有 mm1 替换为 mm2）
Find in Application	在应用程序中查找
Select Network Contents	选择一个网络里的所有元素（使用之前必须已经有一个元素被选中）
Select Sheet Contents	选择一个 Sheet 中所有的元素

表 2-29　View 菜单功能

命令	说明
Show Grid	显示网格
Show Zones	显示分隔线
Show Network Numbers	显示网络序号
Show IEC Representation	在绘图时采用 IEC（国际电工委员会）表示法
Zoom	将整幅图放大或者缩小，可自己选择
Zoom to Fit	在所见范围内显示整幅视图
Zoom Region	局部放大。光标会变成十字状，此时把需要局部放大的区域框起来
Toolbar	显示工具条
Status Bar	显示状态条
Workspace	显示工作空间
Message	显示信息栏
Item Properties	显示元素的属性

表 2-30　Project 菜单功能

命令		说明
New Document		新建程序、功能或者功能块
Open Document		打开已有的程序、功能或者功能块
New Tagname		添加 Tagname
Build Application		构建应用程序
Rebuild Application		重新构建应用程序
Compile All User Documents		编译所有的用户文件（程序、功能、功能块）
Library	Create	建立一个库
	Mange	管理已有的库
Security		安全
View Project History		显示项目历史
View Download History		显示下载历史
Change State to Download All		将状态改成完全下载
Compare Project to Last Download		将项目和上一次下载前做比较
Project Options		项目选项，可以定义编程语言、注释以及布尔量运行时监视器所显示的颜色
Edit Project Macros		编辑项目的宏
Project Description		项目描述

表 2-31　Tools 菜单功能

命令	说明
Update Selected Elements	更新已选中的元素
Auto Name Selected Items	将选中的目标自动命名
Selection Tool	选择工具
Function（Block）	功能（块）的选择工具
Local Variable	本地变量
Input Variable	输入变量
Output Variable	输出变量
In/Out Variable	输入 / 输出变量
Tagname	标记名（全局变量）
Constant	常量
Wire	电线
Comment	注释
Horizontal Network Divider	水平分割线
Vertical Network Divider	垂直分割线
TriStation 1131 Options	软件工具的选项

表 2-32　Window 菜单功能

命令	说明
New Window	新的窗口
Cascade	层叠窗口
Tile Horizontally	水平排列窗口
Tile Vertically	垂直排列窗口
Close All	关闭所有窗口

表 2-33　Help 菜单功能

命令	说明
TriStation 1131 Help	打开 TriStation 1131 帮助（显示目录及索引）
Tip of the Day	显示每日提示
Keyboard Shortcuts	在线帮助系统，提供快捷键及键盘信息
Sample Project	在线帮助系统，显示包含在 TriStation 1131 中的样本项目
Technical Support	提供如何联系 TRICONEX 获得技术支持的信息
About TriStation 1131	显示当前版本 TriStation 1131 信息和注册信息
TriStation 1131 Logo	当启动 TriStation 1131 时，屏幕显示版本标识

（2）项目空间

项目空间分为三个：Application 工作区间，主要承担逻辑方面的工作；Controller 工作区间，主要承担硬件配置和通信方面的工作；Project 工作区间，主要承担报表方面的工作。

Application 工作区间如图 2-5 所示。其菜单命令说明如表 2-34 所示。

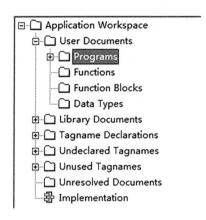

图 2-5　Application 工作区间

表 2-34　Application 工作区间菜单功能

命令	说明
User Documents	用户文件夹
Programs	用户可以添加或修改程序
Functions	用户可以添加或修改功能
Function Blocks	用户可以添加或修改功能块
Data Types	用户可以添加或修改数据类型
Library Documents	库文件夹
Functions	功能
Data Types	数据类型
Tagname Declarations	用户可以添加或修改 Tagname
Implementation	用户可以定义程序的执行列表

Controller 工作区间如图 2-6 所示。其菜单命令说明如表 2-35 所示。

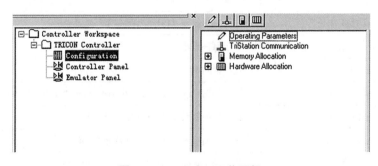

图 2-6　Controller 工作区间

表 2-35　**Controller 工作区间菜单功能**

命令	说明
Configuration	组态
Operating Parameters	用户定义操作参数
TriStation Communication	用户定义 TriStation 通信设置
Memory Allocation	用户定义各种类型的数据的内存分配
Hardware Allocation	用户定义系统的硬件分配
Controller Panel	用户在该区间下装控制组态到控制器中
Emulator Panel	用户在该区间下装控制组态到仿真器中仿真运行

Project 工作区间如图 2-7 所示，主要关系报表的操作。

2.4.2　Tricon 硬件配置

Tricon 系统在程序编写前就需要对硬件进行组态，就是按照机架内模件的排列情况，在硬件组态工具里添加相关硬件，包括 MP、通信模件以及输入 / 输出模件。

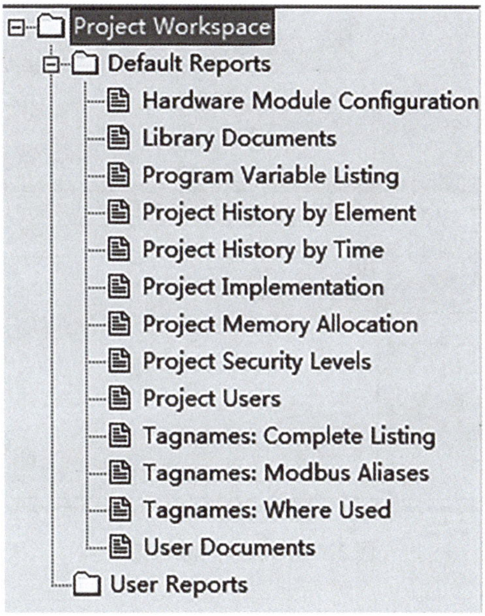

（1）Tricon 机架功率

❶ 在 Controller 工作区间，依次点击 Configuration → Hardware Allocation，显示界面如图 2-8 所示。

机架功率的使用反映了每个机架的逻辑功率信息。Total Power Supply 表明了机架的最大功率负荷。

❷ 如果可用的功率为负，那么组态时需要从机架中删除一个或者更多的模件，同时把它们添加到其他机架中。

❸ 重新检查机架的功率使用，保证总功率是可以接受的。始终保持软件组态与硬件组态中的配置一致。

（2）添加或者删除一个 Tricon 机架

每个控制器组态包括了一个主机架，一般称为 HD_MAIN（高密度机架）或者 LD_MAIN（低密度机架），由用户在创建该项目文件时决定。

❶ 在 Controller 工作区间，双击 Configuration，然后双击 Hardware Allocation，弹出对话框如图 2-9 所示。

❷ Add：点击添加一个机架，指定机架的类型（HD_MAIN "高密度机架"，或者 LD_MAIN "低密度机架"，创建项目时已定）。Delete：选择一个机架，然后点击删除。

❸ 替换 Tricon MP。新建的项目中添加了机架后，默认的 MP 类型是 3006/3007

图 2-7　Project 工作区间

型，但是目前使用的 MP 多为 3008 型的，所以需要在软件组态时进行替换。当替换 MP 时 TriStation 1131 允许对工程进行备份，因为替换 MP 的操作是不可逆的。其步骤如下：

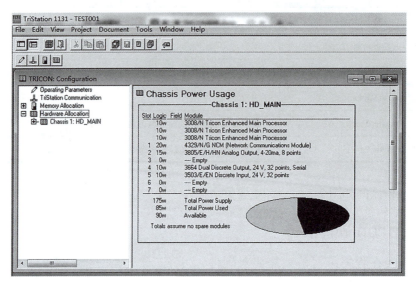

图 2-8　硬件功率

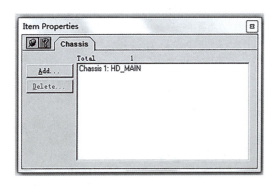

图 2-9　添加和删除机架

a. 双击 Chassis 1，弹出对话框如图 2-10 所示，选择任一 MP，然后点击 Replace MPs；

b. 点击替换所需类型的 MP，然后点击 OK；

c. 保存更改；

d. 为了完成此过程，必须构建应用程序，同时下载到控制器上。

❹ 插入或者移除 Tricon 模件。除了 MP，模件分为通信模件以及输入 / 输出模件。如果插入或者删除一个通信模件，比如 Tricon ACM 或 Tricon NCM，就必须在组态中修改后，用 Download All 命令把应用程序下载至控制器中。在图 2-10 中，双击某个 Slot 就可以在该 Slot 中插入模件了，如果该位置已经有模件，则先移除原来的模件，再插入新的即可。

　　a. 输入 / 输出模件。Insert——点击空的 Slot，然后点击 Insert，在 Insert Module 界面上（如图 2-11 所示）点击所要插入模件的类型，点击 OK。Remove——从组态中点击要移除的模件。

　　注意：在图 2-11 中可以查看到 Tricon 系统所能安装的所有类型的模件的型号、名称、点数、信号类型等信息。

　　b. PI 模件组态。在 Insert Module 界面上，选择一块 PI 卡（3510/N），并选择 OK。得到如图 2-12 所示的对话框，选择 Setup，进行 PI 模件的设置。

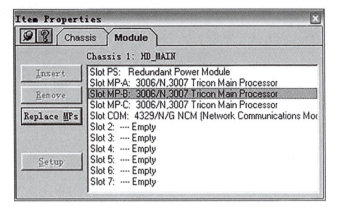

图 2-10   替换 MP

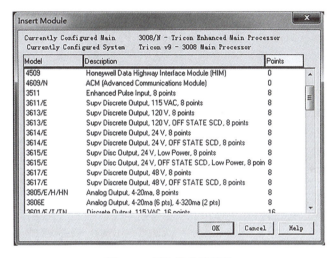

图 2-11   插入和移除模件

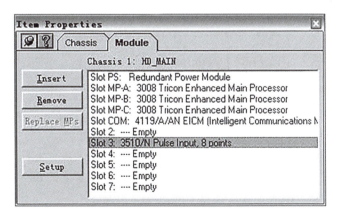

图 2-12   选择插入的 PI 卡进行设置

点击 Setup 后弹出对话框如图 2-13 所示，点击要组态的 Tagname，点击需要设置的点选项，然后继续选择下一个 Tagname 进行设置。

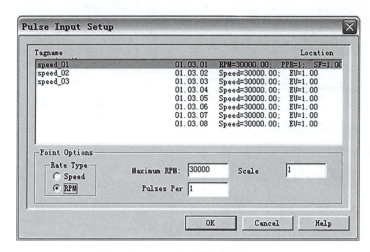

图 2-13　脉冲输入安装

在 Pulse Input Setup 页面上，指定如表 2-36 所示的属性。

表 2-36　**Pulse Input Setup 页面属性**

属性	描述
Rate Type	选择脉冲卡某一通道接收信号的类型
Speed	转速信号，时间单位为秒、分钟或小时
RPM	转速信号，每分钟大轴旋转圈数
Maximum RPM	每分钟最大旋转值
Maximum Speed	设备能达到的最大速度，单位为秒、分钟或小时
Pulses Per Revolution	输入测量轴每旋转一次的脉冲数
Scale Factor	输入比值，把脉冲输入信号转化成为工程单位，对于每秒脉冲数，设置为0.016667；对于每分钟脉冲数，设置为1.0（默认）；对于每小时脉冲数，设置为60.0

2.4.3　新建项目与设置项目属性

（1）新建项目

点击 Start → Program → Triconex → TriStation 1131（或者在桌面上点击 Triconex → TriStation 1131），打开软件，首先进入如图 2-14 所示的窗口。

❶ 打开 TriStation 1131，在 File 菜单下，点击 New Project，弹出如图 2-15 所示的窗口。

❷ Platform 提供了三种选择：Tricon 为常规的 Tricon16 槽的机架，Tricon_LD（Low Density）为 14 槽机架，Trident 为常规的 Trident 项目配置。

❸ 在弹出的对话框里填入文件名以及保存路径，点击 Save。

（2）设置项目属性

在建立一个新的项目文件后，需要对该项目文件做一些基本的个性化设置，设置内容如表 2-37 所示，以方便日后进行项目文件的构建和程序的编辑。

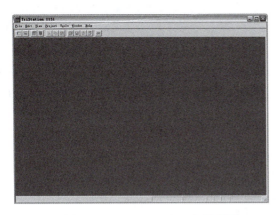

图 2-14　TriStation 1131 初始画面

图 2-15　创建新项目

表 2-37　新建项目内容设置

选项	内容
TriStation 1131 Options	针对 TriStation 1131 软件环境进行设置
Project Options	针对本项目文件进行个性化设置
Document Properties	针对某一程序文件的特性进行设置
Security	针对本项目的安全级别及用户身份进行设置

为了在调试程序时更加便捷，进行如表 2-38 所示的个性化设置。

表 2-38　个性化设置

选项		内容
TriStation 1131 Options （针对软件环境进行设置）	CEM 页	Cause 栏加入 Input 项
	Effect 栏	加入 Output 项
	Intersection 栏	加入功能项，初始行列数均设置为 5
	LD 页	设置右线丢失时的提醒功能
	Drawing Colors 页	根据用户喜好自行定义
	Directories 页	采用默认目录
Project Options （针对项目进行设置）	Language 页	采用 FBD 为默认编程语言
	Annotations 页	General 选项中 2 项全部打钩，使得 Tagname 默认带声明框，并可以监视该 Tagname 的值
Document Properties（针对程序进行设置）		对于新建好的程序，在 Attributes 页中将 Monitorin 选项打钩，允许本程序中能动态监测布尔量颜色的变化
Security（设置安全级别、用户身份）		根据各用户自己的需求，添加新的用户，并定义相关的权限

2.4.4 配置 Tagname

在项目文件配置完成后，需要为该项目文件添加 Tagname。

Tagname 称为"全局变量"。这些 Tagname 可以分为两种：一种为 Memory 点，作为中间变量传递数据；一种分配到 I/O 模件的通道上，与现场设备相连，完成现场设备与控制器之间的数据交换，这些分配到 I/O 模件上的 Tagname 可以分为 Input 点和 Output 点。

（1）创建 Tagname

按照如图 2-16 所示的方式添加 Tagname。

在 Application 工作区间右击"Tagname Declarations"，然后点击"New Tagname"。然后得到如图 2-17 所示的对话框，一个新的 Tagname 便建立完成了。同时，可以在 Tagname Declarations 列表里面找到名字为 Tagname_01 的新添加的 Tagname。

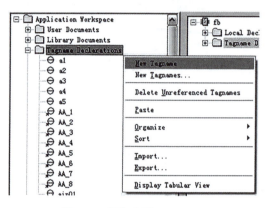

图 2-16　添加新的 Tagname

还可以直接在逻辑图绘制区直接使用 Tagname Tool 添加新的 Tagname。先选取 Tagname Tool，然后将鼠标放在绘图区，点击鼠标左键，就得到了一个新的 Tagname，如图 2-18 所示。只要双击该"Tagname"，就可以添加 Tagname 的名称以及其他属性了。

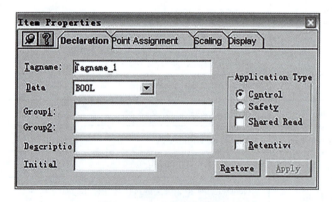

图 2-17　Tagname 属性对话框

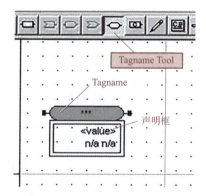

图 2-18　Tagname

（2）设置 Tagname 属性

在添加完 Tagname 后，需要对 Tagname 的属性进行分配。如果按照图 2-18 方式添加新的 Tagname，需要首先给 Tagname 一个名字。双击图 2-18 中的 Tagname，弹出对话框如图 2-19 所示。

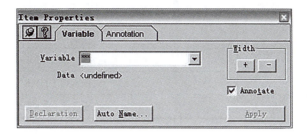

图 2-19　Tagname 命名对话框

该对话框包括 Variable 页、Annotation 页，Variable 页可以设置 Tagname 名字、数据类型并调节图 Tagname 宽度等，Annotation 页为声明的文本输入区，也可以填写宏代码。

点击"Apply"按钮后进入 Tagname 详细属性设置对话框。在分配给 Tagname 名字之后，需要对 Tagname 的各项属性进行详细设置，以符合程序设计的需要。共有四页属性可以进行设置，分别是：Declaration（说明页）、Point Assignment（分配点页）、Scaling（比例页）、Display（显示页）。

（3）I/O 符号说明

I/O 符号说明如表 2-39 所示。

表 2-39　I/O 符号说明

符号	说明
w	未被标定的模拟量输入（DINT）
a	定标模拟输入（REAL）
v	未被标定的模拟量输出（DINT）
y	定标模拟输出（REAL）
d	数字量输入（BOOL）
c	数字量输出（BOOL）
t	温度输入（DINT）
p	脉冲输入（REAL）

（4）内部信号符号说明

内部信号符号说明如表 2-40 所示。

表 2-40　内部信号符号说明

符号	说明
r	内部模拟量（REAL）
i	内部模拟量（DINT）
e	内部读写模拟量
f	内部只读数字量
g	内部读 / 写数字量（Read/Write）

续表

符号	说明
k	固定常数（REAL/BOOL）
t	时间常数（TIME）
m	报警信号（BOOL）

2.4.5 建立程序

一个项目文件中所需要的 Tagname 添加完成后，就可以开始添加控制程序了（也可以在绘制逻辑图的时候进行个别 Tagname 的添加）。在编辑逻辑前，要熟悉建立程序的工作区间，以及在建立程序过程中要接触到的元素，比如功能块、文本注释框等。

（1）功能块属性

Triconex 系统中提供了大量的固有功能块，以供用户自行选择，这些功能块的结构大同小异。TriStation 1131 软件有 Help 文档，里面提供了功能块的参数说明，以 AND 功能块为例看一看功能块的属性设置及参数说明，双击 AND 功能块，即可得到如图 2-20 所示的属性对话框。其属性设置如表 2-41 所示。

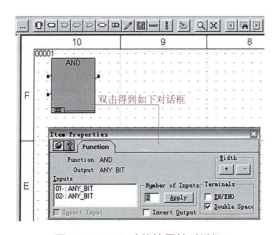

图 2-20　AND 功能块属性对话框

表 2-41　AND 功能块属性设置

选项	内容
Inputs	输入端子。点击 01、02 里面任意一个输入端子，可以选择是否要将输入的 BOOL 量取反，选中其中一个输入端子后，对话框左下角的"Inver Input"将变亮，在其左边的方框内打钩即可对该端子的输入信号取反
Number of Inputs	输入端子的个数。输入想要的 Input 端子个数，然后点击"Apply"按钮即可
Width	点击"+""-"，可以调节功能块的宽度
Terminals	设置端子属性。EN/ENO：在左边方框内打钩，使得功能块上开放 EN、ENO 端子。EN 端子是该功能块的启用开关，为"1"时允许该功能块工作，为"0"时该功能块不工作；ENO 端子反应该功能块的状态，为"1"时说明功能块正常工作，为"0"时功能块未工作。Double Space：在左边方框内打钩，使该功能块端子间的间距加倍
Invert Output	在左边方框内打钩，使输出信号取反

（2）文本注释框

文本注释框的作用是为程序文件添加一段说明文字，同时也可以在该文本框内添加宏，显示程序作者的名字，或者生成日期等。文本框只能在 FBD 编程模式和 LD 编程模式下添加，在快捷工具栏里点选文本框工具，然后在逻辑区用鼠标拖拽出一个方框即可，然后可以对该文本框的属性进行设置，如图 2-21 所示。文本注释框设置内容如表 2-42 所示。

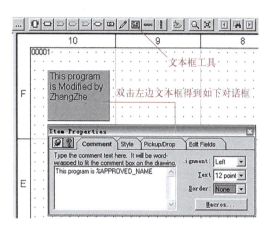

图 2-21 文本注释框属性对话框

表 2-42 文本注释框设置

选项		内容
Comment 页	Alignment	文本框内文本对齐方式，包括左对齐，中对齐，右对齐
	Text	文本框内文本字体大小（3～24 号字体）
	Border	文本框边框设置，包括无边框、单边框、双边框
Style 页	Expand Macros	如果希望文本框内宏起作用，则在左边方框内打钩
	Enable Macro Editing	如果想直接在"Edit Fields"页中修改本文本框内使用过的宏，则在左边方框内打钩
	Move Behind Logic Elements	如果需要文本框移动时在逻辑元素下层，则在左边方框内打钩
Pickup/Drop 页		该功能的主要作用是：用文本框完全包围住一部分逻辑元素，使被文本框包围的元素独立于逻辑区，并且不参与逻辑回路的运算。 选择一部分需要脱离的逻辑元素，然后将文本框拖拽至完全覆盖该逻辑元素，双击文本框，点击"Pikcup/Drop"页，然后点击"Pickup"按钮，被文本框完全覆盖的逻辑元素就脱离逻辑区了。如果要将该逻辑元素还原时，只需要再点击一次"Drop"按钮即可。被"Pickup"的逻辑元素呈空心状态，如图 2-22 所示
Edit Fields 页		修改宏的内容，只有在文本框内出现的，并且系统允许修改的宏，才会在该区域的宏列表中出现

注：Comment 页的左边空白框内可以直接输入文本，也可以把系统提供的各种宏粘贴进去，用户可以根据需要自行决定填写的内容。

Pickup 使用如图 2-22 所示。

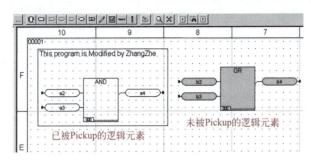

图 2-22　Pickup 逻辑元素的表现

（3）功能和功能块

Application 工作区间 User Documents 展开列表中不仅可以建立程序文件，同时还可以建立功能（Functions）或功能块（Function Blocks）。

功能是一个可执行的元素，但每一个功能只有一个输出值，功能中的值只有在该功能正在被执行时才存在。

功能块同样也是一个可执行的元素，不同的是，功能块拥有一个或多个输出值，同时，功能块中的值可以被保存下来给下一个要执行的程序使用。

功能与功能块都是用户事先组态好的某些特定的逻辑组合。比如，在程序文件中经常需要使用一个数据处理的公式，不需要在每一个需要使用该公式处理数据的地方添加一大串基础功能块来搭建出一个公式，只需要在"Functions"里面新建一个功能，然后建立起该公式，以后在程序文件中只需要直接调用该功能即可实现数学公式的调用了，如图 2-23 所示。

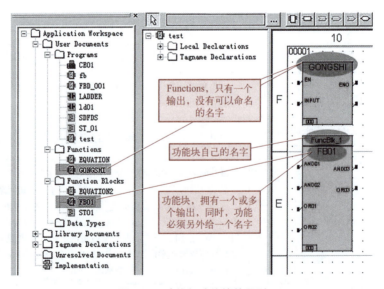

图 2-23　功能与功能块的区别

调用功能或者功能块的方式，就是用鼠标在 Application 区 Functions 列表下直接拖拽所需要的功能名字到逻辑绘制区即可。

（4）新建程序

在 Application 工作区间，右键点击"Programs"，然后点击"New Program..."，如图 2-24 所示，弹出新建程序对话框，如图 2-25 所示。

在图 2-25 中，为程序文件起个名字，填写在"Name"右边空白栏里即可。然后，在"Language"选项中选择一种编程语言作为程序文件的编程环境。最后，再选择该程序文件的优先级，"Safety"或"Control"，点击"OK"，进入程序工作窗口。

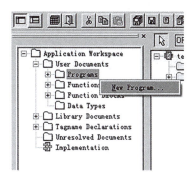

图 2-24　新建程序　　　　　　　　　　图 2-25　新建程序对话框

以 FBD 编程语言为代表的功能块图语言是应用最多的编程环境，其结构简单明了，清晰易懂，非常适合调试比较复杂的逻辑功能，功能块图界面工具说明如表 2-43 所示。逻辑绘制界面如图 2-26 所示。绘制逻辑图时，只需要选取所需要的功能块与工具，然后按照逻辑关系逐一连接即可。

表 2-43　功能块图界面工具说明

工具	说明
鼠标选择工具	点击后得到一个鼠标箭头，用处与 Windows 鼠标一样
功能块选择工具	点击后弹出功能块选择对话框，选取所需功能块
功能块工具	点击选择上一个所选的功能块
本地变量工具	点击选取，并生成本地变量
全局变量工具	点击选取，并生成全局变量，即 Tagname
常数量工具	点击选取，并生成常数量
铅笔工具	点击选取，可以绘制逻辑元素间的连接线
文本框工具	点击选取，在绘图区用鼠标拖拽生成文本框
分隔线工具	点击选取，在需要分隔程序区间的地方放置分隔线
自动命名工具	点击选取，可以为选中的多个 Tagnames 自动排序命名
放大镜工具	点击可以调节绘图区视图大小
视图工具	点击调节视图撑满当前窗口
绘图纸管理工具	点击弹出绘图纸管理工具，添加、删除或翻页绘图纸

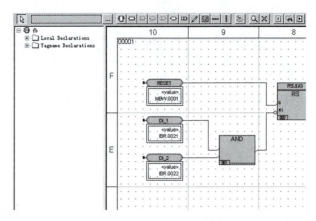

图 2-26 FBD 编程界面

（5）构建程序

在选择了相应的编程语言，并绘制了所需要的逻辑功能图后，需要把建立好的程序文件添加至执行列表中，下装到 Triconex 控制器中运行，或下装到 TriStation1131 的仿真器中运行并检测其效果。

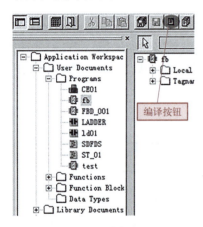

图 2-27　编译程序文件

❶ 编译程序文件。将程序文件下装到控制器之前，首先要检测绘制好的逻辑文件是否存在错误，所以，要对程序文件进行编译。如图 2-27 所示，选择一个程序文件"fb"，双击打开该文件，然后点击"Compile"编译按钮即可。

程序文件如果完全正确（这里指符合逻辑格式，而不是指程序本身一定符合逻辑），则编译的结果为"0 ERROR（s），0 WARNING（s）"。其中，ERROR 是必须更正的格式错误，不然系统不允许程序文件下装到控制器。而 WARNING 则是可接受的警告，虽然存在一定问题，但不影响程序文件的下装。如果程序文件在编译中发生了问题，如图 2-28 所示，那么需要更正这些错误，然后重新编译程序。查找这些错误很容易，只要鼠标双击"ERROR"信息条，系统会自动跳转到编程界面中该错误所在的位置，或者，也可以通过查阅帮助文件以分析并更正这些错误。

❷ 构建程序文件。编译程序通过后，要做的是构建程序文件，在编译按钮右边就是构建按钮。编译文件通过后，不要关闭程序文件，接着点击 进行构建，构建过程是系统自动进行的，构建结束后，与编译相似，也会有一个构建信息反馈，如果存在构建错误，可采用与编译相同的对策，双击错误信息，然后更正该错误即可。

❸ 执行列表。在对程序文件的编译与构建均通过后，需要把程序文件添加入执行列表中，然后下装到仿真器或控制器中运行，如图 2-29 所示。

在 Application 区双击"Implementation"，然后再点击"Execution List"，在对应的显示区可以对程序执行列表进行编辑。

Scan Time：扫描时间，该时间为执行一次扫描所用的时间。

 添加程序按钮：点击该按钮在执行列表中添加新的程序文件，点击 即可在弹出的选择框内选择需要添加的程序文件了。

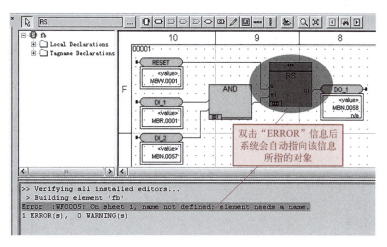

图 2-28　编译程序文件后的信息提示

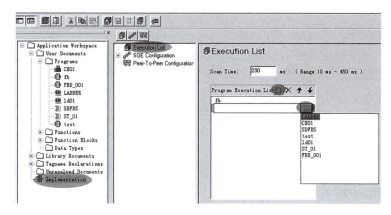

图 2-29　执行列表

✕ 删除程序按钮：点击该按钮在执行列表中删除所选的程序文件。

⬆ 位序提前按钮：点击该按钮将执行列表中选中的程序文件执行顺序提前一位。

⬇ 位序压后按钮：点击该按钮将执行列表中选中的程序文件执行顺序向后挪一位。

需要注意的是，在对执行列表添加完程序文件后，必须对所做的更改进行保存，否则，执行列表中新添加的信息是不会记录到系统中的。所以，在修改过执行列表的内容后，记得点击系统菜单上的保存命令。

2.5　Tricon 系统维护

2.5.1　日常维护

日常维护包括检查系统电源的完好性、定期地投入使用"禁止的"输出表决器诊断（OVD）、定期地反向置位现场 I/O 点。

（1）系统维护必须记住的"要点"

❶ 不可以从机架上拔出"active"的卡件！I/O卡件退出会造成全部点变成"0"，MP拔出会降低等级。

❷ 在往机架上插卡之前，确保卡件上所有的针是直的和平行的，无断损无歪斜。

❸ 在用卡件的固定螺钉保证紧固不能松开。

❹ 系统存在多个故障时，若其中包含了MP或远程通信卡的故障，要记住首先要解决MP和通信卡的故障。

❺ 如果需要拔出热备的卡件，要保证拔出的时间在正点过了10min后，也不要靠近正点，并且应在主卡插上正常工作2min后再拔出备卡。

（2）日常维护

每日巡检检查所有的电源、机架卡件的指示灯；目测检查接地螺栓的状况；检查电源风扇、机柜风扇的状态；检查照明、门控开关和温控开关；检查机柜内各部位的温度；检查环境温度湿度及振动等。

❶ 检查系统电源。典型的Tricon装置使用冗余电源对Tricon和现场电路供电。在正常工作条件下，所需功率由两个电源分摊，标准情况下这种分摊是相等的，即每一电源提供系统电源的50%。

在非正常情况下，电源之一可能被要求给出系统电源的100%。所以，为了验证系统电源是否完好，必须定期地试验每一个电源，检查其是否有能力在冗余电源被禁动时为整个系统提供充足的电源。

每三到六个月，把电源之一关断，让它断开几分钟以验证在满负荷下剩下的一个电源的稳定性，在恢复正常供电后，再重复对另一电源进行试验。

❷ 更换背板上电池。电池位于机架背板的面板上，在I/O扩展口的旁边。开始更换前，应备有螺丝刀。

电池若不正确地更换则有爆炸的危险，通常只能更换相同的或由生产厂家推荐的等效电池。废电池的弃置应按生产厂家的规定进行。

电池的更换应该在停工维修期内按下列步骤进行：

a.用手捏住盖的左侧，使小的锁舌脱开，然后卸下电池口盖；

b.注意电池方向，用手把电池逐个卸下，必要时可用螺丝刀将每节电池从其位置上卸出，然后用手取下；

c.把换上的电池按其原先的方向插入，电池的方向是正端面向机架的顶部，把每节电池牢固地按入到位；

d.重新装上电池口盖时，应把大的锁舌插入电池开口的右侧边缘，用手捏住电池口盖的左侧，把小的锁舌挤入电池开口的左边缘，按压盖使之牢固地锁住。

2.5.2　故障诊断

在Tricon系统中，通常可以通过两种手段来解读报警和故障信息，一是检查卡件的前面板上的指示灯，二是观察TriStation的诊断画面。

Tricon具有全面的在线诊断能力。故障监控电路可以预先检测出可能发生的故障，此电路包括I/O回路检测、事故自动定时器、电源丢失检测器等部件，使得Tricon可以自行重新配置并根据各个模件和分电路的工作情况进行一定限度的自我修理。

每个Tricon模件都可触发系统报警。每个电源模件上的一对NC/NO继电器触点在电源模件故障时，系统电源的中断或"保险烧断"都使报警动作，从而提醒现场维护人员。

每个模件前面板上都有指示器（LED）。它们指示出模件的状态或者可能与之相连接的外部系统的状态。各模件指示灯各不相同，所有模件都有 PASS（通过）、FAULT（故障）指示灯，且所有模件（除电源模件外）都有 ACTIVE（工作）指示灯。

所有的内部诊断和报警状态数据可用于远程记录和报告的形成，这个报告通过当地的或远程的 TriStation 进行。

2.5.3　更换卡件

更换电源卡件或主处理器时，不需要中断控制过程。

更换卡件之前，应注意遵守下列重要原则。

❶ 如果在系统中有一个以上故障，其中一个在 MP 中，另外的在其他类型卡件中，则首先更换 MP，等待它的 AVTIVE 指示灯点亮后，才能更换其他有故障卡件。

❷ 在将任何卡件插入系统之前，检查有无损坏的插脚。如有插脚损坏，就不要插入卡件，把插脚损坏的卡件插入时，会导致 Tricon 误动作，并影响被控过程。

❸ 更换有故障的卡件时，应将其正确地推送到位并用螺钉固定住，不要过分拧紧。

❹ 为保证性能优良，把备用 I/O 卡件装在 Tricon 空槽口内作为热插备件 / 热更换卡件。Tricon 可以每两小时自动测试一次装上的备用模块。

（1）更换电源卡件

更换电源卡件前，应熟读前面给出的重要指导原则。在维护（修）单个电源卡件时，不需中断控制过程。

为保证可靠工作并防止损坏，不要利用电源卡件熔断丝当作 ON/OFF 开关，否则其易被损坏。

开始工作前，备一把 2 号平头螺丝刀。更换电源卡件应按下列步骤进行。

❶ 确认次级电源卡件可以使用。

❷ 关断通向有故障的电源卡件的现场供电电路。

❸ 松开有故障的电源卡件上的可收回的固定件，紧紧抓住固定件的同时将卡件滑出机架。

❹ 小心地把换入的电源卡件滑推入位，然后用力将卡件推入总线的卡口内。

❺ 如卡件入座不当，其固定件没有正确拉紧，卡件将不能正常工作。

❻ 将电源卡件送电，POWER 指示灯应在电源接通后立即点亮。

（2）更换主处理器 MP

更换主处理器之前，应熟悉前面给出的重要原则。应始终记住如果在系统内有一个以上故障，一个在 MP 内，而其他的在别的类型卡件中，应首先更换 MP。等到 MP 的 ACTIVE 指示灯亮起后，才能更换别的故障的卡件。

开始之前要检查并确信被控过程在线，而 MP 上的 FAULT 指示灯亮起。然后，再按下列步骤更换出故障的 MP。

❶ 确认至少有一个 MP 的 ACTIVE 指示灯在闪烁。

❷ 松开出故障的 MP 上可伸缩的固定件，抓住卡件并直接拉向身边将卡件滑出。

❸ 插入置换的 MP，牢固地拧紧。PASS 指示灯应该点亮并保持 1～6min。

❹ 用 1N·m 的力矩将可伸缩固定件拧紧。如卡件入座不当，且固定件拧紧得不合适，卡件将不能正常工作。

❺ 换上去的 MP 上的 ACTIVE 指示灯应该亮起，并以和其他 MP 一样的速率闪动，维持 1～6min。

（3）更换不带热插备件的 I/O 卡件

如果某 I/O 卡件的故障指示灯点亮，则卡件检测到有故障存在。更换 I/O 卡前，要注意前面所列的重要原则，然后按下列步骤更换有故障的卡件。

❶ 把完全一样的卡件插入故障卡件相邻的槽口内，推动卡件牢固地插入机架内。

❷ 用 1N·m 的力矩将卡件的可伸缩固定件拧紧。PASS 指示灯应在大约 1min 内点亮，而 ACTIVE 指示灯应在 1～2min 之内点亮，此时，故障卡件的 ACTIVE 指示灯应熄灭。

❸ 在确认故障卡件的 ACTIVE 已经熄灭后，松开故障卡件的可收缩固定件，握住它，并将卡件直接拉向身边方向，使之滑出。

（4）更换带热插拔备件的 I/O 卡件

如果 I/O 卡件的 FAULT 指示灯点亮，说明卡件检测到有故障，在更换 I/O 卡件之前，应熟悉前面所列的重要原则。然后，开始之前，应确定故障卡件的 ACTIVE 指示灯已熄灭。

❶ 松开故障卡件上的可收缩的固定件，抓住它，将卡件直接拉动使之滑出。

❷ 将一个完全相同的卡件插入现已腾空的槽口。牢固地将卡件推送入机架的座内。

❸ 用 1N·m 的力矩将换入卡件的可伸缩固定件拧紧。PASS 指示灯应在大约 1min 内点亮。而 ACTIVE 指示灯应在 1～2min 内点亮，故障卡件的 ACTIVE 指示灯应熄灭。

（5）更换 EICM

更换 EICM 时应记住它没有热插更换的能力，更换 EICM 之前要注意前面所列的重要原则。

更换 EICM 时，按下列步骤进行。

❶ 卸掉所有与故障卡件相连的通信电缆。

❷ 松开卡件的可收缩固定件，抓住固定件并将卡件滑向身边方向。

❸ 在备换用的卡件上把 TriStation 接口开关和 RS-232/485 开关设定到同样程度，和刚卸下的卡件上的设定程序一样。

❹ 把更换上的卡件插入刚才空出的槽口内，推动卡件牢固地进入机架座内。

❺ 用 1N·m 的力矩将换上的卡件的可伸缩固定件拧紧。

❻ PASS 指示灯应在大约 1min 内点亮。而 ACTIVE 指示灯应在 1～2min 之内点亮。

❼ 重新连上所有的通信电缆。

（6）更换 NCM

更换 NCM 前，应记住它没有热插备件的能力，在更换时，先要注意前面所列的重要原则。

更换 NCM 时，按下列步骤进行。如果使用的对等的（Peer-to-Peer）SEND 和 RECV 功能，应尽量在 1min 之内完成，以防止丢失与其他 Tricon 和 Peer-to-Peer 网络上的 Triconex 的通信联系。

❶ 卸掉所有和故障卡件连在一起的通信电缆。不要折断电缆或从电缆头上卸掉接线端，因为这样会使系统与网络其他装置的通信被切断。

❷ 松开卡件上的可收缩固定件，抓住它并把卡件拉出，做好记录，记下对于网络地址的开关设定。

❸ 将要换装的卡件上的开关设定到与刚刚卸下来的卡件相同的网络地址上，把换装的卡件插入空出来的槽口，推动卡件使之牢固地进入机架内。

❹ 用 1N·m 的力矩将换上的卡件的可伸缩固定件拧紧。PASS 指示灯应在大约 1min 内

点亮，而 ACTIVE 指示灯应在 1 ～ 2min 之内点亮，故障卡件的 ACTIVE 指示灯应熄灭。

实践任务一　润滑油总管压力"三取二"联锁组态与仿真

任务描述

组态润滑油总管压力"三取二"联锁停机程序，要求如下。
DI1：INPUT1 < 0.6MPa。DI2：INPUT2 < 0.6MPa。DI3：INPUT3 < 0.6MPa。

操作步骤

1）建立项目

❶ 从 TriStation 1131 界面 File 菜单中选择 New Project。如图 2-30 所示。

图 2-30　新建项目

❷ 在 New Project 对话框中，Platform 选项中选择本项目支持的控制器平台 Tricon，创建新项目后，无法更改选择。

❸ 点击 OK。

❹ 起一个文件名 TEST001。

❺ 点击"保存。

2）建立项目元素

❶ 点击 Project，选择 New Document，出现新建文档对话框。

❷ 选择功能块图表语言（Function Block Diagram）作为语言编辑器。

❸ 选择 Program 作为类型。

❹ 选择 Control 作为应用类型。

❺ Name 写为 ADD02。

❻ 点击 OK。

3）编程

（1）激活组态编辑器

❶ 在 File 菜单下，选择 Open Project。

❷ 点击 TEST001 后打开。

❸ 用户名是 MANAGER、密码是 PASSWORD。

❹ 点击 Login。

❺ 从 Select Element 选择三个 AND 功能块放进一个编辑框内，选择三个输入功能块放到 AND 功能块输入端，见图 2-31。双击输入功能块，设定名字、数据类型、描述，见图 2-32，编译完成的逻辑见图 2-33。

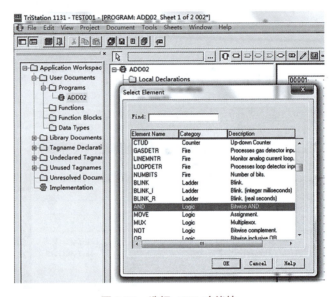

图 2-31　选择 AND 功能块

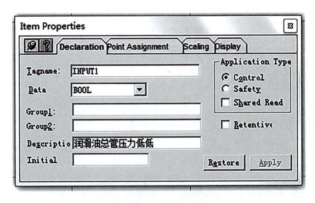

图 2-32　开关量设置

❻ 从 Select Element 选择 OR 功能块，放置在 AND 功能块的右侧，双击 OR 功能块，显示出如图 2-34 所示的对话框，选择输入数量为 3。如图 2-35 所示。

❼ 选择输出变量，再双击出现对话框，设定名字、数据类型、描述，见图 2-36。

❽ 关闭对话框，出现如图 2-37 所示逻辑，再编译一下，看有无错误。

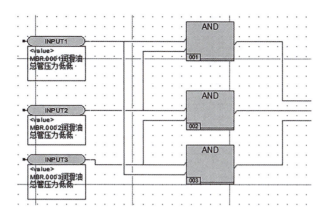

图 2-33 三取二逻辑与功能块部分

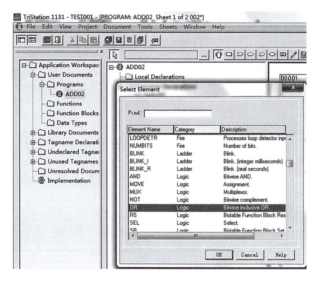

图 2-34 选择 OR 功能块

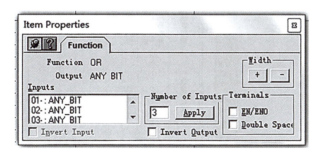

图 2-35 定义 OR 功能块输入数量

（2）配置硬件

❶ 在 Controller 工作区间，双击 Configuration，然后点击 Hardware Allocation，点击"Chassis1：HD_MAIN"，弹出硬件配置界面对话框如图 2-38 所示。

❷ 双击空槽，出现如图 2-39 所示的机架卡件配置界面对话框。

❸ 在空槽中插入 DI 卡件 Model3503E、DO 卡件 Model3604E、组态通信卡件。

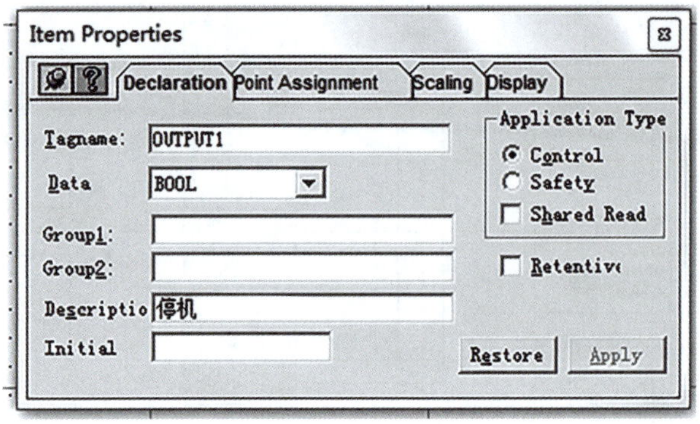

图 2-36 定义停机变量

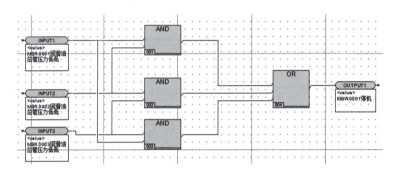

图 2-37 完成的三取二逻辑

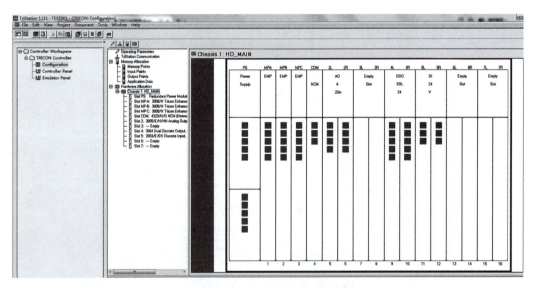

图 2-38 硬件配置界面

（3）分配内存

❶ 在 Controller 工作区间双击 Configuration，在菜单树内存配置下点击 Memory Points，右面显示内存配置，见图 2-40。

❷ 双击任意一个内存点，显示特性框，见图 2-41。

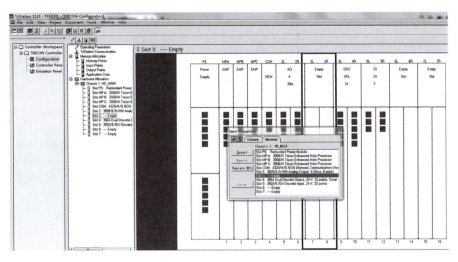

图 2-39　机架卡件配置界面

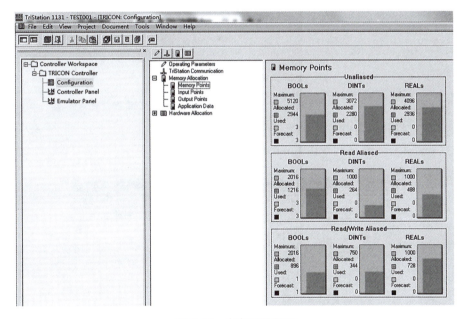

图 2-40　内存配置界面

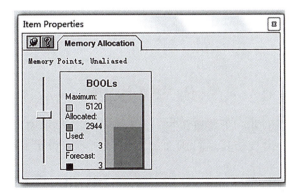

图 2-41　特性框

（4）设置系统组态参数

❶ 在 Application 工作区间双击 Implementation，见图 2-42。

❷ 设置扫描时间 200ms。

❸ 选择 Peer-to-Peer 的最小和最大发送和接收的数量。

❹ 在程序执行列表（Program Execution List）中选择 ADD02。

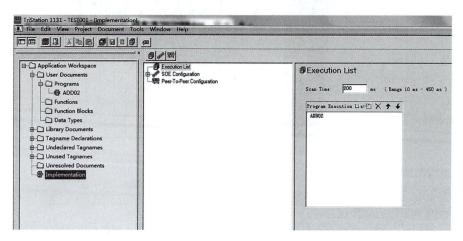

图 2-42　配置系统参数

（5）模拟运行

❶ 关闭所有打开的窗口。

❷ 在 Controller 工作区间双击 Emulator Panel，见图 2-43。

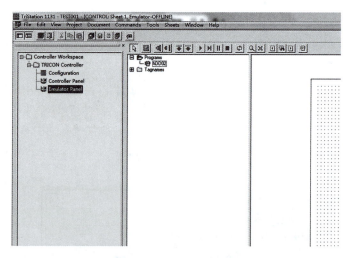

图 2-43　选择放置控制面板

❸ 依次点击连接按钮 、下装按钮 、运行按钮 、显示项目文件（Display Program Document）按钮 后，出现仿真运行画面如图 2-44 所示。设定 FALSE 显示颜色为红色、TRUE 显示颜色为绿色。

❹ 点击 INPUT1 功能块出现如图 2-45 所示属性框，设定值显示 FALSE，改为 1（TRUE）后点击 Confirm，关闭属性框，图 2-44 变为图 2-46。同理点击 INPUT2 功能块出现开关量

强制属性对话框，设定值显示 FALSE，改为 1 后点击 Confirm，关闭属性框，图 2-46 变为图 2-47。可以看出，INPUT1、INPUT2 由 FALSE（0）改为 TRUE（1）后，输出点动作实现了三取二逻辑。同理，分别使 INPUT1 与 INPUT3、INPUT2 与 INPUT3 状态改变后，输出点动作也同样实现三取二逻辑。

❺ 关闭程序。

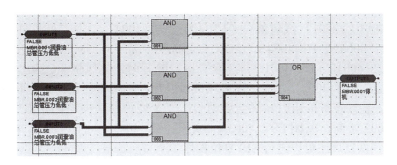

图 2-44　仿真运行画面 -1

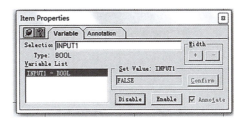

图 2-45　开关量强制

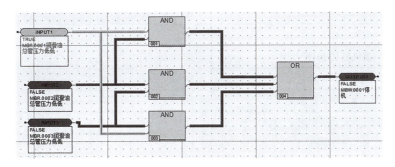

图 2-46　仿真运行画面 -2

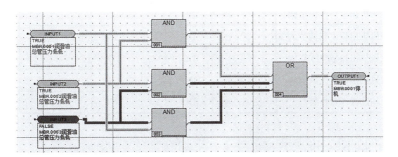

图 2-47　仿真运行画面 -3

实践任务二　酸性气焚烧炉启停车自保联锁逻辑组态与仿真

任务描述

当酸性气焚烧炉（F3501）汽包液位（LT_4003、LT_4004）二取二低低联锁低于 30% 时，炉膛压力（PT_4004A、PT_4004B）二取二高高联锁高于 0.15MPa 时，炉膛火焰监视器（BS_4001A、BS_4001B、BS_4001C）三取二接点断开时，鼓风机（C3501A、C3501B）停机时，分液罐液位（LT_4002）一取一高高联锁以及手动停机按钮任何一个联锁条件具备时和人为按下手动紧急停车按钮时，都会启动酸性气焚烧炉的联锁（关闭 XCV_4001 切断阀，打开 XOV_4002 切断，关闭 FSV_4003A，关闭 FSV_4003B，打开 HSV_4001A，打开 HSV_4001B），联锁恢复后还可以进行 SIS 复位操作。

其测点清单如表 2-44 所示。

表 2-44　测点清单

位号	描述	工程单位	类型	联锁值低限	联锁值高限	信号来源
fLT_4003	酸性气焚烧炉汽包液位	%	AI	30		现场变送器
fLT_4004	酸性气焚烧炉汽包液位	%	AI	30		现场变送器
fPT_4004A	酸性气焚烧炉压力	MPa	AI		0.15	现场变送器
fPT_4004B	酸性气焚烧炉压力	MPa	AI		1.15	现场变送器
fLT_4002	酸性气分液罐液位	%	AI	80		现场变送器
dHS_5001	手动停机按钮		DI			辅助操作台
dC_3501A	鼓风机 C3501A		DI			电气配电室
dC_3501B	鼓风机 C3501B		DI			电气配电室
dBS_4001A	酸性气焚烧炉炉膛熄火		DI			现场
dBS_4001B	酸性气焚烧炉炉膛熄火		DI			现场
dBS_4001C	酸性气焚烧炉炉膛熄火		DI			现场
dHS_5003_RS	SIS 复位按钮		DI			辅助操作台
cXCV_4001	酸性气自保切断阀		DO			至现场
cXOV_4002	去火炬自保阀		DO			至现场
cFSV_4003A	鼓风机出口空气调节阀		DO			至现场
cFSV_4003B	鼓风机出口空气调节阀		DO			至现场
cHSV_4001A	鼓风机出口空气放空阀		DO			至现场
cHSV_4001B	鼓风机出口空气放空阀		DO			至现场
cALARM1	辅助操作台报警灯		DO			辅助操作台

联锁逻辑关系图如图 2-48 所示。

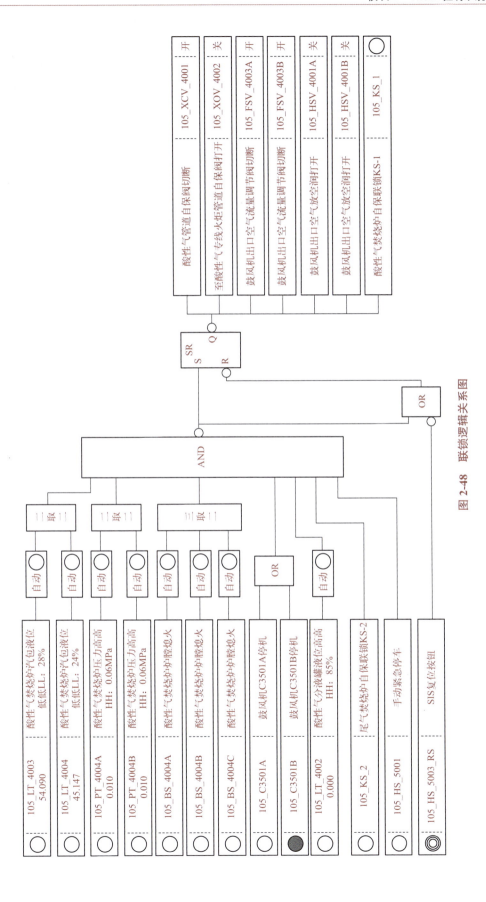

图 2-48 联锁逻辑关系图

操作步骤

1）新建工程项目

❶ 安装 TriStation 1131 4.9.0 组态软件，计算机桌面会生成 TriStation 1131 4.9.0 软件图标，软件安装后才能进行后续工程组态。

❷ 打开 TriStation 1131 4.9.0 软件有两种方式。

a. 单击桌面 TriStation 1131 4.9.0 图标即可。

b. 在系统开始菜单中选择"所有程序→Triconex → TriStation 1131 4.9.0"，弹出 TriStation 1131 4.9.0 软件的初始画面，如图 2-49 所示。

❸ 新建工程的组态设置。在菜单栏中选择"File → New Project"，创建一个新工程"Create a new project"，填写工程文件名称，工程名支持中文、英文（不区分大小写）、数字及特殊符号。

例如文件名称为 ABC，点击"保存"即可。如图 2-50 所示。

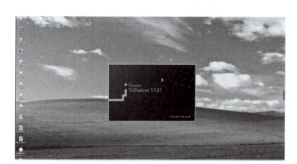

图 2-49　TriStation 1131 4.9.0 软件打开画面

图 2-50　文件名画面

❹ 选择主控制器和 Tricon 系统软件版本。选择主控制器对话框后点击"Select Main Processor"，选择"3008/N Tricon Enhanced Main Processor"增强版主控制器；在"Target System Version"选项中，选择版本"Tricon V10.6"，如图 2-51 所示。然后点击"OK"即可进入组态画面。

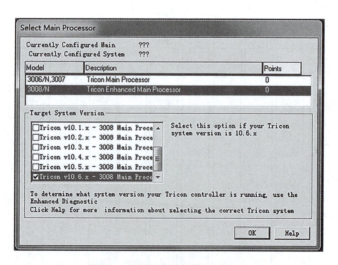

图 2-51　选择系统软件版本画面

2）硬件组态

（1）打开 Controller 工作区间

在 TriStation 1131 4.9.0 主页面目录下面选择"Controller"图标，显示索引目录组态界面，双击"Configuration"，出现"Hardware Allocation"项。点击加号键就会出现当前机架"Chassis 1：HD_MAIN"各卡件的组态占用情况。如图 2-52 所示。

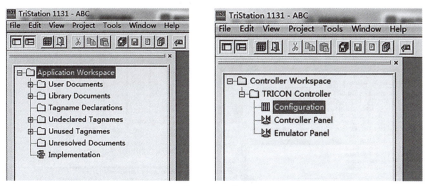

(a) 索引目录组态界面

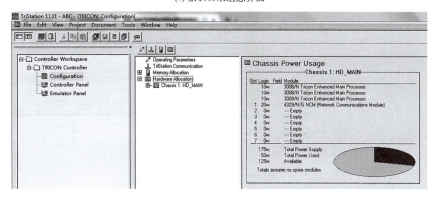

(b) 点击Hardware Allocation

图 2-52　各卡件组态占用情况

（2）添加并配置 I/O 设备

结合联锁点选择卡件类型，定义 3# 卡槽使用 AI 卡，双击 3# 卡槽出现"Item Properties"对话框，双击"Slot3：.... Empty"，出现插入模件"Insert Module"对话框，选择 AI 类型模件，选择使用"3721/N -Enh Differential Analog Input，+/-5V，32point，Configurable"AI 卡件；同样操作，定义 4# 卡槽，选择使用"3503E/EN -Discrete Input，24V，32point"DI 卡件；定义 5# 卡槽，选择使用"3664 -Dual DiscreteOnput，24V，32point Serial"DO 卡件。关闭"Item Properties"对话框。如图 2-53 所示。

（3）查看配置结果

❶ 在机架缩略图中，按配置的槽位号来查看是否已经配置了设备。

❷ 在"Operation Parameters"中，查看设备是否已经添加到已选机架上。

（4）配置 I/O 点组态

❶ 配置 AI 点组态。在 TriStation 1131 4.9.0 主页面目录下面选择"Application"图标，右键点击索引目录"Tagname Declarations"，新建一个"New Tagname1"，双击

"Tagname1"出现"Item Properties"对话页面，在工具条"Declaration"上填写以下对话项。如图 2-54 所示。

在 Tagname 选项上输入模拟量位号名，例如：fLT_4003。

在 Data 选项上输入该点的数据类型，填写：DINT。

在 Description 选项上输入该点的位号描述，例如：酸性气焚烧炉汽包液位。

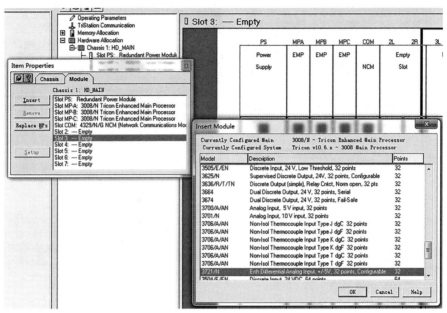

(a) 3#卡槽AI卡件

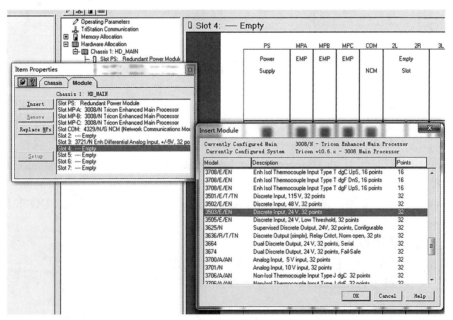

(b) 4#卡槽DI卡件

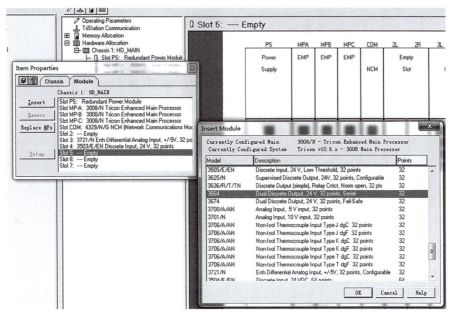

(c) 5#卡槽DO卡件

图 2-53　3#、4#、5# 卡槽卡件配置

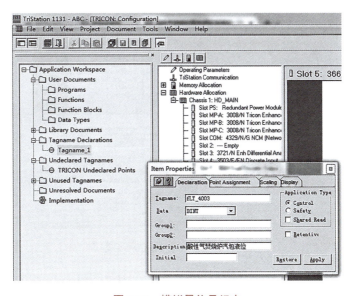

配置 AI 点、
DI 点

图 2-54　模拟量位号组态

在工具条"Point Assignment"的 Point Type 选项上输入"Input"点，点击"Apply"应用键即可，以此类推直到将模拟量输入点全部建完。

在工具条"Point Assignment"下，选择"Physical"分配点的物理地址，例如：模拟点 01.03.01 等。如图 2-55 所示。

按上述步骤配置好 fLT_4003、fLT_4004、fPT_4004A、fPT_4004B、fLT_4002 等 AI 点。

❷ 配置 DI 点组态。DI 点着重强调 Data 选项上输入该点的数据类型 BOOL、位号名、位号描述，如图 2-56 所示。

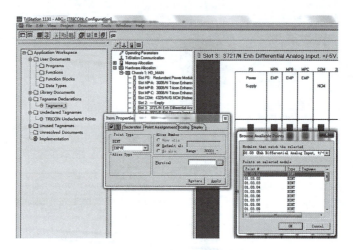

图 2-55　AI 点分配物理地址

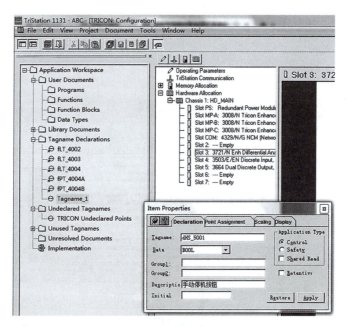

图 2-56　数字输入量位号组态

在工具条 "Point Assignment" 的 Point Type 选项上输入 "Input" 点。

在工具条 "Point Assignment" 下，选择 "Physical" 分配点的物理地址，例如：数字输入点 01.04.01 等。如图 2-57 所示。

按上述步骤配置好 dHS_5001、dC_3501A、dC_3501B、dBS_4001A、dBS_4001B、dBS_4001C、dHS_5003_RS 等 DI 点。

❸ 配置 DO 点组态。DO 点着重强调 Data 选项上输入该点的数据类型 BOOL、位号名、位号描述，如图 2-58 所示。

在工具条 "Point Assignment" 的 Point Type 选项上输入 "Output" 点。

在工具条 "Point Assignment" 下，选择 "Physical" 分配点的物理地址。例如：数字输出点 01.05.01 等。如图 2-59 所示。

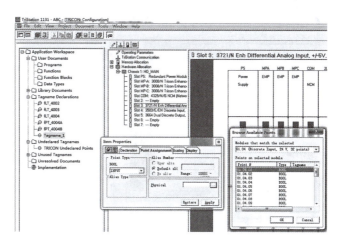

图 2-57　DI 点分配物理地址

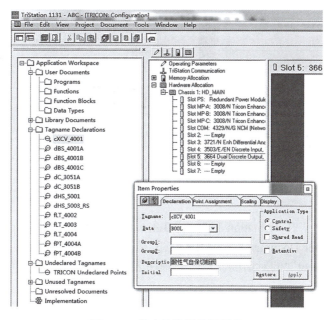

配置 DO、配置中间点

图 2-58　数字输出量位号组态

按上述步骤配置好 cXCV_4001、cXOV_4002、cFSV_4003A、cFSV_4003B、cHSV_4001A、cHSV_4001B、cALARM1 等 DO 点。

❹ 配置中间点组态。注意在 Point Type 选项上输入"MEMORY"点即可，中间点不存在物理地址（例如 fLT_4003_LL 就是中间点）。

在 Tagname 选项上输入中间点位号名，例如：fLT_4003_LL。

在 Data 选项上输入该点的数据类型，填写：BOOL。

在 Description 选项上输入该点的位号描述，例如：酸性气焚烧炉汽包液位低低。如图 2-60 所示。

按以上说明配置好 fLT_4003_LL、fLT_4004_LL、fPT_4004A_HH、fPT_4004B_HH、fLT_4002_HH、gLT_4003_LL_BP、gLT_4004_LL_BP、gPT_4004A_HH_BP、gPT_4004B_HH_BP、gBS_4001A_BP、gBS_4001B_BP、gBS_4001C_BP、gLT_4002_HH_BP 等中间点。

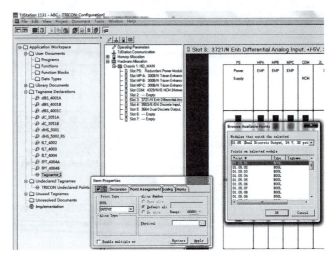

图 2-59　DO 点分配物理地址

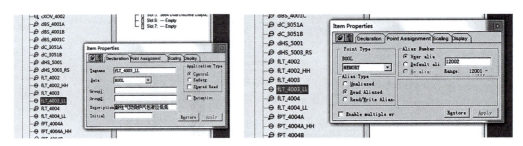

图 2-60　中间点位号组态

3）软件组态

❶ 生成用户程序。在 TriStation 1131 4.9.0 主页面目录下面选择"Application"图标，右键点击索引目录"User Documents"，选中后点击右键，新建一个"New Document"，单击后会出现"New Document"的对话框，写入新程序名称，点击"OK"即可。例如："PRD1"。如图 2-61 所示。

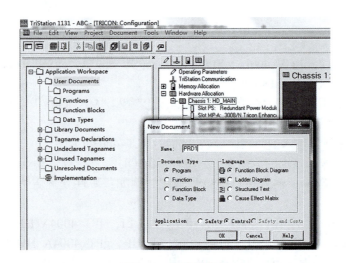

生成用户程序
PRD1

图 2-61　生成新程序

在"User Documents"索引目录"Programs"下会生成一个用户程序"PRD1"。

❷ 建立一个程序块对 AI 点进行数据处理和转换,将模拟量转换为数字量。在 PRD1 编写程序画面上单击右键,点击选择功能块 Select Function(Block),目的就是将模拟量信号进行处理,转换成用于逻辑运算的中间变量。如图 2-62 所示。

❸ 添加"AIN"块对模拟信号进行量程范围转换,例如液位 LT_4003 量程范围 0% ~ 100%,在 AIN 模块相应的引脚设置"0.0""100.0",类型为"REAL";选择"GT"比较模块可以实现测量值与联锁设定值的比较,并输出一个中间变量。例如该液位联锁值为"30.0",当测量值大于"30.0"时,比较模块会有一个中间变量信号输出。如图 2-63 所示。

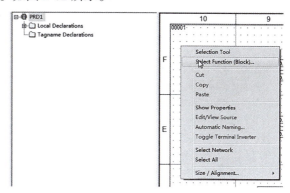

图 2-62 选择功能块

❹ 按上述步骤进行酸性气焚烧炉汽包液位 LT_4004,酸性气焚烧炉压力 PT_4004A、PT_4004B,酸性气分液罐 LT_4002 的量程范围转换。如图 2-64 所示。

❺ 继续在"User Documents"索引目录"Programs"下生成一个用户程序"LOGIC"。

按照逻辑图的要求,完成酸性气焚烧炉(F3501)汽包液位(LT_4003、LT_4004)二取二低低联锁、炉膛压力(PT_4004A、PT_4004B)二取二高高联锁、炉膛火焰监视器(BS_4001A、BS_4001B、BS_4001C)三取二联锁、鼓风机(C3501A、C3501B)停机联锁、分液罐液位(LT_4002)一取一高高联锁功能。进行输入点、逻辑块和输出点的连接,逻辑块的输入端此时连接的是经过信号转换后的中间点,要特别注意(逻辑块只能进行数字量计算)。具体组态如图 2-65 所示。

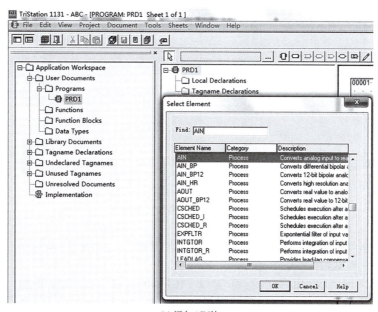

(a) 添加AIN块

图 2-63

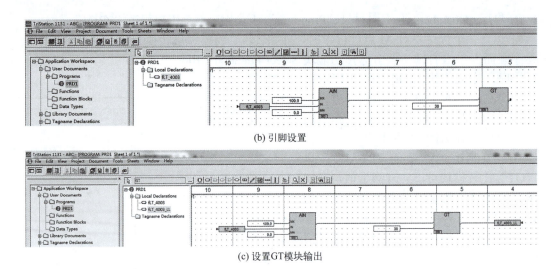

(b) 引脚设置

(c) 设置GT模块输出

图 2-63　液位 LT_4003 量程转换组态

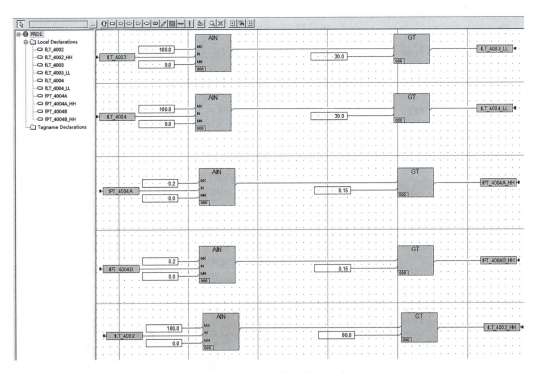

图 2-64　其他测点量程转换组态

❻ 程序编写结束后保存到 "PROGRAM：LOGIC"，点击 "Yes" 键即可。如图 2-66 所示。

❼ 加注释。以 "LOGIC" 中局部变量 "fLT_4003_LL" 为例说明加注释过程。在 LOGIC 编写程序画面上双击局部变量 "fLT_4003_LL"，在 "Variable" 中选中 "Annotate"，点击 "Declaration"，在 "Description" 中输入 "酸性气焚烧炉汽包液位低低"，点击 Apply。如图 2-67 所示。

生成用户程序
LOGIC

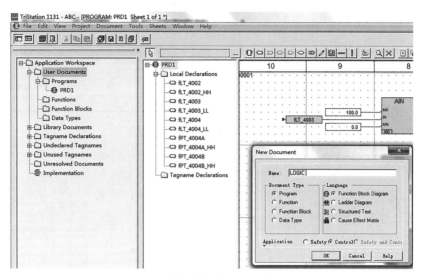

(a) 建立用户程序"LOGIC"

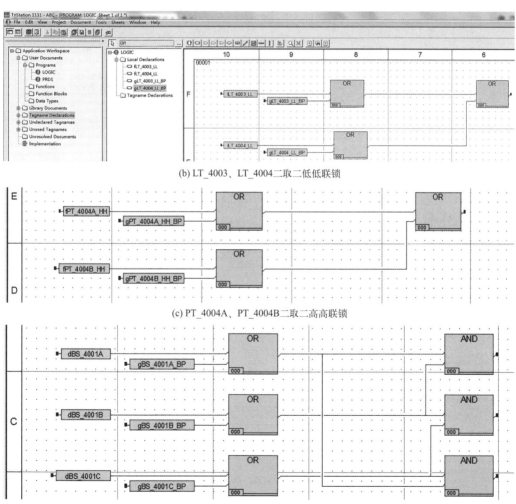

(b) LT_4003、LT_4004二取二低低联锁

(c) PT_4004A、PT_4004B二取二高高联锁

(d) BS_4001A、BS_4001B、BS_4001C三取二联锁

图 2-65

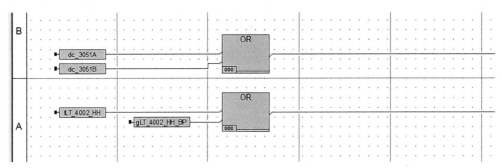

(e) C3501A、C3501B停机联锁

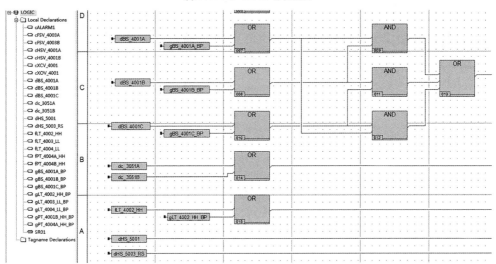

(f) 手动停车dHS_5001、复位按钮dHS_5003_RS设置

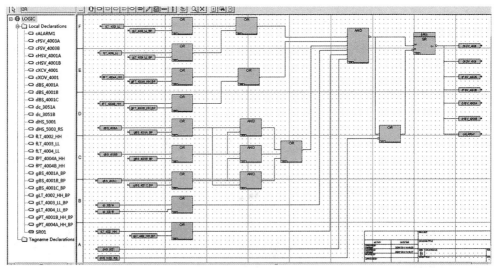

(g) 联锁输出设置

图 2-65　程序 LOGIC 各联锁逐步组态

程序 LOGIC
输出逻辑编程

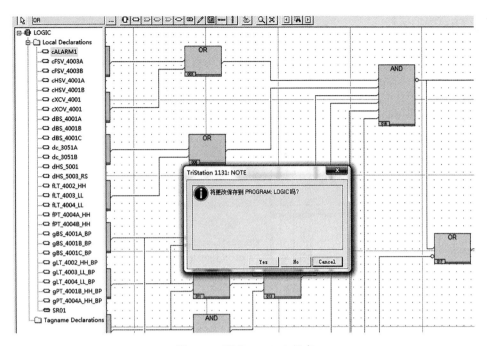

图 2-66　程序 LOGIC 保存

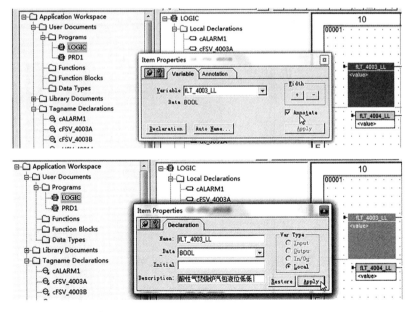

图 2-67　fLT_4003_LL 注释

在"Annotation"中点击宏指令"Macros...",在对话框"Edit Macros"中选中"%TAG_PHYSICALADDRESS"复制(Ctrl+C)此宏指令并粘贴(Ctrl+V)到"Annotation"中,在对话框"Edit Macros"中再分别选中宏指令"%PGM_TAGNAME""%DESCRIPTION"复制粘贴到"Annotation"中,选中"Include monitor value in anno"。如图 2-68 所示。

对各个变量按以上步骤进行注释。如图 2-69 所示。

4）仿真模拟运行

❶ 做仿真之前，应点击索引目录下的"Implementation"选项，弹出执行列表画面"Execution List"，将编制好的两段程序"PRD1"和"LOGIC"用鼠标拖入至"Execution List"执行列表中。如图 2-70 所示。

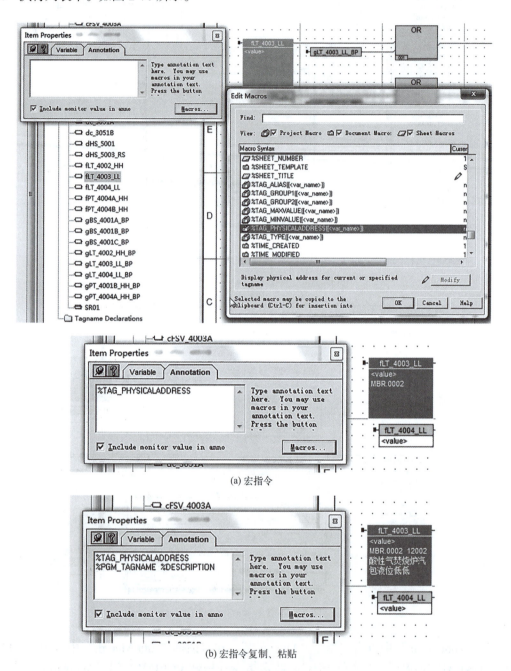

(a) 宏指令

(b) 宏指令复制、粘贴

图 2-68　fLT_4003_LL 修改宏

❷ 关闭所有打开的窗口，在 Tricon 菜单下点击"Emulater Panel"，依次点击连接按钮、下装按钮、运行按钮，出现模拟运行画面。如图 2-71 所示。

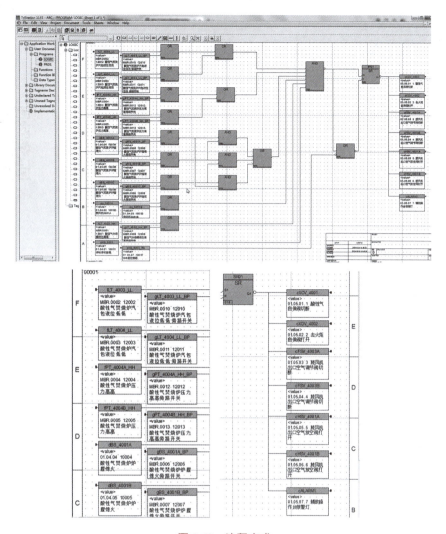

图 2-69　注释完成

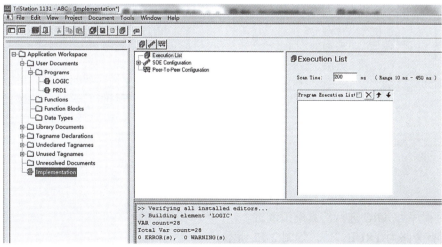

(a) Execution List界面

图 2-70

程序 LOGIC
进行仿真模拟
调试

(b) 将PRD1和LOGIC拖入执行列表

图 2-70　添加执行列表

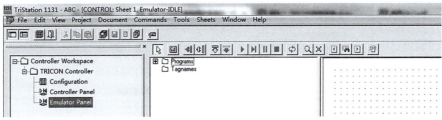

(a) Emulater Panel界面

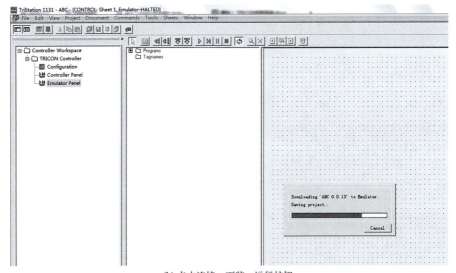

(b) 点击连接、下装、运行按钮

图 2-71　连接、下装、运行

❸ 对程序 LOGIC 进行仿真模拟调试。

a. 所有旁路为 TRUE "1"，如图 2-72 所示。

b. 复位按钮按下为 TRUE "1"，系统解除联锁正常。如图 2-73 所示。

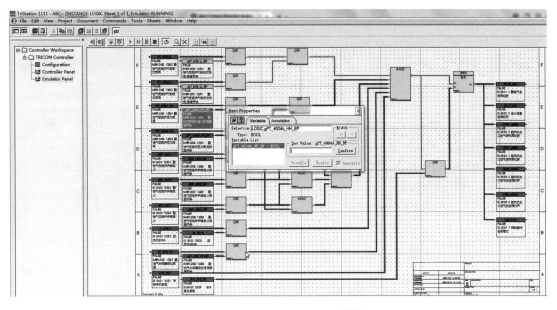

(a) gLT_4003_LL_BP、gLT_4004_LL_BP旁路为TRUE

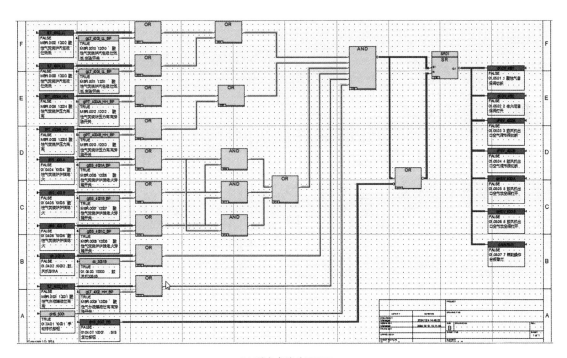

(b) 所有旁路为TRUE

图 2-72　所有旁路为 TRUE 操作

　　c. 复位按钮弹起为 FALSE "0"，系统没有联锁条件发生，系统正常。如图 2-74 所示。

　　d. gLT_4003_LL_BP、gLT_4004_LL_BP 旁路开关为 FALSE "0"，fLT_4003_LL、fLT_4004_LL 为 FALSE "0" 时，启动酸性气焚烧炉的联锁。这时按下复位按钮按下为 TURE "1"，仍然联锁，如图 2-75 所示。

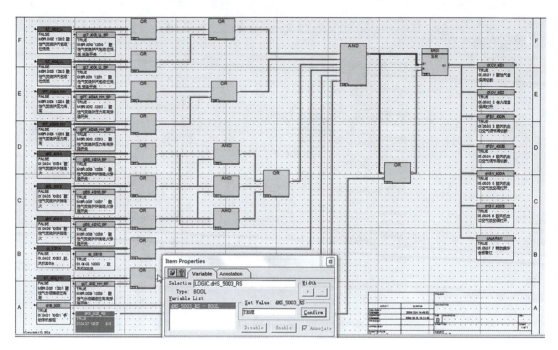

图 2-73　复位按钮为 TRUE 操作

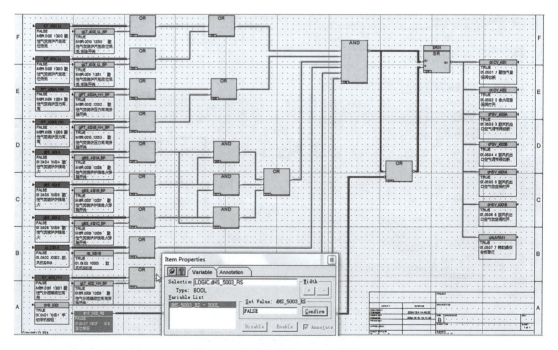

图 2-74　复位按钮为 FALSE 操作

e. 当旁路联锁解除旁路为"1"，复位按钮按下为 TRUE "1"，系统联锁解除，复位成功。如图 2-76 所示。

同理，操作炉膛压力（PT_4004A、PT_4004B）二取二高高联锁、炉膛熄火（BS_4001A、BS_4001B、BS_4001C）三取二、鼓风机（C3501A、C3501B）停机、分液罐

液位（LT_4002）一取一高高联锁、手动停机任何一个联锁条件具备时，都会启动酸性气焚烧炉的联锁。

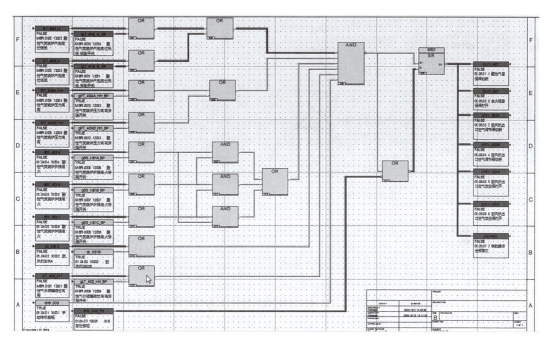

(a) 酸性气焚烧炉汽包液位(LT_4003、LT_4004)二取二低低联锁启动

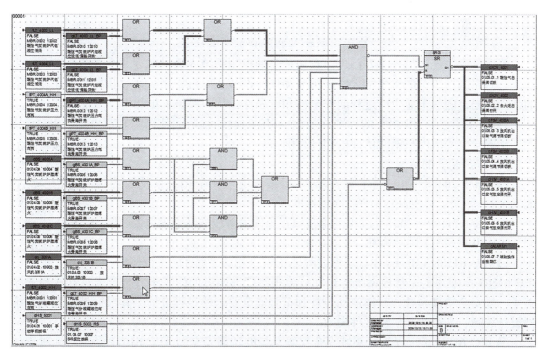

(b) 复位按钮按下为TRUE"1"

图 2-75　fLT_4003_LL、fLT_4004_LL 二取二液位低低联锁操作

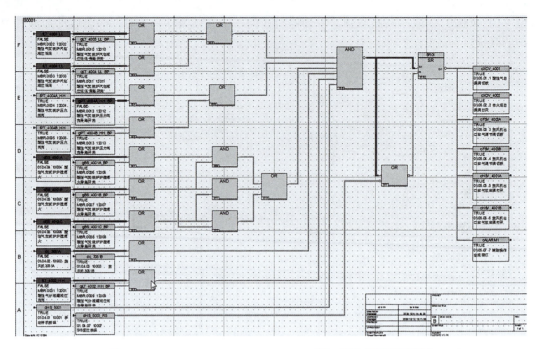

图 2-76　fLT_4003_LL、fLT_4004_LL 二取二液位低低联锁解除

🌱 拓展阅读

安全仪表系统的标准及认证介绍

安全仪表系统提供一个专门用于预防危险的控制系统，通过实现一个或多个安全仪表功能，对控制系统中的检测结果实施报警动作、调节或停机控制，通过其高安全性和严格的认证过程，确保工业生产过程的安全性和可靠性，从而保护人员和生产装置的安全。

各国均制定了 SIS 相关的标准、规范，SIS 的设计制造和使用均有章可循，SIS 产品能达到的安全等级由权威的认证机构进行确认。

（1）SIS 相关的标准

❶ GB/T 20438—2017《电气 / 电子 / 可编程电子安全相关系统的功能安全》，等同于采用 IEC 61508 国际标准。

❷ GB/T 21109—2007《过程工业领域安全仪表系统的功能安全》，等同于采用 IEC 61511 国际标准。

拓展阅读-SIS 相关标准

❸ IEC 61508《电气 / 电子 / 可编程电子安全相关系统的功能安全》。IEC 61508 标准规定了常规系统运行和故障预测能力两方面的基本安全要求。这些要求涵盖了一般安全管理系统、具体产品设计和符合安全要求的过程设计，其目标是既避免系统性设计故障，又避免随机性硬件失效。

❹ IEC 61511《过程工业领域安全仪表系统的功能安全》。IEC 61511 是专门针对流程工业领域安全仪表系统的功能安全标准，它是国际电工委员会继功能安全基础标准 IEC 61508 之后推出的专业领域标准，解决了安全仪表系统应达到怎样的安全完整性和性能水平的问题。

❺ 美国仪表学会制定的 ISA-S84.01《安全仪表系统在过程工业中的应用》。

❻ 美国化学工程学会制定的 AICHE（ccps）《化学过程的安全自动化导则》。

❼ 英国健康与安全执委会制定的 HSE PES《可编程电子系统在安全领域的应用》。

❽ 德国国家标准中有安全系统制造厂商标准 DIN V VDE 0801、过程操作用户标准 DIN V 19250 和 DIN V 19251、燃烧管理系统标准 DIN VDE 0116 等。

❾ GB/T 50770—2013《石油化工安全仪表系统设计规范》。该规范适用于石油化工工厂或装置新建、扩建及改建项目的安全仪表系统的工程设计，目的是防止和降低石油化工工厂或装置的过程风险，保证人身和财产安全，保护环境。

该规范主要技术内容包括安全生命周期、安全完整性等级、设计基本原则、测量仪表、最终元件、逻辑控制器、通信接口、人机接口、应用软件、工程设计、组态、集成与调试、验收测试、操作维护、变更管理、文档管理等，是从事工程设计、施工安装等相关工作人员指导性的文件。

❿ 中国石油化工集团制定的行业标准 SHB-Z06-1999《石油化工紧急停车及安全联锁系统设计导则》。

（2）SIL 认证

安全完整性等级 SIL 是指在规定的条件下、规定的时间内安全相关系统成功完成所要求的安全功能的可能性，也就是在要求安全系统动作时其功能失效概率的倒数。

SIL 认证是基于 GB/T 20438、GB/T 21109、IEC 61508、IEC 61511、IEC 61513、IEC 13849-1、IEC 62061、IEC 61800-5-2 等标准，对安全设备的安全完整性等级进行评估和确认的第三方评估、验证和认证。SIL 等级认证主要涉及针对安全设备开发流程的文档管理（FSM）评估、硬件可靠性计算和评估、软件评估、环境试验、EMC 电磁兼容性测试等内容。

SIL 认证包括产品和系统两个层面，共分 4 个等级，即 SIL1、SIL2、SIL3、SIL4，其中 SIL4 的要求为最高。

目前，国内外有一些机构开展 SIL 认证，例如，上海仪器仪表自控系统检验测试所、机械工业仪器仪表综合技术经济研究所、德国 TÜV 等。

⚙ 模块小结

Tricon 控制系统在石油、炼油、化工等领域广泛使用，掌握 Tricon 控制系统的基本知识、故障诊断、组态应用，是从事 SIS 相关仪表工作所必需的。

主要内容	要点
Tricon 控制系统 特点	①提供三重模件冗余结构、能耐受严酷的工业环境 ②支持多达 118 个 I/O 模件（模拟的和数字的）和选装的通信模件 ③可以支持位于主机架 12km 以内的远距 I/O 模件 ④利用基于 Windows NT 系统的编程软件完成控制程序的开发及调试 ⑤在输入和输出模件内各有智能功能，提供全面的在线诊断，对 I/O 模件提供"热备"支持
Tricon 控制系统 配置	（1）机架 对于 V9 型 Tricon 系统，有主机架、扩展机架和远程机架三种机架型式，一个 Tricon 系统可以最多包含十五个机架

续表

主要内容	要点
Tricon 控制系统配置	（2）模件 ①主处理器模件：三个，为三重模件冗余（TMR）结构 ②数字输入模件：包括 TMR 式和单个式两种 ③数字输出模件：包括受监视的、DC 电压、AC 电压、双重 DC 四种 ④模拟输入模件：中值选择算法保证每次扫描数据的正确性 ⑤模拟输出模件：模件的输出超限能力为 +6% ⑥热电偶输入模件：三重化温度传感器装在端子板内，用作冷端补偿，每 5s 完成一次自校和温差冷端补偿 ⑦脉冲输入模件：脉冲计数以 1μs 的分辨率进行测量 ⑧通信模件：EICM 使 Tricon 与 Modbus 装置及 TriStaion 工作站进行通信；NCM 提供 TCP/IP 网络 ⑨电源模件：把外部电压转换成适合各 Tricon 模件使用的 DC 电源
Tricon 控制系统组态	① TriStation 1131 支持功能块图、梯形图、结构文本、因果矩阵四种编程语言，功能块图语言应用最多，应用平台是 Windows NT、Windows XP ② TriStation 1131 软件界面分为菜单、工具条、项目空间、工作区间等 ③硬件组态。根据组态任务要求、测点清单，按照机架内模件的排列情况，在硬件组态工具里添加相关硬件，包括 MP、通信模件以及输入输出模件，组态 I/O 点 ④软件组态。建用户程序、逻辑程序、仿真调试
Tricon 控制系统维护	①日常维护。检查系统电源、更换背板上的电池等 ②故障诊断。检查模件的前面板上的指示灯、通过 TriStation 的诊断画面 ③更换卡件。更换电源模件或主处理器时，不需要中断控制过程

🐞 模块测试

一、填空题

1. Tricon 系统扩展机架与主机架的距离为（　　　）m。

2. 每个 Tricon 系统可以最多包含（　　　）个机架。其主机架有（　　　）个电源卡件、（　　　）个主处理器、最多（　　　）个 I/O 组。

3. Tricon 系统远程机架与主机架的距离为（　　　）km。

4. Tricon 系统主机架上的钥匙开关有远程、（　　　）、（　　　）、停止。

5. Tricon 系统中每个逻辑槽位有（　　　）个物理槽位。

6. Tricon 系统电池的作用是保存（　　　）和自诊断信息，能够连续使用（　　　）个月。

7. Tricon 系统每一个 I/O 模件内都包含（　　　）独立的分电路。

二、选择题

1. Tricon 系统的组态编程软件是（　　　）。

A. TriStation 1131　　　　　　B. DDE Server

C. Triconex SOE Recorder　　　D. Wonderware

2. TriStation 1131 是（　　　）公司的控制组态软件。

A. TRICONEX　　　　　　B. ICS　　　　　　　　C. GE

3. 主机架上有一个四位置的键开关，用以控制整个的 Tricon 系统。开关的设定为 RUN（运行）、PROGRAM（编程）、STOP（停止）、（　　　）。

A. RESET（重启）　　　　　B. HOLD（暂停）　　　　　C. REMOTE（远程）

4. 一个 Tricon 系统最多包含（　　　）个机架。

A. 10　　　　　　　　　　B. 15　　　　　　　　　　C. 20

三、判断题

1. 运行中的卡件可以直接拔除。（　　　）

2. Tricon 系统主机架的钥匙开关在远程位置可以修改逻辑。（　　　）

3. 在线更换 Tricon 卡件时，必须避开系统时间整点切换卡件。（　　　）

4. 当 DO 卡件出现 LOAD/FUSE 时，主机架电源的报警接点被触发。（　　　）

5. 如果系统完全失电，各控制电磁阀输出回零，现场电磁阀都不能动作。（　　　）

6. Tricon 系统主要用于连续量的控制 I/O。（　　　）

7. Tricon 系统主机架钥匙开关位置打在 REMOTE（远程）时，允许外部上位机修改变量，但不能修改逻辑，不可做 Download All 或 Download Change。（　　　）

8. Tricon 系统的扩展机架与主机架之间的最大距离为 30m，远程机架与主机架之间的最大距离为 12km。（　　　）

9. Tricon 系统中的机架型式分别是主机架、扩展机架、远程机架。（　　　）

10. Tricon 系统从输入模块到主处理器到输出模块完全是三重化的。（　　　）

11. Tricon 系统的软件具有对 I/O 变量的强制赋值功能。（　　　）

四、简答题

1. 容错是什么？

2. Tricon 控制器有哪些特点？

安全仪表系统

模块三
TCS-900 控制系统

模块描述

  TCS-900 控制系统是中控技术面向工业自动化安全领域自主研发的高安全性、高可靠性、高可用性的安全仪表系统，该系统适用于 IEC 61508 定义的低要求操作模式和高要求操作模式的安全相关应用，并通过了 TÜV Rheinland 的认证，符合 IEC 61508 定义的 SC3 系统能力等级和安全完整性等级 SIL3 的要求。

  TCS-900 控制系统为工业过程安全服务，特别适用于石油天然气、大型石化化工、能源、交通、制药、冶金和大型旋转机组控制等领域。TCS-900 控制系统可应用于有安全完整性等级（SIL3 及以下）要求的关键过程安全控制场合，包括紧急停车系统（ESD）、火灾及气体检测系统（FGS）、燃烧管理系统（BMS）、大型透平压缩机控制（CCS）等。

  本模块学习并熟悉 TCS-900 控制系统工作原理、系统配置、软件组态、系统维护等，通过组态实例了解现场 TCS-900 控制系统应用，加深对 TCS-900 控制系统工作原理等的理解。

学习目标

知识目标：

① 了解 TCS-900 控制系统的工作原理；
② 掌握 TCS-900 控制系统各硬件构成及功能；
③ 熟悉 SafeContrix 软件应用，掌握基于 SafeContrix 软件组态的一般流程；
④ 掌握 TCS-900 控制系统维护、故障诊断方法。

能力及素质目标：

① 初步具备 TCS-900 控制系统硬件的安装技术；
② 能熟练使用 SafeContrix 软件；
③ 能运用 SafeContrix 软件进行联锁保护系统的组态与仿真；
④ 会进行 TCS-900 控制系统维护、故障诊断；
⑤ 增强中国制造的自豪感，坚定职业信念。

知识思维导图

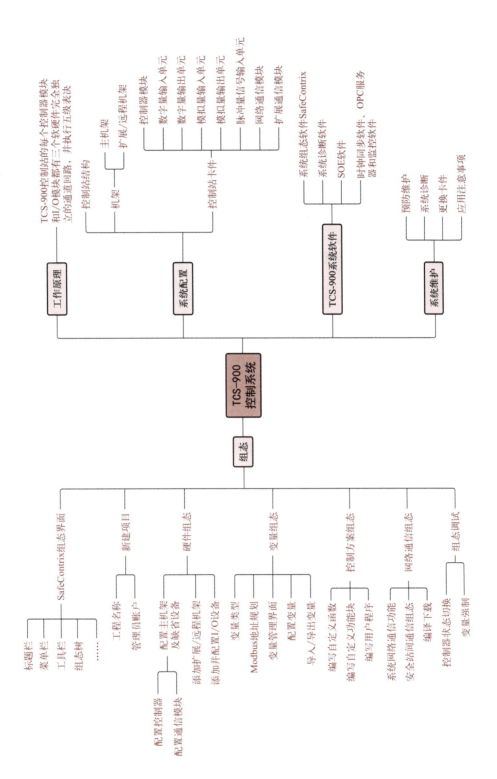

3.1　TCS-900 系统概述

TCS-900 系统结合了功能安全和信息安全的两大理念，是一款具备高可用性、高安全性的先进大型安全仪表系统。产品符合 IEC 61508 和 IEC 61511 的 SIL3 要求，可与安全阀门和安全仪表共同构建 SIL3 的安全回路。TCS-900 同时符合 API 670 和 API 612 的应用要求，可以面向压缩机、汽轮机等细分领域提供可靠的控制和安全的保护。

TCS-900 内置过程诊断和系统诊断，具有较高的诊断覆盖率，当信号回路或者系统内部出现任何软硬件故障时，TCS-900 控制站会在模块面板的指示灯中进行报警，同时系统报警信息会发送到中控监控软件（VxSCADA 和 VisualField）诊断控件。模块故障期间，无论单模块还是冗余配置，系统的安全模块都支持在线不停车维护。

组态软件 SafeContrix 符合 IEC 61131-3 标准，支持通过 FBD、LD 编制用户程序，支持通过 FBD、LD、ST 编制自定义功能块，支持通过 ST 编制自定义函数，系统还支持在线修改和下载组态。

3.2　系统工作原理

TCS-900 系统由输入单元、控制器和输出单元构成。TCS-900 控制站的每个控制器模块和 I/O 模块都有三个软硬件完全独立的通道回路，并执行五级表决，如图 3-1 所示。

输入模块内的三个通道同时采集同一个现场信号并分别进行数据处理，经表决后发送到三条 I/O 总线；控制器从三条 I/O 总线接收数据并进行表决，并将表决后的数据送至三个独立的处理器，各处理器完成数据运算后，控制器对三通道中的运算结果进行表决，并将表决结果发送到 I/O 总线；输出模块从三条 I/O 总线接收数据并进行表决，表决结果送至三个通道进行数据输出处理，处理结果表决后输出驱动信号。

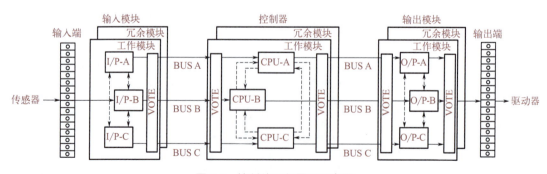

图 3-1　控制站工程原理示意图

控制站的控制器模块和 I/O 模块支持冗余设置，系统可采用模块冗余或模块非冗余结构。

模块非冗余结构模式下，系统运行模式为 3-2-0，即模块内表决机制为 2oo3D（0 个故障）/1oo2D（1 个故障）/Fail Safe（2 个以上故障）。

系统表决算法如下：

❶ 3 个通道正常时，执行 2oo3D 表决算法；

❷ 2 个通道正常时，隔离故障的通道，执行 1oo2D 表决算法；

❸ 1 个通道正常时，系统输出故障安全值。

模块冗余结构模式下，系统运行模式为 3-3-2-2-0，即当冗余模块中某一模块故障时，系统仍可工作在 3-2-0 的运行模式下。

3.3　系统配置

3.3.1　控制站结构

TCS-900 控制站由控制器模块、网络通信模块、扩展通信模块、总线终端模块、I/O 模块、端子板等共同组成。如图 3-2 所示。

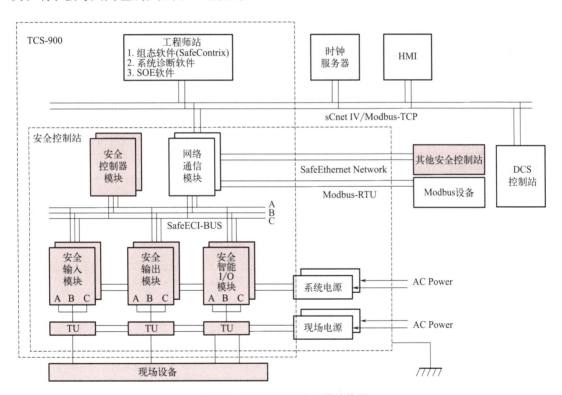

图 3-2　TCS-900 系统逻辑结构图

系统电源采用 A/B 路冗余供电。在供电设计时，应将系统电源与现场仪表电源分开设计，不可共用电源。系统电源为控制站机架和 I/O 端子板供电，推荐采用与 TCS-900 共同经过 TÜV 安全认证的电源。

控制站的机架类型分为主机架和扩展 / 远程机架，控制器和网络通信模块只能安装于主机架，I/O 模块可以分布在主机架和扩展 / 远程机架。主机架和扩展 / 远程机架之间通过扩展通信模块和单模铠装光纤进行连接，最远支持 10km 的扩展通信。

I/O 模块和端子板之间通过 DB 线缆进行连接，常规的 DB 线缆支持单路 250mA 以下的现场信号接入，当接入端子板的现场信号大于 250mA 时，应选用特制的 DB 线缆，当 SDO9010 直驱现场阀门时，可以采用特制的 DB 线缆，将单点驱动能力提升到 1A，但根据 IEC 61311-2 的要求，单端子板接入总电流应该小于 8A。

3.3.2 控制站卡件

控制站是安全系统的主要实现者，其部件大多具备功能安全性。控制站卡件主要包括机架、控制器、扩展通信模块、网络通信模块、各类 I/O 模块和端子板等。如表 3-1 所示。

表 3-1　TCS-900 卡件列表

卡件名称	型号	说明	点数
电源	PW723、PW733	24V/20A，DIN 导轨安装	无
	PW722、PW732	24V/10A，DIN 导轨安装	
	PW721	24V/5A，DIN 导轨安装	
电源冗余模块	PW701	可配套 PW721 或 PW722 使用，DIN 导轨安装	无
	PW703	可配套 PW723 使用，DIN 导轨安装	
控制器	SCU9010	三重化，支持冗余，支持安全组态下载，支持 Modbus 从站	无
	SCU9020	三重化，支持冗余，支持安全组态下载，支持 Modbus 主从站，支持机组控制，支持超速保护	无
数字量信号输入模块	SDI9010	统一隔离；防腐；SIL3	32
数字量信号输出模块	SDO9010	统一隔离；防腐；SIL3	32
模拟量信号输入模块	SAI9010	统一隔离；防腐；SIL3	32
	SAI9020-H	统一隔离；支持 HART；匹配 SCU9020 使用，防腐；SIL3	16
模拟量信号输出模块	SAO9010-H	统一隔离；支持 HART；匹配 SCU9020 使用，防腐；SIL3	16
脉冲量信号输入模块	SPI9010	统一隔离；9 点 PI，2 点 DO；匹配 SCU9020 使用，防腐；SIL3	9
数字量信号输入端子板	TDI9010	24V，触点型，SIL3；配合 32 路数字量信号输入模块 SDI9010 使用，单边进线；防腐	32
	TDI9011	24V，电平型；配合 32 路数字量信号输入模块 SDI9010 使用，单边进线；防腐	32
	TDI9012	48V，触点型，SIL3；配合 32 路数字量信号输入模块 SDI9010 使用，单边进线；防腐	32
数字量信号输出端子板	TDO9010	24V，SIL3；配合 32 路数字量信号输出模块 SDO9010 使用，有源输出，单路最大支持 1A 输出，总驱动输出 ≤ 8A；防腐	32

卡件名称	型号	说明	点数
模拟量信号输入端子板	TAI9010	配电型，电流信号，SIL3；配合 32 路模拟量信号输入模块 SAI9010 使用。4～20mA 信号满足 SIL3，0～10mA 信号为非安全应用；防腐	32
	TAI9011	电压信号，SIL3；配合 32 路模拟量信号输入模块 SAI9010 使用。1～5V 信号满足 SIL3，0～5V 信号为非安全应用；防腐	32
	TAI9012	非配电型，电流信号，SIL3；配合 32 路模拟量信号输入模块 SAI9010 使用。4～20mA 信号满足 SIL3，0～10mA 信号为非安全应用；防腐	32
	TAI9020	电流信号，SIL3；配合 16 路模拟量信号输入模块 SAI9020-H 使用。4～20mA，满足 SIL3，支持 HART；0～10mA 信号为非安全应用；防腐	16
	TAI9021	电压信号，SIL3；配合 16 路模拟量信号输入模块 SAI9020-H 使用。1～5V DC 满足 SIL3；0～5V DC 信号为非安全应用；防腐	16
模拟量信号输出端子板	TAO9010	电流信号，SIL3；配合 16 路模拟量信号输出模块 SAO9010-H 使用。4～20mA 满足 SIL3，支持 HART；防腐	16
脉冲量信号输入端子板	TPI9010	9 点 PI，2 点 DO，SIL3；配合脉冲量信号输入模块 SPI9010 使用；9 点 PI，2 点触点信号输出，SIL3；防腐	9
网络通信模块	SCM9040	安装于主机架中；用于与工程师站及第三方通信、站间通信等，匹配 SCU9010 使用；防腐	无
	SCM9041	安装于主机架中；用于与工程师站及第三方通信、站间通信等，匹配 SCU9020 使用；防腐	
扩展通信模块	SCM9010	扩展系统总线至扩展／远程机架，每个机架配置三个扩展通信模块，不同机架笼之间采用级联方式连接，防腐	无
总线终端模块	SCM9020	单机架时使用，替换 SCM9010，为机架提供地址和终端电阻	无

3.3.3 机架

机架是安全控制站中组装模块的机械结构，机架底座配有 I/O 总线 SafeECI，用于实现机架中模块间的数据通信。在 TCS-900 系统中机架分为主机架 MCN9010 和扩展／远程机架 MCN9020。机架地址编号 1～8，扩展通信模块 SCM9010 上有机架地址拨码开关用于设置机架地址编号，总线终端模块 SCM9020 只提供机架地址编号为"1"的信息。

(1) 主机架

一个 TCS-900 控制站中只能配置一个主机架 MCN9010，如图 3-3 所示，其上能安装控制器模块、通信模块和 I/O 模块。其中左侧一列的三个槽位安装扩展通信模块 SCM9010 或总线终端模块 SCM9020，标识为 SCU 的槽位固定安装冗余的控制器模块，标识为 SCM 的槽位固定安装冗余的网络通信模块，其他槽位安装 I/O 模块。模块的插槽固定为冗余设计，分别以 L 和 R 标识。

在 I/O 模块插槽下方对应位置安装有 DB37 线插头，每一对 I/O 模块冗余插槽对应标识相同的一对插头，一对插头对应一块接线端子板。

主机架上设计有钥匙开关，用于支持系统用户权限控制，权限模式由低到高有 MON（观察权限）、ENG（工程权限）、ADM（管理权限）。

图 3-3　主机架正面视图

一个 TCS-900 控制站最多能配置 7 个扩展 / 远程机架 MCN9020，每个扩展机架包含 20 个 I/O 槽位，可安装 10 对冗余 I/O 模块。I/O 槽位固定为冗余设计，分别以 L 和 R 标识。

（2）扩展 / 远程机架

扩展 / 远程机架 MCN9020 固定可配置 3 个扩展通信模块 SCM9010，模块固定安装在机架左侧的三个 I/O 总线扩展插槽中，连接扩展通信模块后，可实现主机架与扩展机架 / 远程机架的数据通信。

MCN9010 和 MCN9020 之间通过 SCM9010 的光纤端口采用级联的方式连接，连接方式符合以下约束：主机架与扩展机架之间采用单模光纤连接；远程机架与主机架 / 扩展机架之间采用单模光纤连接，最大长度 10km。

当控制站只有主机架时，可以不安装扩展通信模块 SCM9010，但需要安装 SCM9020；当控制站配置扩展 / 远程机架时，各机架必须配置 3 块 SCM9010。

3.3.4　控制器模块

控制器模块是控制站的核心处理单元，目前包括 SCU9010 和 SCU9020，执行以下安全和常规控制任务：

❶扫描输入模块的实时输入数据，并进行实时输入信号处理；

❷执行安全内核以实现应用逻辑；

❸执行实时输出位号处理，并将实时输出数据下发至输出模块；

❹实现与其他 TCS-900 控制站的安全通信；

❺实现与其他系统（如 DCS）的常规站间通信；

❻对控制站进行周期性诊断。

（1）工作原理

控制器模块由 A、B、C 三个通道组成，通道间相互独立，如图 3-4 所示。三个通道 A、B、C 分别连接到 SafeECI 总线 A、B、C 上。冗余配置的 SCU9010 模块同时工作，无主备之分。

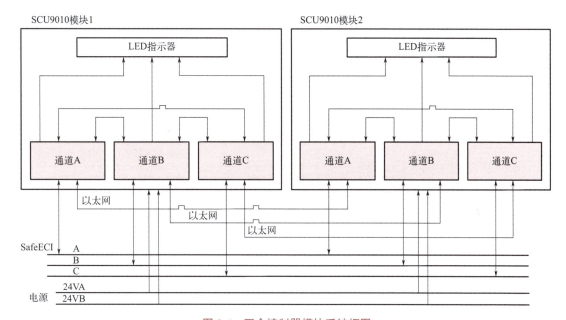

图 3-4 冗余控制器模块系统框图

TCS-900 控制器模块从三条 SafeECI 总线接收数据并进行表决，并将表决后的数据送至三个独立的处理器，各处理器完成数据运算后，控制器对三通道中的运算结果进行表决，并将表决结果送至 SafeECI 总线。

控制器模块的冗余和表决机制如下。

每个控制器首先对来自每一对冗余输入模块的两组实时输入数据进行冗余选择，选择通道故障等级较低模块的数据，等级相同则保持上一次的选择不变。

完成冗余选择后，控制器模块对 3 个通道间的输入数据进行表决。控制器使用表决后的输入数据进行应用程序运算。

控制器将运算得到的实时输出数据再次进行三通道间的表决，将表决后的输出数据发送到输出模块中。

需要表决的数据如下：槽位地址、实时输入数据、实时输出数据、操作变量、站间安全通信接收变量。

当模块内的两个通道失效时，无论当前通道是否失效，控制器都进入故障安全状态。冗余配置时，2 块互为冗余的模块只能插在相邻的两个插槽中。

（2）控制器模块使用

控制器模块安装在主机架中标识为 SCU 的两个槽位中，控制器运行模式可通过组态软件中的操作命令实现切换，冗余配置模式下可在线更换控制器模块。模块设有助拔器锁扣微动开关，开关状态用于指示模块在位状态，便于后续模块选择冗余控制器模块的数据。当开关状态为高电平时，助拔器松开；当开关状态为低电平时，助拔器锁止。上电时若助拔器松开，则控制器所有指示灯亮红灯，运行时若助拔器松开，则控制器的 System 灯亮红灯。SCU9010 模块面板指示灯如图 3-5 所示，其状态说明如表 3-2 所示。

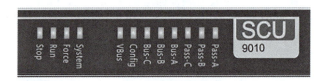

图 3-5　控制器 SCU9010 模块面板指示灯

表 3-2　SCU9010 模块面板指示灯状态

状态	指示灯	颜色	说明
模块状态	Pass-A	绿亮	模块通道 A 工作正常
		红亮	模块通道 A 故障
		灭	通道 A 掉电
	Pass-B	绿亮	模块通道 B 工作正常
		红亮	模块通道 B 故障
		灭	通道 B 掉电
	Pass-C	绿亮	模块通道 C 工作正常
		红亮	模块通道 C 故障
		灭	通道 C 掉电
	Bus-A	绿亮	总线 A 工作正常
		红亮	总线 A 故障
		灭	模块掉电
	Bus-B	绿亮	总线 B 工作正常
		红亮	总线 B 故障
		灭	模块掉电
	Bus-C	绿亮	总线 C 工作正常
		红亮	总线 C 故障
		灭	模块掉电
	Config	绿亮	组态无故障
		绿闪	瞬态过程（如组态更新或拷贝时）
		红亮	无组态、组态错误或不一致（包括模块类型错误）

续表

状态	指示灯	颜色	说明
模块状态	VBus	绿亮	3 个通道之间无通信故障
		红亮	3 个通道之间存在通信故障
系统状态	System	绿亮	系统无故障
		红亮	系统中任一部件故障
		灭	掉电
	Force	红亮	有 I/O 变量或内存变量处于强制状态
		灭	无 I/O 变量或内存变量处于强制状态
	Run	绿亮	系统处于 Run 状态
		灭	掉电或不在 Run 状态
	Stop	红亮	系统处于 Stop 状态
		灭	掉电或不在 Stop 状态

3.3.5　数字量输入 / 输出单元

数字量输入模块 SDI9010/ 数字量输出模块 SDO9010 为三重化通道冗余架构，通道间相互独立，异步工作。

DI/DO 模块可按冗余或非冗余两种模式配置。非冗余配置模式下的表决方式为 3-2-0，冗余配置模式下的表决方式为 3-3-2-2-0。

冗余时，两个 DI/DO 模块同时工作，无主备之分。模块设有助拔器锁扣微动开关，开关状态用于指示模块在位状态，便于后续控制器选择冗余模块的数据。当开关状态为高电平时，助拔器松开；当开关状态为低电平时，助拔器锁止。控制器实时检测开关状态，当助拔器松开时，SafeManager 诊断故障报警，控制器 System 灯发出指示。

（1）数字量输入单元

数字量信号输入单元由数字量输入模块 SDI9010、数字量输入端子板 TDI9010/TDI9011/TDI9012 和 DB37 线缆组合构成，负责对现场 DI 信号进行采集和处理。其面板如图 3-6 所示。

图 3-6　SDI9010 模块面板

❶ 工作原理。数字量输入单元可以分为端子板、线缆、模块三个部分。

端子板：负责信号转换和输出。

线缆：2 根 DB37 线缆，分别传输 1 ～ 16 点和 17 ～ 32 点信号。

模块：三路完全相同的信号采样和处理通道，每个处理通道包括采样电路、MCU 及其外围电路、I/O 通信接口电路。电源分系统电源和外配电源，系统电源为模块提供工作电流，外配电源为现场设备供电。

信号进入模块后被 A、B、C 三个通道同时采集，经过三个通道表决后，实时数据通过 I/O 安全通信协议发送给控制器。

每个输入通道采集的 DI 信号同时输送给并联的三个信号处理器 A/B/C，信号处理器确定输入状态和通道条件，并为控制器模块产生一个输入数据。

DI 模块接收来自控制器模块的命令并将通道输入数据转换成可靠的数字数据包，然后通过专用 I/O 应答总线传送一系列数据流到控制器。隔离电路将输入信号和信号处理器分隔开，保护系统部件不受现场故障影响。

模块电源由内部隔离电源产生，隔离电源由双重冗余系统电源提供。电源具有过压和欠压保护检测电路。当检测到电源故障时，将发出一个报警信号并进入断电保护模式。

❷ 状态指示灯。DI 模块指示灯说明如表 3-3 所示。

表 3-3　DI 模块指示灯说明

指示灯	状态	说明	功能
Pass-A/Pass-B/Pass-C	指示灯全灭	断电	用于指示通道 A/B/C 的运行状态
	绿灯常亮	通道正常	
	红灯常亮	通道故障	
Bus-A/Bus-B/Bus-C	指示灯全灭	断电	用于指示总线 A/B/C 的通信状态
	绿灯常亮	I/O 总线正常	
	红灯常亮	I/O 总线故障	
Config	指示灯全灭	断电	用于指示组态状态
	绿灯常亮	组态正常	
	绿灯闪	瞬态过程（如组态更新时）	
	红灯常亮	无组态、组态错误或不一致（包括模块类型错误）	
VBus	指示灯全灭	断电	用于指示三个通道（A/B/C）间是否存在通信故障
	绿灯常亮	三个通道之间无通信故障	
	红灯常亮	三个通道之间存在通信故障	
1 ～ 32	指示灯灭	输入信号 OFF，无组态或组态错误	用于指示信号点 1 ～ 32 输入是否正常
	绿灯常亮	输入信号 ON，线路正常	
	红灯常亮	输入信号线路故障	

（2）数字量输出单元

数字量信号输出单元由数字输出模块 SDO9010、数字量输出端子板 TDO9010 和连接电缆组合构成，负责将控制器的输出数据转换为输出信号输出到现场。其面板如图 3-7 所示。

冗余配置时，并联输出信号，驱动负载。

❶ 工作原理。数字量输出模块及端子板硬件可以分为端子板、线缆、模块三个部分。

端子板：负责信号转换和输出。

线缆：2 根 DB37 线缆，分别传输 1～16 点和 17～32 点信号。

模块：三路完全相同的信号采样和处理通道，每个处理通道包括逻辑输出电路、表决输出电路、MCU 及其外围电路、I/O 通信接口电路。电源分系统电源和外配电源，系统电源为模块提供工作电流，外配电源为现场设备供电。

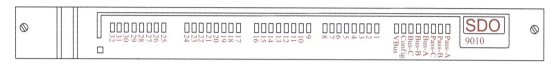

图 3-7 SDO9010 面板

信号通过 I/O 安全通信协议传送给模块后，同时输送给 A、B、C 三个通道，经过三个通道表决后，实时数据由端子板输出。

❷ 状态指示灯。数字量输出模块 DO 状态指示灯除表 3-4 中 1～32 指示灯部分外，其他与数字量输入模块 DI 指示灯状态相同，具体见表 3-3。

表 3-4 DO 模块指示灯说明

指示灯	状态	说明	功能
1～32	指示灯灭	输出信号 OFF，无组态或组态错误	用于指示信号点 1～32 输出是否正常
	绿灯常亮	输出信号 ON，线路正常	
	红灯常亮	输出信号线路故障	

3.3.6 模拟量输入 / 输出单元

模拟量输入模块 SAI9010/ 模拟量输出模块 SAO9010-H 为三重化通道架构，通道间相互独立，异步工作。

SAI9010/SAO9010-H 模块可按冗余或非冗余两种模式配置。非冗余配置模式下的表决方式为 3-2-0，冗余配置模式下的表决方式为 3-3-2-2-0。

(1) 模拟量输入单元

模拟量信号输入单元由模拟量输入模块 SAI9010、模拟量输入端子板 TAI9010/TAI9011/TAI9012 和连接电缆组合构成，负责对现场 AI 信号进行采集和处理。其面板如图 3-8 所示。

图 3-8 SAI9010 面板

冗余配置时，现场信号同时进入两个冗余输入模块，两个 AI 模块同时工作，无主备之分。模块设有助拔器锁扣微动开关，开关状态及助拔器动作情况同 DI 模块。

❶ 工作原理。模拟量输入单元可以分为端子板、线缆、模块三个部分。

端子板：用于信号接入和转换。

线缆：2 根 DB37 线缆，分别传输 1 ～ 16 点和 17 ～ 32 点信号。

模块信号采样、处理过程同 DI 模块。

❷ 状态指示灯。模拟量输入模块 AI 状态指示灯同数字量输入模块 DI 状态指示灯，具体见表 3-3。

（2）模拟量输出单元

模拟量信号输出单元由模拟量信号输出模块 SAO9010-H、模拟量信号输出端子板 TAO9010 和连接电缆组合构成，负责将控制器的输出数据转换为输出信号并输出到现场，同时支持 HART 信号的输出。其面板如图 3-9 所示。

图 3-9　SAO9010 面板

冗余配置时，模块并联输出信号，驱动负载，两个冗余模块同时工作，两个 AO 模块分别为工作和备用状态，当工作卡出现故障时，将自动切换到备用卡。模块设有助拔器锁扣微动开关，控制器实时检测开关状态，当助拔器松开时，若为单卡模式，则模块将继续工作；若为冗余模式，则工作与备用模块将进行切换。

❶ 工作原理。模拟量输出单元可以分为端子板、线缆、模块三个部分。

端子板：用于信号接入和转换。

线缆：2 根 DB37 线缆，分别传输 1 ～ 8 点和 9 ～ 16 点信号。

模块信号输出、处理过程同 DO 模块。

HART 电路和指示灯电路共用 MCU D，通过三个 UART 接口分别接收来自三个通道的指示信息及传输 HART 数据。

❷ 状态指示灯。模拟量输出模块 AO 状态指示灯除表 3-5 中 1 ～ 16 指示灯、Work 指示灯部分外，其他与数字量输入模块 DI 状态指示灯相同，具体见表 3-3。

表 3-5　AO 模块指示灯说明

指示灯	状态	说明	功能
1 ～ 16	指示灯全灭	无组态或组态错误	用于指示信号点 1 ～ 16 输出是否正常
	绿灯常亮	输出信号正常	
	红灯常亮	输出信号故障（线路故障、输出回路错误等）	
Work	绿灯常亮	工作卡	
	指示灯灭	备用卡	

3.3.7　脉冲量信号输入单元

PI 单元由脉冲量信号输入模块和端子板组成，可接收磁阻式传感器发来的电信号，从而得到汽轮机的精确转速，通过模块自身内部逻辑运算，可输出超速保护及超速限制的开关信号。该信号通过继电器输出至驱动超速保护电磁阀和危急遮断电磁阀，实现汽轮机超速限制、保护功能。当控制器离线时，模块仍能正常运行。其面板如图 3-10 所示。

图 3-10　SPI9010 面板

SPI9010 模块为三重化通道冗余架构，通道间相互独立，异步工作。

SPI9010 模块可按冗余或非冗余两种模式配置。非冗余配置模式下的运行模式为 3-2-0，冗余配置模式下的运行模式为 3-3-2-2-0。

脉冲量信号输入模块可最多滚动存储 1024 条系统事件记录和 1024 条 SOE 事件记录。脉冲量信号输入模块可按冗余或非冗余两种模式配置。冗余时，现场信号同时进入两个冗余输入模块，两个模块同时工作，不区分工作 / 备用状态。模块设有助拔器锁扣微动开关，助拔器动作情况同 DI 模块。

（1）工作原理

脉冲量信号输入单元可以分为端子板、线缆、模块三个部分。

端子板：负责 PI 信号接入和 DO 信号输出。

线缆：2 根 DB37 线缆，分别传输 1 ～ 9 点 PI 和 1 ～ 2 点 DO 信号。

模块：三路完全相同的信号采样和处理通道，每个处理通道包括 PI 采样电路、DO 输出电路、MCU 及其外围电路、I/O 通信接口电路。电源分系统电源和外配电源，系统电源为模块提供工作电流，外配电源为现场设备供电。

脉冲信号进入模块后被 A、B、C 三个通道同时采集，经过三个通道表决并进行逻辑运算后，通过端子板 DO 通道输出，同时实时数据通过 I/O 安全通信协议发送给控制器。

（2）状态指示灯

PI 模块状态指示灯除表 3-6 中 PI1 ～ PI9 指示灯、DO1/DO2 指示灯部分外，其他与数字量输入模块 DI 状态指示灯相同，具体见表 3-3。

表 3-6　PI 模块指示灯说明

指示灯	状态	说明	功能
PI1 ～ PI9	指示灯全灭	无组态或组态错误	用于指示 PI 信号点 1 ～ 9 输入是否正常
	绿灯常亮	输入信号正常	
	红灯常亮	输入信号故障（外部线路故障等）	
DO1/DO2	指示灯灭	输出信号 OFF，无组态或组态错误	用于指示 DO 信号点 1 ～ 2 输出是否正常
	绿灯常亮	输出信号 ON，线路正常	
	红灯常亮	输出信号线路故障	

3.3.8　网络通信模块

网络通信模块 SCM9040 是 TCS-900 系统控制站对外通信的接口，支持 SCnet Ⅳ（实现时间同步、实时数据通信、组态下载、SOE 数据通信、跨系统常规站间通信等功能）、

Modbus TCP 通信（连接第三方 Modbus 设备，支持 Modbus TCP 服务器 / 客户端）、Modbus RTU 通信（连接第三方 Modbus 设备，Modbus RTU 主站 / 从站）和点对点安全站间通信（实现多个安全控制站之间的安全数据共享）。如图 3-11 所示。

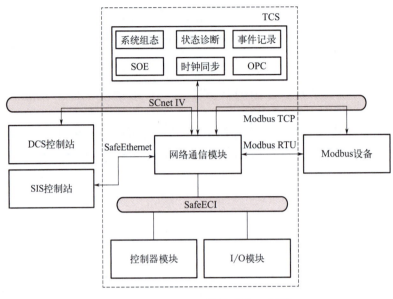

图 3-11　SCM9040 模块功能示意图

在 TCS-900 系统中 SCM9040 是必配模块。SCM9040 若采用冗余配置，则符合以下工作方式。

Modbus RTU 和 Modbus TCP：双卡工作，即工作卡和备用卡同时正常收发数据。

SCnet Ⅳ 和 SafeEthernet：热备冗余，即工作卡正常收发数据，备用卡只接收不发送。

（1）主要功能

❶ 常规节点通信处理：通信模块的常规通信功能包括 SCnet Ⅳ 通信和 Modbus 通信。

❷ 安全站间通信处理：通信模块属于 Peer-to-Peer 安全站间通信黑通道模型中的一个环节，负责 SafeECI 总线和 SafeEthernet 网络的数据转发。

❸ 信息安全功能：通信模块采用双处理器（协议处理器和数据处理器）设计，实现严格的信息安全检测和隔离。在通信模块上设计有两级防火墙，一级防火墙在协议处理器内，二级防火墙在数据处理器内。

❹ 时间同步：通信模块作为控制器的时钟同步源，周期性地向时钟同步服务器（GPS 时间服务器或作为 SNTP 服务器的计算机）请求对时，并在通信模块内部使用定时器来维护一个绝对时间。

❺ 系统事件记录：支持系统诊断软件从网络通信模块中读取系统事件记录。

❻ SOE 记录：TCS-900 系统可滚动存储 SOE 记录。

❼ 冗余切换：在 SCnet Ⅳ 和 SafeEthernet 网中，通信模块的冗余方式为热备冗余，工作卡和冗余卡周期性地进行诊断信息交互，当工作模块检测到自身的故障等级上升后，将自身的诊断信息和备用模块的诊断信息进行比较，若备用模块的故障等级较低，则工作模块和备用模块进行冗余切换。

❽ 带电插拔：模块可带电插拔，插拔过程对系统其他部件无影响。模块在线更换时不需要重新下载组态。

❾ 异构系统集成：TCS-900 通过 SCM9040 与 ECS-700 网络节点连接，实现 TCS-900 与 ECS-700 系统的集成。

控制站 SafeEthernet 和 SCnet Ⅳ 网络地址前两个字段固定，域地址和站地址通过网络通信模块上拨码开关进行配置，域地址范围为 0 ～ 59，站地址范围为 2 ～ 126。

（2）状态指示灯

SCM9040 面板如图 3-12 所示，指示灯说明如表 3-7 所示。

图 3-12　SCM9040 面板指示灯

表 3-7　SCM9040 面板指示灯说明

指示灯	状态	说明
Pass（通道状态）	绿亮	模块通道正常
	红亮	通道故障
	灭	通道掉电
Bus-A（I/O 总线 A 状态）	绿亮	总线 A 正常
	红亮	故障
	灭	模块掉电
Bus-B（I/O 总线 B 状态）	绿亮	总线 B 正常
	红亮	故障
	灭	模块掉电
Bus-C（I/O 总线 C 状态）	绿亮	总线 C 正常
	红亮	故障
	灭	模块掉电
Config（组态状态）	绿亮	组态正常
	红亮	无组态、组态错误或不一致（包括模块类型错误）
	绿闪	瞬态过程（如组态更新）
Work（工作 / 备用状态）	绿亮	模块处于工作状态
	灭	模块处于备用状态
SCnet（常规通信网）	绿亮	SCnet Ⅳ 网通信正常
	红亮	通信故障、地址冲突
Peer-Peer（安全站间通信）	灭	无安全站间通信组态，或者模块掉电
	绿亮	通信正常
	红亮	通信故障、地址冲突

续表

指示灯	状态	说明
TX1（TX2）	绿闪	有 Modbus RTU 数据发送
	灭	无数据发送
RX1（RX2）	绿闪	有 Modbus RTU 数据接收
	灭	无数据接收

（3）网络连接

SCM9040 模块面板上的外部通信接口如图 3-13 所示。

图 3-13　SCM9040 面板通信接口

SCM9040 模块面板上的通信接口包括以下三类。

2 个 10M/100M 点对点安全站间通信安全以太网 SafeEthernet 接口：A、B 网冗余，面板标识为 Peer-Peer。

2 个 10M/100M 信息以太网接口（SCnet Ⅳ 接口 /Modbus TCP 接口）：A、B 网冗余，面板标识为 SCnet。

2 个 RS-485 串行通信接口：Modbus RTU 通信双网冗余，面板标识为 COM1 和 COM2（COM2 可配置为 PPS 接入）。

3.3.9　扩展通信模块

SCM9010 扩展通信模块用于连接主机架和扩展 / 远程机架。通过 SCM9010 的级联结构实现 I/O 总线（即 SafeECI 总线）的物理延伸和扩展。如图 3-14 所示

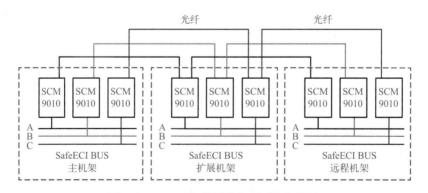

图 3-14　SafeECI 总线的物理延伸和扩展

TCS-900 系统使用三个 SCM9010 模块实现三重化 I/O 总线结构。模块上有 2 个光纤接口，分别通过光纤连接上行和下行机架的扩展通信模块，支持 9/125μm、1310nm 单模光纤。

SCM9010 模块安装于主机架 / 扩展机架的最左侧一列的上、中、下三个插槽中，用于实

现机架级联和扩展机架/远程机架，若不使用扩展/远程机架，该位置须插三个 SCM9020 模块。SCM9020 是总线终端模块，为机架提供地址和终端电阻，因此必须设置拨码地址，设置方式与 SCM9010 一致。

（1）模块特点

具有 WDT 看门狗复位功能，在模块受到干扰而造成软件混乱时能自动复位 CPU，使系统恢复正常运行。模块属于物理连接设备，不进行协议转换。

（2）状态指示灯

SCM9010 模块面板如图 3-15 所示，指示灯说明如表 3-8 所示。

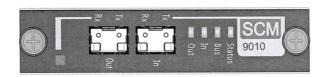

图 3-15　SCM9010 模块面板图

表 3-8　SCM9010 模块指示灯

指示灯	状态	说明
Status	绿亮	硬件正常
	红亮	硬件故障
	灭	断电
Bus	绿亮	总线正常
	红亮	总线故障
	灭	断电
In	绿亮	上行光纤已连接
	灭	上行光纤未连接或损坏
Out	绿亮	下行光纤已连接
	灭	下行光纤未连接或损坏

3.4　组态

3.4.1　组态设计要求

1）I/O 卡件排布原则

卡件根据类型应按照如下顺序排布：DI、DO、AI、AO。

2）位号分配原则

实现三取二、二取一、二取二等功能的 I/O，在卡件数量允许的情况下，宜分配到不同的卡件。

同一端子板中如存在有源、无源等不同类型的信号，宜统一归类和排布。

同一来源的 I/O 测点宜统一归类和排布。

3）位号及变量命名规范

（1）基本要求

位号中不应包含中划线"-"，可包含下划线"_"。TCS-900 系统位号不应超过 24 个字符。位号名中不可包含空格。VxSCADA 位号不应超过 32 个字符。

（2）变量前缀规范

在上、下位机组态时每一个 I/O 变量和中间变量的命名应使用前缀，前缀小写，后续变量名大写。前缀字母的具体定义如表 3-9 所示。

表 3-9　变量前缀定义

前缀	定义	前缀	定义
a	模拟变量输入（REAL）	e	操作变量读 / 写模拟变量（REAL）
d	数字变量输入（BOOL）	k	内存变量模拟量常量（REAL）
c	数字变量输出（BOOL）	i	操作变量模拟变量（模式选择）（INT）
v	模拟变量输出（REAL）	f	内存变量只读数字（BOOL）
r	内存变量模拟变量（REAL）	g	操作变量读 / 写数字（BOOL）

（3）变量命名规范

❶ 模拟量输入（AI）位号的相关变量命名。AI 现场设备位号宜按照如下步骤转换为组态中使用的变量。

首先，转换为仪表位号，设备位号第二位转换为"I"。

其次，报警变量，"f"＋仪表位号第一位＋"A"＋"报警等级代码"＋"_"＋"仪表位号中的数字编号"，根据报警等级不同，一个 AI 变量对应的报警变量可能有多个。

联锁变量，"f"＋仪表位号第一位＋"S"＋"联锁等级代码"＋"_"＋"仪表位号中的数字编号"。

根据报警等级不同，一个 AI 变量对应的报警变量可能有多个。

软旁路变量，"gBP_"＋仪表位号；硬旁路变量，"dBP_"＋仪表位号；若设计资料中已有命名，则在之前增加前缀"gBP"或"dBP_"＋仪表位号。

常用的联锁等级和报警等级如表 3-10 所示。

表 3-10　常用的联锁等级和报警等级

报警 / 联锁等级代码	名称
HH	高高限报警 / 联锁
H	高限报警 / 联锁
L	低限报警 / 联锁
LL	低低限报警 / 联锁

例如现场设备位号为 TE-1101，则：

仪表位号为 TI_1101；

对应组态中的变量名为 aTI_1101；

对应的报警变量为 fTAHH_1101、fTAH_1101、fTAL_1101、fTALL_1101 等；

对应的联锁变量为 fTSHH_1101、fTSH_1101、fTSL_1101、fTSLL_1101 等；

对应的旁路变量为 gBP_TI_1101。

❷ 数字量输入（DI）位号及相关变量。DI 现场设备位号宜按照如下步骤转换为组态中使用的变量。

首先，转换为仪表位号。

其次，仪表类型代码（一般为设备位号中的字母部分）+"报警 / 联锁等级"代码或"开关状态"代码（如表 3-11 所示）+"设备位号中的数字编号"。若原始设备位号中已有报警、联锁灯及或开关状态的代码，则可直接采用设备位号为仪表位号。

表 3-11　开关状态代码

开关状态代码	名称
C	关到位
O	开到位

例如压力开关设备位号为 PS_001，则：

转换成仪表位号，根据其代表的联锁或报警等级或状态可转换成 PSHH_001、PSH_001、PSL_001、PSHH_001；

增加前缀"d"，形成上下位机组态中使用的初始变量 dPSHH_001、dPSH_001、dPSL_001、dPSHH_001。

❸ 数字量输出（DO）位号及相关变量。DO 现场设备位号宜按照如下步骤转换为组态中使用的变量：

添加前缀"c"，形成上下位机组态中使用的初始变量；

添加前缀"fSR_"，形成 SR 寄存器保持变量；

添加前缀"gRST_"，形成软复位变量；

添加前缀"dRST_"，形成硬复位变量；

设计资料中已有命名，则在之前增加前缀"gRST_"或""dRST_"。

例如现场设备位号电磁阀 XV_001，则：

添加前缀"c"，形成上下位机组态中使用的初始变量"cXV_001"；

添加前缀"fSR_"，形成 SR 寄存器保持变量"fSR_XV_001"；

添加前缀"gRST_"，形成软复位变量"gRST_XV_001"。

❹ 备用 I/O 通道位号命名规则。多站的系统备用 I/O 通道位号命名如下。

模拟量输入：NAI010203 描述"备用"。

开关量输入：NDI010203 描述"备用"。

脉冲量输入：NPI010203 描述"备用"。

模拟量输出：NAO010203 描述"备用"。

开关量输出：NDO010203 描述"备用"。

注意：NAI010203 中"01"代表第一个站，"02"代表第二块 AI 卡，"03"代表第三个 I/O 通道。

单站备用 I/O 通道位号命名如下。

模拟量输入：NAI0102 描述"备用"。

开关量输入：NDI0102 描述"备用"。

脉冲量输入：NPI0102 描述"备用"。

模拟量输出：NAO0102 描述"备用"。

开关量输出：NDO0102 描述"备用"。

NAI0102 中"01"代表第一块 AI 卡，"02"代表第二个通道。

❺ 其他常用变量命名。当无其他要求时，安全仪表系统常用变量命名如表 3-12 所示，变量描述如表 3-13 所示。

表 3-12 常用变量命名

命名	描述	命名	描述
dPower_ALM	电源故障报警	fSYS_LOCK	变量被强制
dALM_ACK	硬报警确认（报警确认按钮）	fSYS_HEALTHY	系统综合报警
cALM_LAMP	综合报警灯	fCOMM_A	通信检测
cBUZZER	蜂鸣器	gALM_ACK	软报警确认

表 3-13 变量描述

序号	功能	描述
1	现场 I/O 位号	依据用户提供 I/O 数据表确定
2	旁路开关	********** 软旁路 / 硬旁路
3	复位按钮	********** 复位软按钮 / 复位硬按钮
4	急停按钮	********* 紧急停车按钮
5	报警内存变量	********** 高高限报警
		********** 高限报警
		********** 低限报警
		********** 低低限报警
6	联锁内存变量	********** 高高限联锁
		********** 高限联锁
		********** 低限联锁
		********** 低低限联锁
7	备用点	备用
8	其他	根据实际情况确定，以精简明了为宜

4) SOE 及报警组态要求

下位机需要 SOE 记录的变量、上位机需要事件记录的变量，描述应清晰。

操作旁路开关 OOS、维护旁路开关 MOS 、复位按钮、开关量输入输出 I/O（除报警灯 / 蜂鸣器）、模拟量输入高高 / 低低联锁（fTSHH**， fTSLL**）、电源故障报警（DI）、系统故障报警（DI），这些 I/O 变量和位号必须加入 SOE 记录列表，同时加入报警记录列表。

5) 时钟同步设置要求

SafeContrix 时钟同步设置包含以下几点。

配置 SCM9040 模块，开启时间同步服务器 1 或服务器 2，设置时钟同步服务器 1 的 IP 地址。一般为 172.20.X.Y 网段地址，例如 0.130，则时钟同步服务器为 172.20.0.130 或 172.21.0.130。

配置时钟同步，添加操作站（工程师站）的时钟同步服务器 IP 地址。

配置时钟同步图标，组态重载和手动同步。

时钟同步完成后，SafeManager 显示时钟同步正常，时钟同步图标显示"时钟同步服务器运行中…"。

6) 下位机 IP 设置

A 网 IP 地址设置：172.20. X. Y，例如 172.20.0.2。

B 网 IP 地址设置：172.21. X. Y，例如 172.21.0.2。

X 为域地址（0 ～ 59），地址宜为 0，Y 为站地址（2 ～ 126）。

7) 程序命名

程序命名如表 3-14 所示。

表 3-14　程序命名

序号	程序名	注释
1	ANALOG**	实现旁路设置，报警值、联锁值设定等功能，其中 ** 为序号
2	*******	主要的逻辑控制（包含 DI、AI 报警处理），根据工艺要求命名，以精简为宜
3	ALM**	报警（综合报警、蜂鸣器、报警灯），其中 ** 为序号
4	Sysvars	实现通信检测、系统故障报警，以上信息上传至 HMI 实现报警及显示功能

8) 逻辑功能状态定义

SIS 系统故障安全型逻辑状态说明如下。

正常状态时，输入触点闭合，逻辑置 1；逻辑输出置 1，DO 继电器线圈得电。

故障状态时，输入触点断开，逻辑置 0；输出逻辑置 0，DO 继电器线圈失电。

反馈类信号，动作闭合，即触点为常开触点；动作断开，即触点为常闭触点。

电气类设备，正常状态继电器线圈带电，触点常开常闭根据现场需求而定，故障时继电器线圈去磁，触点动作。

对于联锁按钮选常闭触点，选择开关置位触点闭合；其他按钮、复位按钮以及驱动辅助操作台指示灯的输出信号选择为常开触点。

注意：如果用户提供的控制方案为正逻辑，SIS 系统程序编写时直接输入输出取反即可。

9）旁路开关功能规范

（1）维修旁路开关

维修旁路开关（maintenance override switch，MOS）主要功能是：当仪表故障时，维修工程师可以使用该仪表的 MOS 开关，切除该仪表的联锁功能，然后对该仪表进行检修。

MOS 可以设计为三种方式：在安全仪表系统的操作站设置软开关、在 DCS 操作员站设计软开关、在辅助操作台或机柜中设置硬开关。

维修旁路开关应设置在输入信号通道上，维修旁路开关的动作应设置报警和记录。

在工程设计时，必须考虑 MOS 开关的设计，当输入信号采用 2oo3 时，维修工程师对其中一个仪表进行 MOS，剩余的 2 台仪表是采用 2oo2 还是 1oo2，需要设计院提供方案。这当中的主要差异在于是侧重可用性还是可靠性，当采用 2oo2 时，主要侧重可用性，当采用 1oo2 时，主要侧重可靠性。同一个仪表位号只允许设置一个 MOS 开关。报警信号不能被旁路。

当在 DCS 操作站画面上的 MOS 软开关启动时，应有来自 SIS 控制器的回馈信号指示，以确认旁路已经执行。

（2）操作旁路开关

操作旁路开关（operation override switch，OOS）的设计主要是针对一些参与联锁的模拟量输入信号，例如在开工阶段，有些参数本身是无法满足条件的，比如流量低停泵，但在开车阶段，必须是要先开泵才有流量，这时就要对流量进行旁路。

OOS 可以设计为三种方式：在安全仪表系统的操作站设置软开关、在 DCS 中的操作员站设计软开关、在辅助操作台或机柜中设置硬开关。

3.4.2 TCS-900 系统组态界面

（1）TCS-900 系统软件构成

TCS-900 系统软件包由系统组态软件、系统诊断软件、SOE 软件、时钟同步软件、OPC 服务器和监控软件等组成，如表 3-15 所示。

表 3-15　TCS-900 系统软件

名称	内容
系统组态软件 SafeContrix	硬件组态、变量管理、控制方案组态、用户权限管理、编译下载、联机调试、控制器状态切换、仿真控制器
SOE 软件	SOE 服务器 SupSOE、SOE 浏览器 SOEBrowser
时钟同步软件 TimeSync	时钟同步管理
系统诊断软件 SafeManager	模块状态诊断查看、事件记录查看、试灯
监控软件	VF-SISPatch 监控软件、VxSCADA 监控软件、iFix 监控软件
OPC 服务器	对外提供系统数据

（2）TCS-900 系统项目组态流程

项目组态主要工作流程如图 3-16 所示。

❶ 工程设计。工程设计包括测点清单设计、对象控制方案设计、系统控制方案设计、流程图设计以及相关设计文档编制等。

工程设计是系统组态的依据，只有在完成工程设计之后，才能动手进行系统的组态。

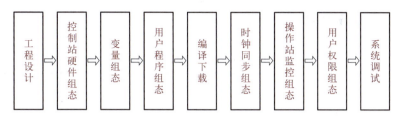

图 3-16 TCS-900 系统组态流程

❷ 控制站硬件组态。根据 I/O 模块布置图及测点清单的设计要求在硬件配置软件中完成控制器模块、通信模块和 I/O 模块的组态。

❸ 变量组态。在变量管理中进行。主要根据测点清单的设计要求，完成 I/O 位号的组态；根据工程设计要求，定义上下位机间交互所需的变量；根据用户程序的需要，定义程序页间交互的变量。

❹ 用户程序组态。通过 FBD 或者 LD 等编程语言实现控制方案的要求。

❺ 编译下载。对组态内容进行编译，并将控制站运行需要的信息全部下载到对应控制器中。

❻ 时钟同步组态。设置控制站等 SCnet IV 网络节点的时钟同步。

❼ 操作站监控组态。通过监控软件进行监控点数据和画面组态。

❽ 用户权限组态。为系统用户配置操作权限。

❾ 系统调试。系统调试可检查系统各种工作状态是否符合设计要求。调试内容包括测点位号调试和用户程序调试。

（3）组态界面

安装 SafeContrix 软件后，可以通过新建工程或打开已有工程的方式启动 SafeContrix 软件。启动 SafeContrix 软件后，将显示如图 3-17 所示的 SafeContrix 软件初始画面。

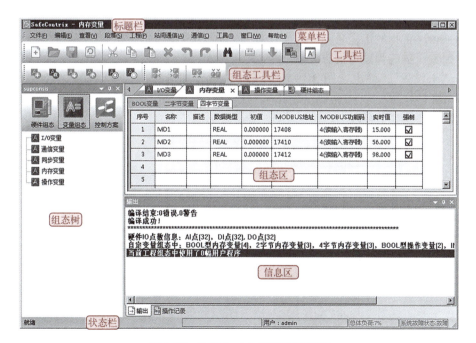

图 3-17 SafeContrix 软件初始画面

SafeContrix 界面各个区域的具体说明见表 3-16。

表 3-16　SafeContrix 画面区域说明

区域	说明
标题栏	SafeContrix 软件的标题栏，用来显示当前组态内容，如"硬件组态"
菜单栏	包含了工程组态中使用的所有菜单命令
工具栏	包含了工程组态中的常用命令
组态工具栏	根据当前组态的项目，显示不同的组态工具图标
组态树	导航栏提供了 SafeContrix 组态中需要的各个功能模块，主要包括： 硬件组态，对 TCS-900 系统的硬件进行组态； 变量组态，管理硬件 I/O 模块对应的位号、创建并管理内存变量和操作变量； 控制方案，创建并编辑 TCS-900 系统需要的控制方案，在控制方案中可以使用自定义函数、自定义功能块和用户程序
组态区	在组态区中完成硬件组态、控制方案等具体功能的配置
信息区	在信息区中显示工程的输出信息（如调试的错误提示等）、操作记录和位号引用信息
状态栏	在状态栏中显示工程的状态信息及当前登录的用户信息

3.4.3　新建项目

进入系统组态界面前，需要先创建一个新项目。打开安全控制系统组态软件 SafeContrix，点击新建工程，输入工程名称和工程路径，设置管理员账号，如图 3-18、图 3-19 所示。项目文件建议存放在 D 盘中。

（1）配置工程的基本属性

SafeContrix 工程的工程名支持中文、英文（不区分大小写）、数字及特殊符号。

（2）配置工程的管理员信息

单击"未设置"，弹出如图 3-19 所示的"设置管理员账户"对话框。在对话框中设置"用户名"和"密码"。其中密码必须由大写字母、小写字母、数字和特殊字符中的 2 种构成，且长度范围为 8 字符以上。

图 3-18　新建工程
（图中"帐号"应为"账号"）

图 3-19　"设置管理员账号"对话框
（图中"帐户"应为"账户"）

工程创建完成后，将以配置的管理员账号登录刚创建的 SafeContrix 工程，默认情况下，用户名为 admin，密码为 SUPCONTCS900。

3.4.4 硬件组态

新项目建立后，在工程视图中双击硬件组态下的主机架型号，弹出控制站硬件组态界面，如图 3-20 所示。

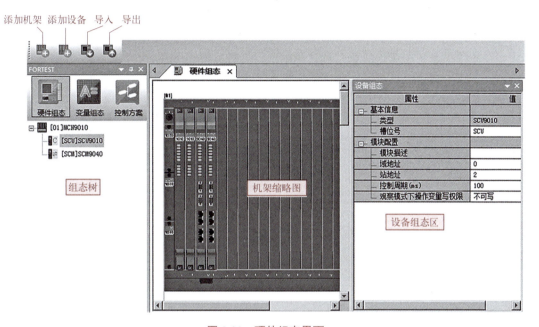

图 3-20 硬件组态界面

硬件组态界面主要包括 7 个部分，下面列出了各个部分的具体说明。

添加机架：用来添加扩展机架或远程机架。

添加设备：用来添加 I/O 模块。

导入：导入 CSV/XLS/XLSX 格式的硬件组态信息。

导出：导出当前的硬件组态信息为 CSV/XLS/XLSX 文件。

组态树：显示当前工程配置的各个主要节点。

机架缩略图：用来查看当前机架的设备配置情况。

设备组态区：用来配置机架及设备的详细信息。

组态软件创建新项目后，系统自动完成主机架 MCN9010、控制器及通信模块的添加，可根据需要进行其属性设置。

（1）配置主机架及缺省设备

主机架必须配置控制器及网络通信模块，并通过网络通信模块与扩展机架进行数据通信。默认情况下，SafeContrix 工程中已经为 TCS-900 系统配置了一个主机架 MCN9010。主机架的机架号等属性均不能修改。

❶ 配置控制器。控制器是安全控制站的核心处理单元，用来执行关键处理和安全控制任务。SafeContrix 工程支持两种控制器，分别是 SCU9010 和 SCU9020。

在 SafeContrix 工程中控制器（SCU9010 或 SCU9020）默认在主机架的 01 号槽位上，控制器其他属性的配置步骤如下。

　　a. 在硬件组态树中选中节点"MCU9010 → SCU9010 或 SCU9020"。

　　b. 在"设备组态"区域显示控制器的配置信息，如图 3-21 所示。

　　控制器的属性由"基本信息"和"模块配置"两部分构成。其中"基本信息"部分不能更改，"模块配置"部分参考手册。

　　c. 保存配置。

　　❷ 配置通信模块。通信模块用于实现控制站间的通信和与其他系统的通信。

SafeContrix 工程支持两种通信模块，分别是 SCM9040 和 SCM9041。

　　在 SafeContrix 工程中通信模块的配置步骤如下。

　　a. 在硬件组态树中选中节点"MCU9010 → SCM9040 或 SCM9041"。

　　b. 在"设备组态"区域显示通信模块的配置信息，如图 3-22 所示。

属性	值
基本信息	
类型	SCU9010
槽位号	SCU
模块配置	
模块描述	
域地址	0
站地址	2
控制周期(ms)	100
观察模式下操作变量写权限	不可写

图 3-21　控制器配置信息

属性	值
基本信息	
类型	SCM9040
槽位号	SCM
模块配置	
模块描述	
SCNET	
A网	
IP地址	172.20.0.2
B网	
IP地址	172.21.0.2
时间同步	
服务器1同步模式	关闭
服务器1地址	0.254
服务器2同步模式	关闭
服务器2地址	1.254
Modbus TCP服务器	
A端口	
服务启用	OFF
B端口	
服务启用	OFF
COM1	
功能	关闭
COM2	
功能	关闭

图 3-22　通信模块的配置信息

通信模块的基本信息不能更改，其他信息的配置方法请参考手册。

　　c. 保存配置。

（2）添加扩展 / 远程机架

一个 TCS-900 控制站最多能配置 7 个扩展 / 远程机架 MCN9020，每个扩展 / 远程机架可安装 10 对冗余 I/O 模块，I/O 模块固定为冗余配置，占相邻 2 个槽位。

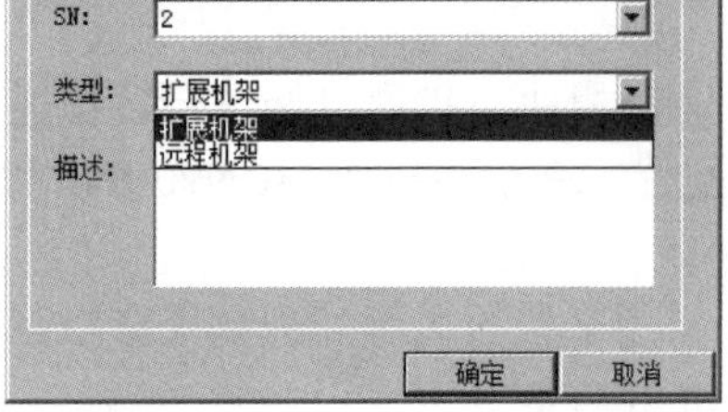

　　通过以下步骤，可以在 SafeContrix 工程中添加扩展 / 远程机架。

　　a. 在硬件组态界面中，右键单击机架缩略图的空白处。

　　b. 在右键菜单中选择"添加机架"或者在工具栏中选择快捷图标，弹出如图 3-23 所示的"添加机架"对话框。

图 3-23　"添加机架"对话框

　　c. 配置机架参数。

（3）添加并配置 I/O 设备

TCS-900 系统中支持的 I/O 设备包括 SDI9010、SDO9010、SAI9010、SAI9020-H、SAO9010-H 和 SPI9010。

在 TCS-900 系统中，主机架上可以配置 10 个设备（包括 1 对控制器、1 对通信模块和 8 对 I/O 设备），在主机架中双击空 I/O 槽位，在弹出的对话框中添加所需的 I/O 模块。

a. 在硬件组态树中选中节点"MCN9020 或 MCN9010"。

b. 在右键菜单中选择"添加设备"或者在工具栏中选择 ，弹出如图 3-24 所示的"添加设备"对话框。

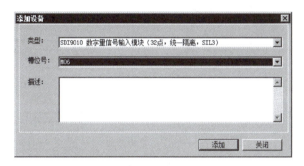

图 3-24 "添加设备"对话框

c. 配置设备参数。

机架中添加 I/O 模块后，将在组态区弹出模块属性组态界面，界面分"设备组态"页和"信号点组态"页，可在设备组态页配置模块的基本属性，在信号点组态页设置信号点使能。以 AI 模块为例，设置界面如图 3-25 所示。

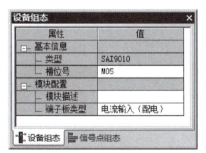

图 3-25 I/O 模块属性设置界面

双击 AI 模块或双击硬件组态界面中信号点组态的编号，弹出如图 3-26 所示的"AI 信号点设置"对话框。

3.4.5 变量组态

（1）变量类型

❶ I/O 变量。I/O 设备中各信号点对应的变量，与系统的硬件配置相关。

❷ 内存变量。应用在控制方案的程序中，负责程序内部的数据转换等操作。SafeContrix 工程内定义的内存变量可以应用在工程内的控制方案中，但是不允许作为 FBD 的顺控步号。内存变量支持用户程序的读写操作。

❸ 操作变量。在系统运行状态下可以通过调用功能块面板等方式来实现对参数的设置。SafeContrix 工程内定义的操作变量可以应用在工程内的所有控制方案，但是不允许作为 FBD 的顺控步号。操作变量仅支持用户程序的读写操作。

AI信号点设置-CH1 AI_1_5_1
CH1 AI_1_5_1
CH2 AI_1_5_2
CH3 AI_1_5_3
CH4 AI_1_5_4
CH5 AI_1_5_5
CH6 AI_1_5_6
CH7 AI_1_5_7
CH8 AI_1_5_8
CH9 AI_1_5_9
CH10 AI_1_5_10
CH11 AI_1_5_11
CH12 AI_1_5_12
CH13 AI_1_5_13
CH14 AI_1_5_14
CH15 AI_1_5_15
CH16 AI_1_5_16
信号点启用
信号点参数
信号类型:
(4~20)mA (配电)
滤波时间:
60ms
工程量上限:
100
工程量下限:
0
单位:
%
小数位数:
3
信号点位号
启用
位号名称
数据类型
位号描述
AI_1_5_1
REAL
AI_1_5_1_RAW
INT
AI_1_5_1_QLT
BOOL
AI_1_5_1_LF
INT
信号阈值
短路故障检测
传感器故障检测（输出高）
传感器故障检测（输出低）
开路故障检测
电量程上限:
24
mA
短路阈值限(T6):
22
超量程上限(T5):
20.8
量程上限(T4):
20
量程下限(T3):
4
超量程下限(T2):
3.2
开路阈值限(T1):
2
电量程下限:
0
短路
传感器高故障
超高限
正常采样
超低限
传感器低故障
开路
电量程上限
T6
T5
T4
T3
T2
T1
电量程下限
将当前信号点恢复为默认设置
关闭

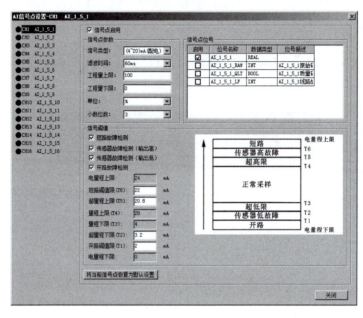

图 3-26 “AI 信号点设置”对话框

❹ 通信变量。当控制器类型为 SCU9020 时，系统支持通信变量。通信变量是通过对 SCM9041 进行 MODBUS 通信组态来添加的。

❺ 同步变量。当控制器类型为 SCU9020 时，系统还支持同步变量。

(2) MODBUS 地址规则

TCS-900 系统通过 MODBUS 通信，将位号信息传递给 DCS。因此，在 SafeContrix 软件中为每个位号分配了一个 MODBUS 地址，该地址自动生成，不可修改。

在变量组态界面中可以查看位号的 MODBUS 地址和功能码，如图 3-27 所示。

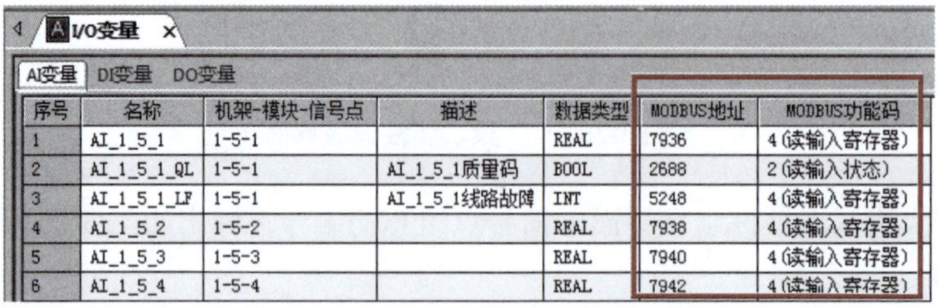

I/O变量
AI变量
DI变量
DO变量
序号
名称
机架-模块-信号点
描述
数据类型
MODBUS地址
MODBUS功能码
1 AI_1_5_1 1-5-1 REAL 7936 4(读输入寄存器)
2 AI_1_5_1_QL 1-5-1 AI_1_5_1质量码 BOOL 2688 2(读输入状态)
3 AI_1_5_1_LF 1-5-1 AI_1_5_1线路故障 INT 5248 4(读输入寄存器)
4 AI_1_5_2 1-5-2 REAL 7938 4(读输入寄存器)
5 AI_1_5_3 1-5-3 REAL 7940 4(读输入寄存器)
6 AI_1_5_4 1-5-4 REAL 7942 4(读输入寄存器)

图 3-27 I/O 变量的 MODBUS 地址及功能码

各类型变量的 MODBUS 地址范围及 MODBUS 的数据类型可查询手册。

(3) 变量组态界面

以内存变量为例，说明变量组态的界面。

在 SafeContrix 组态树中选择“变量组态→内存变量”，在右侧将显示变量组态界面，如图 3-28 所示，变量管理界面说明如表 3-17 所示。

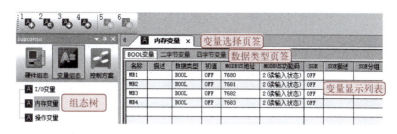

图 3-28 变量组态界面

表 3-17 变量管理界面说明

属性名	说明
组态树	显示当前工程配置的各个主要节点
添加位号	图 3-28 中标号 1 对应的控件。 只有选择变量类型为内存变量和操作变量时，该控件生效。 单击该控件，将生成指定类型的变量
查找位号	图 3-28 中标号 2 对应的控件。 只有选择变量类型为内存变量和操作变量时，该控件生效。 单击该控件，将弹出位号选择对话框，可以根据需要查找位号
导入位号	图 3-28 中标号 3 对应的控件。 只有选择变量类型为内存变量和操作变量时，该控件生效。 单击该控件，将导入 CSV 文件中的位号
导出位号	图 3-28 中标号 4 对应的控件。 只有选择变量类型为内存变量和操作变量时，该控件生效。 单击该控件，将导出当前所选类型的位号配置信息
显示强制位号	图 3-28 中标号 5 对应的控件。单击该控件，将显示工程中的强制位号
取消强制	图 3-28 中标号 6 对应的控件。单击该控件，将取消显示工程中的强制位号

（4）配置变量

❶ I/O 变量。SafeContrix 中的 I/O 变量与 TCS-900 系统中的 I/O 信号点相对应。在 SafeContrix 中完成硬件组态后，系统将自动生成 I/O 变量。自动生成的 I/O 变量包括变量名、位置、描述、数据类型属性，这些属性均不能在变量管理操作中修改。如果需要修改变量名、位置、描述、数据类型，则需要修改硬件组态。

I/O 变量应用在控制方案的程序中，负责程序外部的数据输入、输出等操作。SafeContrix 工程内的 I/O 变量可以应用在工程内的所有控制方案中。

在组态树中选中节点"变量组态→ I/O 变量"，组态区中将显示 I/O 变量列表，可以查看工程内的 I/O 变量信息。如图 3-29 所示。

❷ 内存变量。内存变量的管理主要包括查看内存变量、添加内存变量、配置内存变量等。内存变量支持用户程序的读写操作及联机下的强制。

SafeContrix 支持 BOOL 型、INT 型、WORD 型、DINT 型、UDINT 型、DWORD 型和 REAL 型的内存变量。

在组态树中选中节点"变量组态→内存变量"，"组态区"将显示内存变量。默认显示

BOOL 型内存变量，如图 3-30 所示。

AI变量 AO变量 DI变量 DO变量 PI变量

序号	名称	机架-模块-信号点	描述	数据类型	MODBUS序号	MODBUS功能码	SOE	SOE描述	SOE分组
1	PI_1_7_1	1-7-1		REAL	8067	4(读输入寄存器)			
2	PI_1_7_2	1-7-2		REAL	8069	4(读输入寄存器)			
3	PI_1_7_3	1-7-3		REAL	8071	4(读输入寄存器)			
4	PI_1_7_4	1-7-4		REAL	8073	4(读输入寄存器)			
5	PI_1_7_5	1-7-5		REAL	8075	4(读输入寄存器)			
6	PI_1_7_6	1-7-6		REAL	8077	4(读输入寄存器)			
7	PI_1_7_7	1-7-7		REAL	8079	4(读输入寄存器)			
8	PI_1_7_8	1-7-8		REAL	8081	4(读输入寄存器)			
9	PI_1_7_9	1-7-9		REAL	8083	4(读输入寄存器)			
10	PI_2_1_1	2-1-1		REAL	8323	4(读输入寄存器)			
11	PI_2_1_2	2-1-2		REAL	8325	4(读输入寄存器)			
12	PI_2_1_3	2-1-3		REAL	8327	4(读输入寄存器)			
13	PI_2_1_4	2-1-4		REAL	8329	4(读输入寄存器)			
14	PI_2_1_5	2-1-5		REAL	8331	4(读输入寄存器)			
15	PI_2_1_6	2-1-6		REAL	8333	4(读输入寄存器)			
16	PI_2_1_7	2-1-7		REAL	8335	4(读输入寄存器)			
17	PI_2_1_8	2-1-8		REAL	8337	4(读输入寄存器)			
18	PI_2_1_9	2-1-9		REAL	8339	4(读输入寄存器)			

图 3-29 “I/O 变量”示例图

内存变量 ×

BOOL变量 二字节变量 四字节变量

序号	名称	描述	数据类型	初值	MODBUS地址	MODBUS功能码	SOE	SOE描述	SOE分组
1	MB1		BOOL	OFF	7680	2(读输入状态)	OFF		
2	MB2		BOOL	OFF	7681	2(读输入状态)	OFF		
3	MB3		BOOL	OFF	7682	2(读输入状态)	OFF		
4	MB4		BOOL	OFF	7683	2(读输入状态)	OFF		

图 3-30 “内存变量”示例图

添加 / 配置内存变量的步骤如下。

a. 在组态树中选中节点“变量组态→内存变量”。

b. 在“数据类型”页签中选择变量的数据类型，选中后“变量显示列表”将显示指定类型的变量。

c. 单击快捷键或在右键菜单中选择“添加变量”命令，将在“变量显示列表”中添加新的内存变量。

d. 在“变量显示列表”中选择一个变量。

e. 双击需要配置的变量属性，使其处于可编辑状态后进行修改。

修改“名称”“描述”“数据类型”和“初值”时，直接在文本框中输入新的变量信息。

修改“SOE”属性时，在下拉列表中选择“ON”或“OFF”。

f. 保存当前配置信息。

❸ 操作变量。操作变量的管理主要包括查看操作变量、添加操作变量、配置操作变量等。

操作变量支持用户程序的读写操作。SafeContrix 支持 BOOL 型变量、INT 型变量、REAL 型变量和 BOOL 变量扩展。

在组态树中选中节点“变量组态→操作变量”，“组态区”将显示操作变量。默认显示 BOOL 型操作变量，如图 3-31 所示。

通过以下步骤来添加 / 配置操作变量。

a. 在组态树中选中节点“变量组态→操作变量”。

b. 在“数据类型”页签中选择变量的数据类型，选中后“变量显示列表”将显示指定类型的变量。

　　c. 单击或在右键菜单中选择"添加变量"，将在"变量显示列表"中添加新的操作变量。

　　d. 在"变量显示列表"中选择一个变量。

　　e. 双击需要配置的变量属性，使其处于可编辑状态后进行修改。

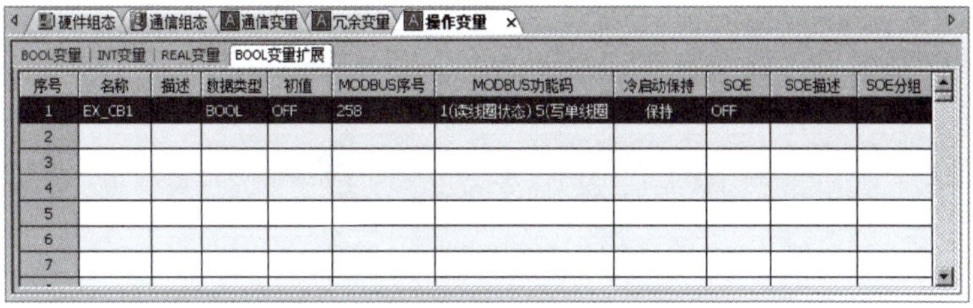

图 3-31　"操作变量"示例图

　　修改"名称""描述""数据类型"和"初值"时，直接在文本框中输入新的变量信息。

　　修改"SOE"属性时，在下拉列表中选择"ON"或"OFF"。

　　修改"冷启动保持"属性时，在下拉列表中选择"保持"或"不保持"。

　　f. 保存当前配置信息。

（5）导入/导出变量

❶ 导入变量。通过以下步骤，可以按变量类型将 CVS/XLS/XLSX 文件中的变量导入到 SafeContrix 工程中。

　　a. 在组态树中选中节点"变量组态→内存变量、操作变量或同步变量"。

　　b. 单击组态工具栏中的导入按钮，弹出"打开"对话框。

　　c. 选择需要导入的 CSV/XLS/XLSX 文件，单击"打开"导入 CSV 文件中包含的变量。

　　导入过程中，如果 CSV/XLS/XLSX 文件中包含了配置错误的变量，则弹出如图 3-32 所示的"变量导入失败！"提示对话框。其中包含了错误变量的信息，请根据提示信息修改变量属性后再导入。

图 3-32　"变量导入失败！"示例

　　d. 单击"导入"，弹出"导入成功"提示框。

　　e. 单击"确定"，变量显示列表中将显示 CSV/XLS/XLSX 源文件中的位号配置信息。

❷ 导出变量。通过以下步骤，可以将 SafeContrix 工程中配置的变量按类型导出到 CSV 文件中（有 CSV、XLS、XLSX 三种文件类型可选）。

　　a. 在组态树中选中节点"变量组态→内存变量、操作变量或同步变量"。

　　b. 单击组态工具栏中的导出按钮，弹出"另存为"对话框。

c. 选择导出的 CSV 文件所在的路径并输入文件名，单击"保存"。

d. 弹出"导出成功"提示框，单击"确定"完成变量的导出。

导出 CSV 文件成功后，可以按照导出路径查看 CSV 文件。如图 3-33 所示的 CSV 文件是操作变量的导出文件。

BOOL变量	序号	变量名称	描述	数据类型	初值	MODBUS序	冷启动保	SOE	SOE描述	SOE分组
	1	CB1		BOOL	OFF	0	ON	OFF		
	2	CB2		BOOL	OFF	1	ON	OFF		
	3	CB3		BOOL	OFF	2	ON	OFF		
INT变量	序号	变量名称	描述	数据类型	初值	MODBUS序	冷启动保持			
	1	CI1		INT	0	0	ON			
	2	CI2		INT	0	1	ON			
	3	CI3		INT	0	2	ON			
REAL变量	序号	变量名称	描述	数据类型	初值	MODBUS序	冷启动保持			
	1	CR1		REAL	0	128	ON			
	2	CR2		REAL	0	130	ON			
	3	CR3		REAL	0	132	ON			

图 3-33　变量导出文件示例图

3.4.6　控制方案组态

控制方案组态分为三种类型：编写自定义函数、编写自定义功能块、编写用户程序。

自定义函数只能用 ST 语言编写。自定义功能块可从 FBD、LD、ST 三种语言中选用一种进行编写。用户程序可从 FBD、LD 两种语言中选用一种进行编写。

编写用户程序步骤如下。

❶ 单击"控制方案"图标，进入控制方案组态树。

❷ 在组态树中选中节点"用户程序"并在右键菜单中选择"添加程序"，弹出如图 3-34 所示的"添加用户程序"对话框。

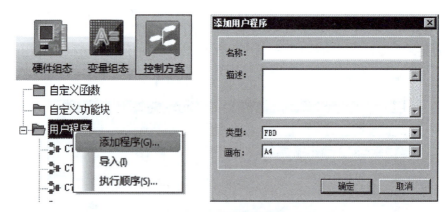

图 3-34　添加用户程序

❸ 选择程序类型，填写用户程序的名称、描述等属性。

在"名称"中输入程序名、在"描述"中输入程序的说明、在"类型"下拉框中选择"FBD"（或 LD）、在"画布"下拉框中可选择"A3"或"A4"。

❹ 单击"确定"，完成 FBD 用户程序的创建。

创建 FBD 用户程序后，组态界面自动跳转到新建的 FBD 用户程序编程区，如图 3-35 所示。

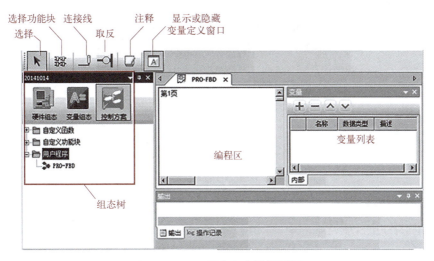

图 3-35　FBD 用户程序编辑界面

编写自定义功能块时，如果使用的函数启用了 EN/ENO 引脚，则要求相连的函数、功能块之间遵循以下规则之一。

规则 1：所有函数都不启用 EN/ENO 引脚，如图 3-36 所示。

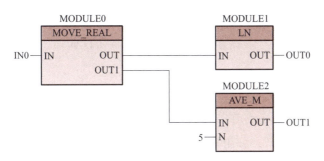

图 3-36　函数不启用 EN/ENO 引脚

规则 2：所有函数都启用 EN/ENO 引脚时，应串联连接 EN/ENO 引脚，如图 3-37 所示。

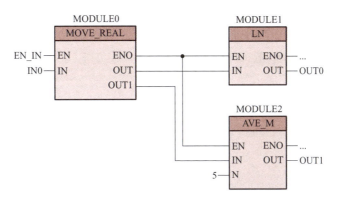

图 3-37　函数启用 EN/ENO 引脚

规则 3：通过内部函数中转，即将上游函数的输出引脚值连接到内部变量，再通过内部变量连接到下游函数或功能块的输入引脚，如图 3-38 所示。

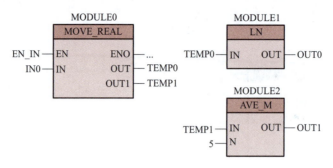

图 3-38　内部函数连接

3.4.7　网络通信组态

（1）TCS-900 系统网络通信功能

❶ 实现控制站与操作站 / 工程师站通信功能。通过 SCnet Ⅳ网络与安装在操作站、工程师站上的软件进行数据通信；组态软件对控制站进行组态下载和组态调试；网络通信模块将实时数据发布，监控软件对控制站进行实时数据监控；故障诊断软件 /SOE 管理软件通过该功能读取诊断数据 /SOE 记录。

❷ 常规站间通信功能。与其他非安全系统（例如 DCS）控制站的站间数据通信。

❸ 安全站间通信功能。通过 SafeEthernet 网络实现安全控制站间的数据通信。

❹ Modbus 通信功能。与第三方设备进行 Modbus 协议通信，支持 Modbus RTU Slave，支持 Modbus TCP Server。

（2）安全站间通信组态

安全站间通信需完成三个环节的组态：发送站组态、接收站组态和编程组态。

❶ 发送站组态。在工程师站打开拟发送数据的项目组态，点击菜单命令"站间通信→安全站间通信→发送站组态"，弹出发送站组态界面，填入发送数据位号及接收目标控制站地址（只填 IP 地址后两位），如图 3-39 所示。

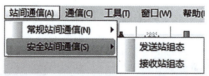

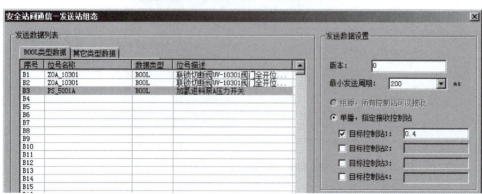

图 3-39　发送站组态

❷ 接收站组态。在工程师站打开拟接收数据的项目组态，点击菜单命令"站间通信→安全站间通信→接收站组态"，弹出接收站组态界面，设置源控制站地址（只设置后两位地址），如图 3-40 所示。

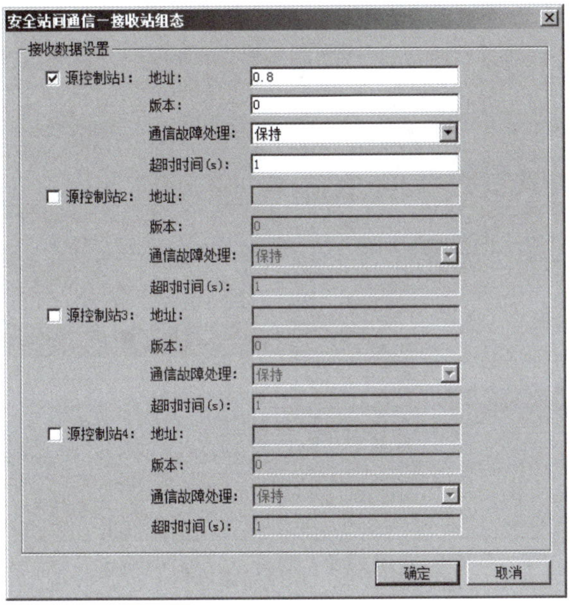

图 3-40 接收站组态

地址：源控制站地址。

版本：发送站的版本必须与接收站的版本一致。

通信故障处理："保持"表示超时时间内未接收到新的安全站间数据时保持当前安全数据的数值，"故障安全值"表示超时时间内未接收到新的安全站间数据时设置安全数据为系统定义的"故障安全值"。

超时时间：1 ～ 60s。

❸ 接收站编程组态。控制站引用其他站点的位号数据需要通过编程引用。在接收站项目组态界面中，打开编程画面，编制数据接收程序，如图 3-41 所示。图中 MOVE 功能块输入脚连接位号数据类型为 BOOL 量时，位号格式为"BOOL+ 发送数据编号 +@+ 发送站地址（域地址和站地址）"。INT 数据类型功能块位号格式为"INT+ 发送数据编号 +@+ 发送站地址（域地址和站地址）"。"发送数据编号"是指图 3-39 中序号列除去字母后的数字。功能块输出脚连接本站自定义变量。

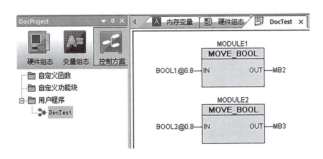

图 3-41 接收站编程组态

（3）编译下载

控制器组态下载前，须先执行系统编译。

点击菜单命令"工程→编译"或点击快捷键图符按钮，组态平台将显示编译过程信息提示，编译结束后，将在输出信息栏显示编译结果信息，如图 3-42 所示。

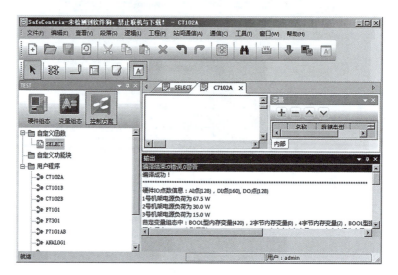

图 3-42　编译结果信息

编译成功后执行组态下载操作，下载前先检查以下内容：

❶ 检查工程师站及控制站地址是否正确（要求工程师站的站地址为 129 ～ 253，子网掩码为 255.255.0.0，控制站的站地址为 2 ～ 126，默认网关可不设置）；

❷ 用"ping"命令检查工程师站与控制站是否已正确连接。

点击菜单命令"通信→下载"或者工具栏上的下载按钮，弹出"下载"对话框，如图 3-43 所示。

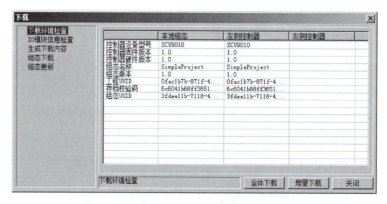

图 3-43　组态"下载"对话框

3.4.8　联机调试

联机调试前，要求将控制器设置为"RUN"状态。点击菜单命令"通信→控制器状态"，弹出控制器状态设置框，点击"RUN"命令按钮，将控制器切换到"RUN"状态。

如图 3-44 所示。

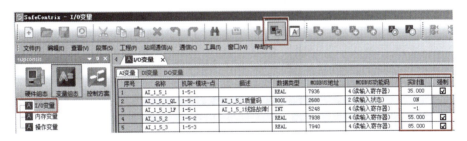

图 3-44　控制器状态切换

当上下位机组态一致时，在如图 3-45 所示的组态界面中点击"联机调试"按钮即可进行联机调试。

强制操作方法如下：

❶ 启动组态软件，打开变量显示界面；

❷ 点击联机调试按钮，进入联机调试状态；

❸ 在变量显示界面中的"强制"列下针对相关位号设置强制使能；

❹ 在"实时值"列设置强制值。

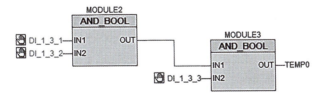

图 3-45　变量强制操作示意图

联机调试状态下，程序编辑界面中的 BOOL 量通过其连接线的颜色变化表示实时值，具体的颜色根据"工程→工程设置"中配置的 ON/OFF 颜色显示。默认情况下，红色表示 OFF，绿色表示 ON。如图 3-46 所示。

图 3-46　联机调试状态下的程序编辑界面

处于强制状态的位号，如果在用户程序中被引用，则位号旁会出现手形提示。

控制器在处于 ENG 和 ADM 操作权限模式下时，支持对输入位号、输出位号及内存变量实时值的强制和解强制。组态软件向控制器发送强制使能标志和强制值。

对于输入位号（DI 和 AI），当处于强制状态时，控制器在 I/O 输入处理阶段不更新该位号点的实时值。控制器接收来自上位机的写强制值命令，将强制值更新至输入位号。

对于输出位号（DO），当处于强制状态时，控制器在 I/O 输出处理阶段将强制值下发给 I/O 模块，该强制值不受用户程序的影响。对于内存变量，当处于强制状态时，变量强制值不受用户程序的影响。

任何人在使用强制功能时，都应充分认识到强制 I/O 位号或内存变量将会对被控过程有什么影响，特别是对安全性的影响。操作人员有责任确保已存在的强制状态不会危及功能安全。

系统允许在存在 I/O 位号强制或内存变量强制的状态下切换到"MON"模式。但是，强烈推荐用户在将系统切换到"MON"模式前，解除所有已强制的 I/O 位号和内存变量，使系统所有的安全功能处于正常运行状态。

3.5 TCS-900 系统维护

系统维护须根据设备运行状况并结合工艺要求进行。

3.5.1 预防维护

正确的预防维护任务包括识别和更换有缺陷的模块和其他组件。预防维护项目如表 3-18 所示。

表 3-18 预防维护项目

预防维护项目	时间间隔
检查 LED 状态并处理相应故障	每天
检查保险丝	3 个月
检查连线端子	3 个月
检查接插件连接状态	3 个月
污染、常规条件和环境保护检查	3 个月
检查接地连接	3 个月
AI 模块校正	2 年
DI 模块校正	3 年
Proof Test Interval	5 年

3.5.2 系统诊断

通过 SafeManager 软件可查看系统控制站运行状态的实时诊断信息、事件记录信息，对控制站模块执行试灯操作。

SafeManager 软件功能及操作说明参见使用手册。

通过控制器模块、通信模块和 I/O 模块等的面板指示灯可查看控制站运行状态，当发生系统故障时，对应模块指示灯产生变化，指示故障原因。

系统故障分为内部故障和外部故障。

内部故障指 TCS-900 系统内部发生的故障，包括各个通道的硬件故障、组态参数故障、总线故障等几类，并分别用 Pass 灯、Config 灯、Bus 灯、VBus 灯指示故障。当任何一个灯亮红色时，应及时排查故障，根据需要及时更换模块。

外部故障指 TCS-900 系统以外的故障，例如现场信号回路的开路、短路和变送器故障等。每个输入信号对应一个故障指示灯。当任何一个外部故障灯亮红色时，需要检查外部线路是否存在故障，例如配电电源故障、线路开 / 短路、变送器故障等。

3.5.3 更换卡件

更换卡件步骤如表 3-19 所示。

表 3-19 更换卡件步骤

卡件	更换步骤
更换控制器模块	①查看控制器面板指示灯及控制器状态诊断画面，确认是控制器模块故障 ②若控制器为冗余配置，则拔出故障模块，插入新的同型号版本控制器模块 ③查看新插入模块的面板指示灯及模块状态诊断画面，确认新插入的控制器模块工作正常
更换电源模块	①确认电源模块确实存在故障 ②确认其冗余的电源模块工作正常 ③切断故障电源模块的交流电源 ④拆卸故障电源模块 ⑤安装新电源模块 ⑥连接交流电源 ⑦上电检查
更换 I/O 模块	①检查确认 I/O 模块故障 ②冗余配置情况下，直接拔除故障模块 ③在原插槽中插入新的同型号版本模块 ④检查新插入模块指示灯及软件诊断画面，确认新模块工作正常
更换扩展通信模块	①检查确认扩展通信模块故障 ②有机架互联的情况下，拆除故障模块的通信电缆 ③拔下故障模块 ④在新模块上设置与故障模块相同的机架地址 ⑤将新模块插入机架 ⑥在新模块中插入通信电缆 ⑦检查新插入模块指示灯及软件诊断画面，确认新模块工作正常
更换网络通信模块	①检查确认通信模块故障 ②检查确认故障模块处于备用状态且工作模块状态正常 ③拆除故障模块通信电缆 ④拔下故障模块 ⑤在要插入的新模块上设置与故障模块相同的网络地址 ⑥将新模块插入机架 ⑦在新模块中插入通信电缆 ⑧检查新插入模块指示灯及软件诊断画面，确认新模块工作正常

3.5.4 应用注意事项

❶ 禁止机架地址重复。上电前应检查机架地址编码是否正确。

❷ 系统正常运行期间，禁止插拔 I/O 模块与端子板之间的 DB 线。

❸ 系统上电前，应检查端子板是否与 I/O 信号类型组态匹配，防止端子板选型及接线错误。

❹ 电源模块输出电压超限时，控制站模块将自动切断模块电源。维护人员应及时检查电源故障原因，更换故障电源模块。

❺ 一对冗余插槽内严禁插入不同类型的模块。在非冗余配置情况下，一对冗余插槽的右插槽应插入空模块 MCN9030。

❻ 只有在 SOE 服务器已经启动的情况下，系统才能查询最新的 SOE 数据。

❼ 系统备份导出的工程组态文件是压缩文件，需解压后才能再次使用。

❽ 系统正常运行时，建议将主机架上的钥匙开关切换到 MON 档，避免系统被误操作，此时，若开放操作变量，需将控制器的硬件组态"观察模式下操作变量写权限"配置为"可写"。

❾ 钥匙开关位于 MON 位置时，SafeContrix 界面中无法查看控制器状态，此时可在 SafeManager 中读取设备信息。MON 模式下用户无法进行控制器下载、清除 SOE、强制位号等操作。

❿ 当控制器处于 STOP 状态时，I/O 模块的输出值处于故障安全值，与逻辑预设值可能不符。

⓫ 系统全体下载之前，建议将控制器切换为 STOP 状态，此时 I/O 输出信号为故障安全值。

⓬ 蜂鸣器工作异常时（如响了一声就不再响了），应检查回路是否开路或短路。

⓭ 当硬件加密锁损坏，且控制器状态为"STOP"时，可在 SafeManager 软件界面中通过菜单命令将控制器状态从"STOP"切换为"RUN"。

⓮ 用于连接 I/O 模块和接线端子板的 DB37 线不支持热插拔。

⓯ 修改组态后，应保证上位机和下位机具有相同的工程组态。

⓰ 当"通信故障恢复模式"配置为手动时，如果出现通信中断，故障消除后，在 SafeManager 中点击"手动恢复"按钮可恢复正常通信。若为控制器 SCU9010，则还可通过重新插拔或在线更换控制器 / 全体下载等操作恢复正常通信。

实践任务　氯甲烷储罐液位联锁保护系统的组态与仿真

任务描述

氯甲烷储罐液位联锁保护系统中，当氯甲烷贮罐 V-1102A 液位低于 31% 时，关氯甲烷贮罐 HXV-1102A 出口切断阀，其测点清单如表 3-20 所示。联锁逻辑关系如表 3-21 所示。

表 3-20　测点清单

位号	描述	模块位置	类型	信号		终端	工程单位	量程下限	量程上限
				来源/方向	有源/无源	Yes/NO			
HXV_1102A_C	罐 V-1102A 切断阀关回讯	M04L	DI1	来自阀门反馈	无源	TBF101			
PB_1102A	中控室辅操台 XV-1102A 急停关阀	M04L	DI1	来自辅操台	无源	TBF101			
HXV_1102A	关氯甲烷贮罐 V-1102A 出口切断阀	M03L	DO1	继电器→电磁阀	有源	NO			
LT_1102A	氯甲烷贮藏 V-1102A 液位指示联锁	M05L	AI1	安全栅←变送器	4～20mA	TBC301	%	0	100.0
fLSL_1102A	氯甲烷贮藏 V-1102A 液位低联锁		内存变量						
gBP_HS_1102A	LT_1102A 低联锁旁路		操作变量						
gRST_1102A	HXV_1102A 复位开关		操作变量						

表 3-21　联锁逻辑关系

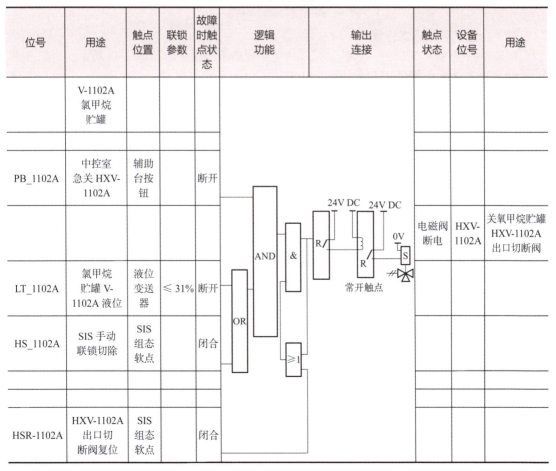

位号	用途	触点位置	联锁参数	故障时触点状态	逻辑功能	输出连接	触点状态	设备位号	用途
	V-1102A 氯甲烷贮罐								
PB_1102A	中控室急关 HXV-1102A	辅助台按钮		断开			电磁阀断电	HXV-1102A	关氧甲烷贮罐 HXV-1102A 出口切断阀
LT_1102A	氯甲烷贮罐 V-1102A 液位	液位变送器	≤31%	断开					
HS_1102A	SIS 手动联锁切除	SIS 组态软点		闭合					
HSR-1102A	HXV-1102A 出口切断阀复位	SIS 组态软点		闭合					

1）新建工程

安装 SafeContrix 完成后，需要先创建 SafeContrix 工程才能进行后续组态。

（1）打开 SafeContrix 软件

在系统开始菜单中选择"所有程序→ SafeContrix"，弹出 SafeContrix 软件的初始画面，如图 3-47 所示。

新建工程及
硬件组态

图 3-47　SafeContrix 软件的初始画面

（2）新建工程的组态设置

在菜单栏中选择"文件→新建"，完成新建工程的组态设置，如图 3-48 所示。

❶ SafeContrix 工程名称 SUP20240101_001_CS1。

❷ 单击"未设置"，在"设置管理员账户"对话框设置用户名 admin、密码 SUPCONTCS 900，本案例采用默认情况。

❸ 单击"确定"完成工程的创建。

工程创建完成后，将以配置的管理员账号登录刚创建的 SafeContrix 工程。

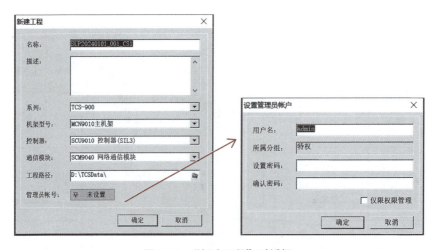

图 3-48　"新建工程"对话框

（图中"帐号""帐户"应为"账号""账户"）

2）硬件组态

在 SafeContrix 主界面中选择"硬件组态"。

（1）配置主机架及缺省设备

❶ 配置控制器。SafeContrix 工程中控制器 SCU9010 默认在主机架的 01 号槽位上。

在硬件组态树中选中节点"MCN9010 → SCU9010"，配置控制器的属性，如图 3-49 所示。

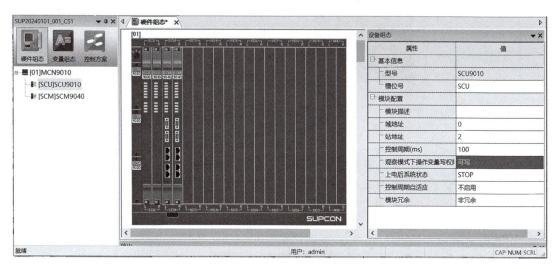

图 3-49 控制器配置

❷ 配置 SCM9040。在硬件组态树中选中节点"MCN9010 → SCM9040"，配置通信模块的信息如图 3-50 所示。

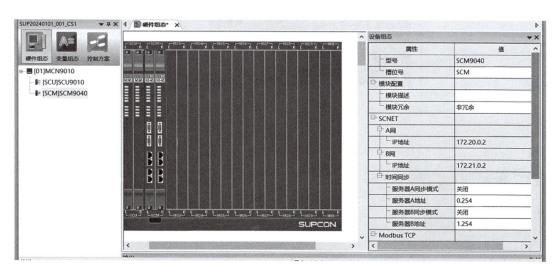

图 3-50 SCM9040 的配置

（2）配置 I/O 设备

在硬件组态树中选中节点"MCN9010"，在"添加设备"对话框中分别添加 SDI9010 模块、SAI9010 模块、SDO9010 模块，如图 3-51 所示。

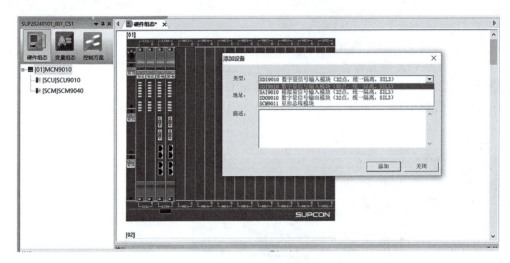

图 3-51 添加 I/O 模块

配置设备后，可以通过以下步骤来查看配置结果，如图 3-52 所示。

❶ 在机架缩略图中，按配置的槽位号来查看是否已经配置了设备。

❷ 在导航树中，查看设备是否已经添加到已选机架上。

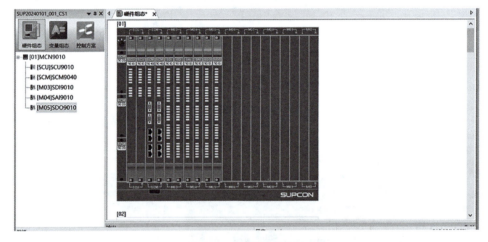

图 3-52 查看配置结果

属性	值
⊟ 基本信息	
型号	SDI9010
槽位号	M03
⊟ 模块配置	
模块描述	
模块冗余	非冗余
端子板类型	无源输入 ▼
	无源输入（24V）
	无源输入（48V）
	有源输入（24V）

图 3-53 SDI9010 配置界面

（3）配置 DI 模块属性

❶ 配置 DI 模块的设备属性。在组态树中选中节点"MCN9010 → SDI9010"，"设备组态"页显示如图 3-53 所示的设备属性，在端子板类型中选择无源输入（24V）。

❷ 配置 DI 模块的信号点属性。配置 SDI9010 信号点属性。在"机架缩略图"中双击 SDI9010 或双击硬件组态界面中信号点组态的 CH1 通道，弹出如图 3-54 所示的"DI 信号点设置"对话框，对 DI 信号点 HXV_1102A_C、PB_1102A 进行组态，根据测点清单填写位号名称、描述等，其中 SOE 描述必须填写，并且与位号描述一致。

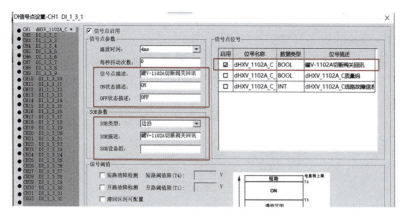

图 3-54 "DI 信号点设置"对话框

（4）配置 AI 模块属性

❶ 配置 AI 模块的设备属性。在组态树中选中节点"MCN9010 → SAI9010"，在"机架缩略图"中显示选中设备，在"设备组态区"选择"设备组态"页签，显示如图 3-55 所示的设备属性，在端子板类型中选择电流输入（非配电）。

❷ 配置 AI 模块的信号点属性。在"机架缩略图"中双击 AI 模块或双击硬件组态界面中信号点组态的编号，弹出如图 3-56 所示的"AI 信号点设置"对话框，完成 AI 模块信号点 LT_1102A 的组态，根据测点清单填写位号名称、描述等。

图 3-55 SAI9010 配置界面

AI 位号需要勾选启用质量码。若未勾选某一信号点（未启用该信号点），则配置界面显示"当前信号点未启用"。

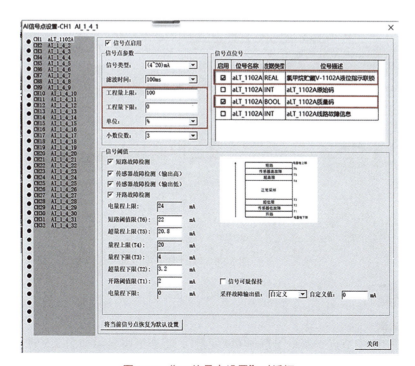

图 3-56 "AI 信号点设置"对话框

（5）配置 DO 模块属性

❶ 配置 DO 模块的设备属性。在组态树中选中节点"MCN9010 → SDO9010"，在"机架缩略图"中显示选中设备，在"设备组态区"选择"设备组态"页签，显示如图 3-57 所示的设备属性，端子板类型选择有源输出（24V）。

图 3-57   SDO9010 配置界面

❷ 配置 DO 模块的信号点属性。在"机架缩略图"中双击 SDO9010 或双击硬件组态界面中信号点组态的编号，弹出如图 3-58 所示的"DO 信号点设置"对话框，完成 DO 模块信号点 HXV_1102A 的组态，根据测点清单填写位号名称、描述等。

若未勾选某一信号点（未启用该信号点），则配置界面显示"当前信号点未启用"。

I/O 模块组态及变量组态

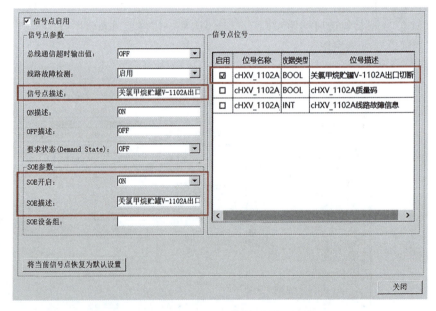

图 3-58   "DO 信号点设置"对话框

3）变量组态

（1）I/O 变量

在组态树中选中节点"变量组态→ I/O 变量"，组态区将显示如图 3-59 所示的 I/O 变量列表。

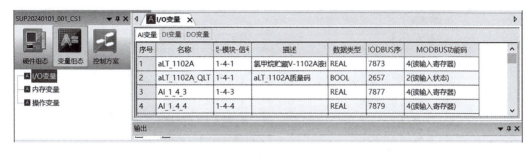

图 3-59 I/O 变量

（2）添加内存变量

在组态树中选中节点"变量组态→内存变量"，在"数据类型"页签中选择变量的数据类型，选中后"变量显示列表"将显示指定类型的变量。单击 或在右键菜单中选择"添加变量"命令，在"变量显示列表"中添加新的内存变量 fLSL_1102A，并完成内存变量的信息的录入，如图 3-60 所示。

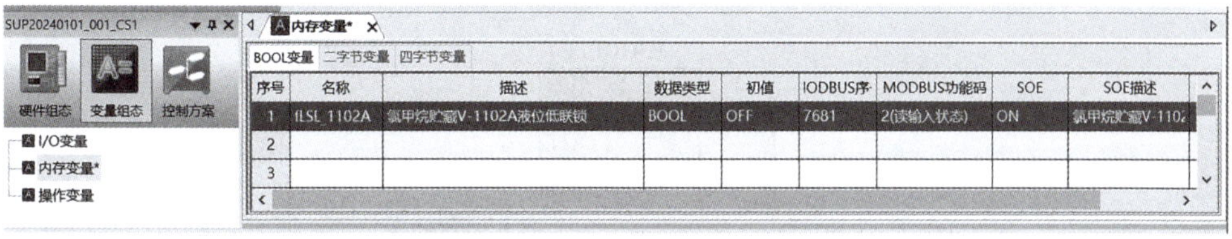

图 3-60 "内存变量"的添加

（3）添加操作变量

在组态树中选中节点"变量组态→操作变量"。在"数据类型"页签中选择变量的数据类型，选中后"变量显示列表"将显示指定类型的变量。单击 或在右键菜单中选择"添加变量"，在"变量显示列表"中添加新的操作变量 gBP_HS_1102A、gRST_1102A，完成操作变量的信息的录入，如图 3-61 所示。

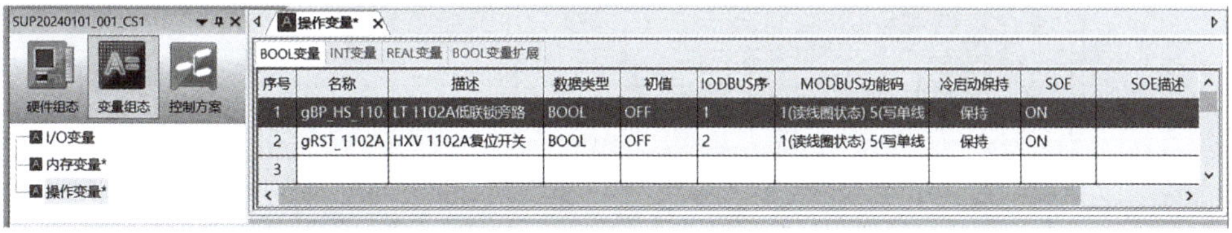

图 3-61 添加"操作变量"

控制方案组态

4）控制方案组态

本例以 FBD 用户程序的方式进行控制方案的组态。

（1）添加系统功能块

❶ 在"组态树"中选择"用户程序→ FBD 程序名"，"编程区"将显示需要编辑的 FBD 程序。

❷ 单击 ，弹出如图 3-62 所示的"功能块选择"对话框，添加小于等于比较函数功能块，如图 3-63 所示。

图 3-62 "功能块选择"对话框

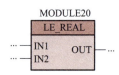

图 3-63 "比较函数功能块"对话框

(2) 配置 FBD 参数

在"编程区"中双击需要配置的功能块,弹出如图 3-64 所示的"属性"对话框。

图 3-64 功能块"属性"对话框

(3) 连接功能块

在 FBD 用户程序中添加并配置功能块后,根据实际逻辑连接功能块。

❶ "编程区"中显示需要编辑的 FBD 程序,单击 ⬚ ,鼠标将显示为"+"。

❷ 在"编程区"中单击需要连接的引脚，鼠标将显示为✛状态。

❸ 在"编程区"中单击需要连接的另一端引脚，鼠标将显示为✛状态。

两个引脚连接成功后，引脚之间的连线将显示为黑色实线，如图 3-65 所示。

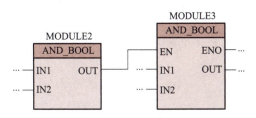

图 3-65　连接功能块示意图

❹ 根据控制要求，当氯甲烷贮罐 V-1102A 液位低于 31% 时，关氯甲烷贮罐 HXV-1102A 出口切断阀的联锁功能实现，其控制方案组态如图 3-66 所示。

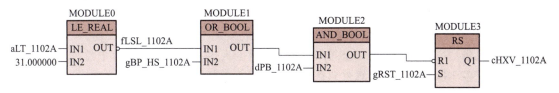

图 3-66　氯甲烷贮罐液位联锁控制方案组态

5）仿真调试

（1）启动仿真控制器

❶ 在菜单栏中选择"联机→仿真控制器"。仿真控制器启动后，将以图标的形式最小化在系统托盘处。

❷ 右键单击系统托盘处的 图标并在其右键菜单中选择"显示"命令，将弹出如图 3-67 所示的"TCSCon"对话框。

图 3-67　"TCSCon"对话框

（2）进行仿真调试

通过工具栏中的按钮，对仿真控制器的状态进行调试，方法如下。

❶ 单击工具栏中的 ▷ 按钮，或选择菜单命令"操作→运行"，启动仿真控制器。

❷ 在运行状态下单击工具栏中的 ❙❙ 按钮，或选择菜单命令"操作→暂停"，暂停仿真控制器。

❸ 在运行状态下单击工具栏上的 ■ 按钮，或选择菜单命令"操作→停止"，停止仿真控制器。

🌱 拓展阅读

中国制造之精品：TCS-900 系统

（1）获中国国际工业博览会大奖

2019 年 9 月 17 日，在以"智能、互联——赋能产业新发展"为主题的第 21 届中国国际工业博览会开幕式暨颁奖仪式上，主办方为十家获奖单位颁发"中国国际工业博览会大奖"。浙江中控技术股份有限公司凭借"安全仪表系统 TCS-900"荣获大奖。

中控凭借"安全仪表系统 TCS-900"获得工博会大奖，彰显了行业对中控雄厚科技创新实力、对工业控制及智能制造行业技术进步和经济发展贡献的认可。

（2）荣膺"浙江制造精品"

2023 年 2 月，浙江省经济和信息化厅公布了 2022 年度"浙江制造精品"名单，浙江中控技术股份有限公司自主研发的"安全仪表系统 TCS-900"榜上有名。

"浙江制造精品"旨在重点选择浙江省具有自主知识产权和自主品牌、技术水平高、附加值大、产业能级高、带动作用强的专精特新产品，进一步有效提升企业市场竞争能力和产业整体水平，加快浙江省产业转型升级和新兴产业培育发展。入选"浙江制造精品"的产品，需满足具有高标准质量水平和品牌信誉度及明晰的自主知识产权，核心技术达到国内领先水平，且市场价值高等硬性指标要求。

"安全仪表系统 TCS-900"产品是中控技术自主研发的大型 SIS 产品，采用三重化（TMR）和硬件容错（HIFT）的关键安全技术，在高可用性、高安全性、多样性安全控制、全生命周期安全保障等核心技术方面实现突破，获得了 TÜV Rheinland 认证，达到国内领先水平，可广泛适用于化工、石化、电力、油气、冶金等多个工业领域，且能够满足我国重点建设工程及其他重大技术装备安全保护和过程控制一体化需要，补齐了我国在智能传感与控制装备关键领域的短板。

一直以来，中控技术始终坚持自主创新，追求卓越，逐步实现了关键技术和产品从跟跑、并跑到有能力思考领跑的跨越，并用优秀的技术、产品、解决方案和服务铸就了中控品牌和荣誉。

（3）再上一层楼：100% 国产化安全仪表系统 TCS-900X 通过权威认证上线

2023 年 12 月，中控技术正式推出全国产化安全仪表系统 TCS-900X。该系统已通过国内权威的功能安全认证机构——机械工业仪器仪表综合技术经济研究所的 SIL3 认证，其器件 100% 国产化率也通过了工业和信息化部电子第五研究所（简称"电子五所"）的认证，可满足各行业对于安全仪表系统全国产化的需求。

据悉，TCS-900X 是中控技术自主研发的全国产化安全仪表系统，产品沿袭 TCS-900 的成熟架构，100% 采用了全国产元器件，完美适配主流国产操作系统和计算机硬件，符合 IEC 61508 和 IEC 61511 的 SIL3 要求，可满足流程工业生产装置对安全性的要求，保障人员、设备和环境的安全。

该产品亮点包括：100% 国产化，全套硬件软件国产化保证；高安全性，具备三重化表决架构，满足 SIL3 等级要求，安全通信残余失效率小于 $1.45×10^{-13}$/h，低要求时失效概率 PFD 小于 10^{-4}，体现了产品超高安全性特质；高可用性，设置五重故障限制区，采用 3-2-0/3-3-2-2-0 降级模式，最大程度限制故障范围；高适应性，可在极端环境持续运行，适用于 $-20 \sim 70℃$ 宽温环境，满足 G3 防腐等级，适应 4000m 海拔高度。

模块小结

TCS-900 控制系统为国产 SIS，在石化装置中大量采用。掌握 TCS-900 控制系统的基本知识、系统维护、组态应用，是从事 SIS 相关仪表工作所必需的。

主要内容	要点
TCS-900 控制系统特点	①具有高安全性、高可靠性、高可用性 ② TCS-900 内置过程诊断和系统诊断，具有较高的诊断覆盖率 ③适用于低要求操作模式和高要求操作模式 ④通过 TÜV Rheinland 的认证
TCS-900 控制系统配置	（1）机架 TCS-900 系统中机架分为主机架 MCN9010 和扩展 / 远程机架 MCN9020，通过扩展通信模块和单模铠装光纤进行连接 （2）卡件 ①控制器模块：由 A、B、C 三个通道组成，通道间相互独立 ②数字量输入单元：由数字量输入模块 SDI9010、数字量输入端子板和 DB37 线缆构成 ③数字量输出单元：由数字输出模块 SDO9010、数字量输出端子板和连接电缆构成 ④模拟量输入单元：由模拟量输入模块 SAI9010、模拟量输入端子板和连接电缆构成 ⑤模拟量输出单元：由模拟量输出模块 SAO9010-H、模拟量输出端子板和连接电缆构成 ⑥脉冲量信号输入单元：由脉冲量信号输入模块和端子板组成 ⑦网络通信模块：必配模块，支持 SCnet Ⅳ、Modbus-TCP、Modbus-RTU 通信和点对点安全站间通信
TCS-900 控制系统组态	①系统组态软件 SafeContrix，支持功能块图、梯形图、结构文本编程语言 ② SafeContrix 软件界面分为菜单栏、工具栏、组态工具栏、组态树、组态区等 ③硬件组态。根据组态任务要求、测点清单，进行添加机架、配置控制器、通信模块、相关硬件，变量组态等操作 ④软件组态。控制方案组态、仿真调试
TCS-900 控制系统维护	①预防维护。检查 LED 状态、保险丝、插件连接状态等 ②系统诊断。通过 SafeManager 软件可查看系统控制站运行状态的实时诊断信息、事件记录信息 ③更换卡件。更换控制器模块、电源模块、I/O 模块等

🦫 模块测试

一、填空题

1. TCS-900 控制站的每个（　　）和（　　）模块都有三个独立的通道回路。

2. TCS-900 控制站的控制器和网络通信模块只能安装于（　　）机架，（　　）模块可以分布在主机架和扩展 / 远程机架。

3. 主机架上设计有钥匙开关，用于支持系统用户权限控制，权限模式有（　　）、（　　）、（　　）。

4. TCS-900 控制站每个扩展机架包含（　　）个 I/O 槽位，可安装（　　）对冗余 I/O 模块。I/O 槽位固定为冗余设计，分别以（　　）和（　　）标识。

5. DO 输出模块可按（　　）或（　　）两种模式配置。非冗余配置模式下的表决方式为（　　），冗余配置模式下的表决方式为（　　）。

二、选择题

1. TCS-900 系统数字信号输入模块 SDI9010 信号点数为（　　）。
A. 8　　　　　　　　　　B. 16　　　　　　　　　　　C. 32

2. TCS-900 系统主机架最多可安装（　　）对冗余的 I/O 模块。
A. 1　　　　　　　　　　B. 2　　　　　　　　　　　C. 8

3. TCS-900 控制站最多能配置（　　）个扩展 / 远程机架 MCN9020。
A. 2　　　　　　　　　　B. 4　　　　　　　　　　　C. 7

4. TCS-900 系统位号不应超过（　　）个字符。
A. 2　　　　　　　　B. 8　　　　　　　　C. 12　　　　　　　　D. 24

5. TCS-900 系统现场投运后，以下的现场操作，做法合理的是（　　）。
A. 处于观察模式，左槽控制器已故障情况下，在右槽安装新的控制器
B. 处于观察模式，左槽 DO 模块已正常工作情况下，在右槽安装新的 DO 模块
C. 修改位号名，增量下载
D. 变量表导出导入，增量下载

三、判断题

1. 一个 TCS-900 控制站中只能配置一个主机架 MCN9010。（　　）

2. 远程机架与主机架 / 扩展机架之间采用单模光纤连接，最大长度 8km。（　　）

3. 控制器模块上电时若助拔器松开，则控制器所有指示灯亮红灯，运行时若助拔器松开，则控制器的 System 灯亮红灯。（　　）

4. 控制器冗余配置时，2 块互为冗余的模块可以不插在相邻的两个插槽中。（　　）

5. 组态位号中不应包含中划线 "-"，可包含下划线 "_"。（　　）

6. 在上、下位机组态时，每一个 I/O 变量和中间变量的命名应使用前缀，前缀大写，后续变量名小写。（　　）

7. 当硬件加密锁损坏，且控制器状态为 "STOP" 状态时，可在 SafeManager 软件界面中通过菜单命令将控制器状态从 "STOP" 切换为 "RUN"。（　　）

四、简答题

1. TCS-900 是否支持在线下装？可以在装置开工期间修改 SIS 组态吗？

2. TCS-900 系统故障有哪些？

安全仪表系统

模块四
ELoP II 控制系统

🧩 模块描述

HIMA 公司生产的安全控制系统广泛分布于世界各地的化工、海上石油平台、长输管线、油气站、冶金、建材、汽车制造、交通和制药等行业领域。HIMA 公司生产的安全控制产品满足 IEC 61508 和 DIN V19250 等对安全控制的最高等级要求，并取得 TÜV 最高等级 AK7/SIL4 的认证。

本模块学习并熟悉 HIMA 公司 ELoP II 容错可编程系统（PES）的特点、结构，H51q 系统构成、硬件组成、组态应用、系统维护等。

 学习目标

知识目标：

① 了解 ELoP II 容错可编程控制系统（PES）特点、结构、构成；

② 掌握 HIMA PES 工作原理、安全功能；

③ 掌握 H51q 系统控制器的结构、各硬件构成及功能，熟悉各硬件技术参数；

④ 熟悉 ELoP II 软件应用；

⑤ 掌握 ELoP II 控制系统维护、故障诊断方法。

能力及素质目标：

① 初步具备 H41q/H51q 控制系统硬件的安装技术；

② 能熟练使用 ELoP II 软件进行系统组态；

③ 能运用 ELoP II 软件进行联锁保护系统的组态与仿真；

④ 会进行 ELoP II 控制系统维护、故障诊断；

⑤ 具有国际视野、工程意识、质量意识。

知识思维导图

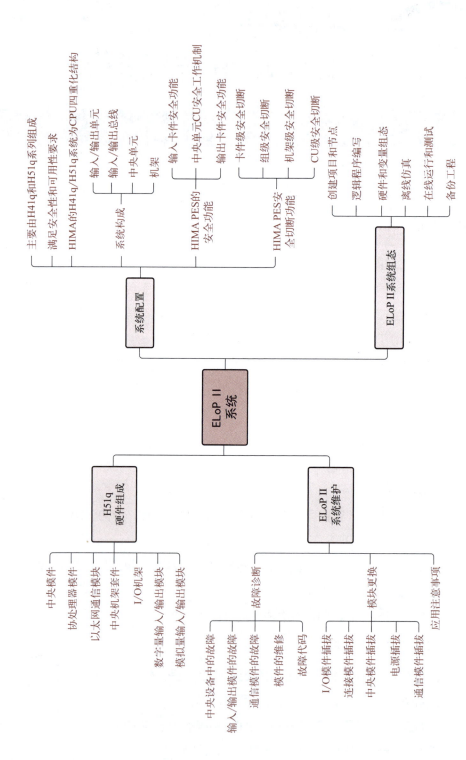

ELoP II 系统

系统配置

- 主要由H41q和H51q系列组成
- 满足安全性和可用性要求
- HIMA的H41q/H51q系统为CPU四重化结构
- 系统构成
  - 输入/输出单元
  - 输入/输出总线
  - 中央单元
  - 机架
- HIMA PES的安全功能
  - 输入卡件安全功能
  - 中央单元CU安全工作机制
  - 输出卡件安全功能
- HIMA PES安全切断功能
  - 卡件级安全切断
  - 组级安全切断
  - 机架级安全切断
  - CU级安全切断

ELoP II系统组态

- 创建项目和节点
- 逻辑程序编写
- 硬件和变量组态
- 离线仿真
- 在线运行和测试
- 备份工程

H51q 硬件组成

- 中央模件
- 协处理器硬件
- 以太网通信模块
- 中央机架套件
- I/O机架
- 数字量输入/输出模块
- 模拟量输入/输出模块

ELoP II 系统维护

- 故障诊断
  - 中央设备中的故障
  - 输入/输出模件的故障
  - 通信模件的故障
  - 模件的维修
  - 故障代码
- 模块更换
  - I/O模件插拔
  - 连接模件插拔
  - 中央模件插拔
  - 电源插拔
  - 通信模件插拔
- 应用注意事项

4.1 ELoP II 技术特点

ELoP II 既提供安全等级达 AK7（DIN V 19250）/SIL4（IEC 61508）的故障安全型硬接线系统，又可提供安全等级达 AK6/SIL3 的容错可编程电子系统。

❶ 其容错、带诊断（系统硬件诊断能力 99.99%、软件诊断能力 0.09% ～ 0.1%，覆盖率 99.99% 以上）的故障安全型控制，达到了 IEC 61508 SIL3 对 CPU 的两级容错的技术要求。

❷ ELoP II 系统是"无故障修复时间限制"（即在系统故障时，无倒计时安全时间限制）的 PES 系统，冗余仅仅增加了其可用性（达 99.999% 以上），且系统的所有卡件均可在线热插拔。

❸ ELoP II 系统的安全性不仅表现在 CPU 和 I/O 卡件是 AK6 认证的，而且其卡笼也是 AK6 认证的。HIMA 有着诸多独到的安全设计理念，如系统 5V 和外供 24V 相隔离、I/O 通道间安全隔离、具有优先级的安全三级控制、Walking-bit、STUCK-ON、STUCK-OFF、DO 通道上的第二方独立控制、独到的交流板电路设计及 HIMA 独特的系统散热结构设计，这些都是其他系统所无法比拟的，也是系统安全运行的保障。

❹ ELoP II 系统的通信接口非常丰富，有冗余的 SIL3/AK6 安全以太网（最多五个 RJ45 口）、PROFIBUS-DP（最多五个）和 Modbus 接口（最多八个），可同时连接至多家系统。

❺ ELoP II 系统所提供的 I/O 卡件都是低密度设计（SIS 系统 I/O 卡件 16 点以下是通道隔离型），最大程度地降低了用户的使用风险，同时也降低了维护成本。

❻ ELoP II 系统的编程软件是获得安全认证的、具有反向编译功能的、在 Windows2000 和 XP 上开发的新一代集高可靠性与编程灵活性于一体的编程软件。

4.2 ELoP II 系统配置

ELoP II 的容错可编程系统主要由 H41q 和 H51q 系列组成，两个系列均基于相同的硬件和软件，它们是经过生产实践检验的第三代 PES 产品，通过计算机完成系统的组态、运行记录、操作与趋势记录等，更好地完成对生产过程装置的安全控制。

PES 可以处理所有的数字和模拟输入，以及数字和模拟输出信号。有些输入模件适用于本安型电路，还有些模件可与符合 DIN 19234 要求的电气位置传感器（接近开关）相匹配。

H41q 系列是由 5 单元高（1 单元高 =44mm）的机架构成的紧凑型系统。它的所有部件，如中央单元、接口、通信模件、电源与配电系统，以及输入 / 输出模件均安放在一个约 0.48m 的机架上。

H51q 系统是模块化结构，由中央单元、接口、通信模件、电源模件组成的 5 单元高的中央机架和最多可以连接 16 个 4 单元高的 I/O 子机架构成。

PES 系统采用计算机，通过软件 ELoP II 进行组态、监视、操作和文档管理。可以在计算机上完成对用户程序的输入，并将它编译为机器码，而无需连接 PES。对于加载、测试和对 PES 进行监视，则需通过一个串口或总线系统使计算机与 PES 连接。

4.2.1 安全性和可用性

安全性和可用性是两个相对独立互不矛盾的概念。安全性是指 PES 系统或者设备在运行过程中，无论发生什么故障，比如随机硬件故障、系统性故障、公共因素的故障等，都不能产生危及安全的因素，且总是能够可靠地把异常情况导向安全，防止危险后果的发生。HIMA PES 的安全功能体现在系统自身的故障必须导向安全及过程采集的异常情况要导向安全两个方面。

而可用性往往是结合现场的实际应用，由于不希望系统自身的故障导致装置安全停车，因此把安全系统配置成部分冗余或者全部冗余的结构。安全系统的安全等级（SIL 评估结果）不因为冗余的配置而提高，冗余配置只是提高了可用性。

HIMA 的 PES 系统，既可达到 AK6 的安全等级要求（DIN V 19250），又能满足非常高的可用性的需要。根据安全性和可用性的需要，HIMA 的 PES 在中央设备和 I/O 级上均可提供单的或冗余的设备配置。冗余配置增加了系统可用性，当其中一个模件发生故障时将被自动切除，它所对应的另一个模件（冗余模件）可以继续运行，对工艺过程无任何扰动。此系统的安全性和可用性如表 4-1 所示。

表 4-1　系统安全性和可用性

系统类型	H41q/H51q-MS	H41q/H51q-HS	H41q/H51q-HRS
安全等级要求	SIL3	SIL3	SIL3
可用性	普通（mono）	高（high availability）	很高（highly recommended）
中央单元	单	冗余	冗余
I/O 卡件	单	单	冗余
I/O 总线	单	单	冗余

表 4-1 中，单独的 I/O 卡件也可当作冗余卡件使用，或者通过连接三取二表决方式的传感器增加其可用性。

4.2.2　PES 结构

HIMA PES 设计与型号见图 4-1。采用适当的中央模件，就可满足生产过程控制的各种需求。对于 H41q 或 H51q 系列，如图 4-2 所示的结构都是可行的。AK 与 SIL 等级对照如表 4-2 所示。

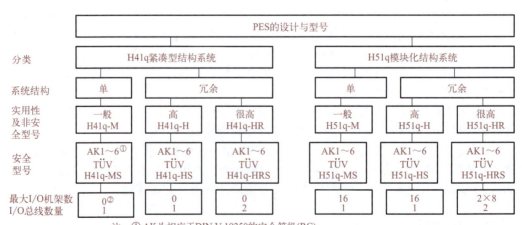

注：① AK为相应于DIN V 19250的安全等级(RC)；
　　② 0表示中央模件与I/O模件安装在同一个机架上

图 4-1　PES 设计与型号

表 4-2 **AK 与 SIL 的等级对照表**

类别	等级					
AK	0	2	3	4	5	6
SIL	0	1	1	2	3	3

HIMA 的 H41q/H51q 系统为 CPU 四重化结构（QMR），即系统的中央控制单元共有四个微处理器，每两个微处理器集成在一块 CU 卡件上，再由两块同样的 CU 卡件构成冗余的中央控制单元。HIMA 的 1oo2D 结构产品已经获得 AK6/SIL3 的安全认证。采用双 1oo2D 结构，即 2oo4D 结构（如图 4-3 所示）的目的是为用户提供最大的实用性（可用性），其容错功能使得系统中任何一个部件发生故障，均不影响系统的正常运行。与传统的三重化结构相比，它的容错功能更加完善。

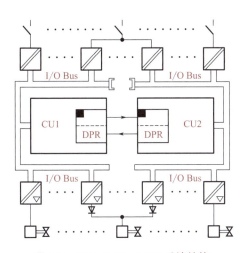

图 4-2 **H41q/H51q-HRS 系统结构**

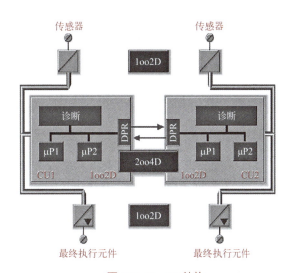

图 4-3 **2oo4D 结构**

4.2.3 系统构成

H41q/H51q 系统构成如图 4-4 所示。

1）输入 / 输出卡件

输入卡件，作为与外界联系的接口卡件，主要功能是采集现场信号，并将安全隔离后的现场信号以 IEC 规定的标准信号形式通过输入输出总线传送给中央处理单元（CPU）用于逻辑运算。

输出卡件，通过输入输出总线接收来自中央处理单元（CPU）逻辑运算的结果，并按照 IEC 规定的标准信号形式将这种结果反映到输出电路上，驱动受控元件，如电磁阀、继电器或者声光元件等。

输入 / 输出（I/O）卡件的型号和数量按 I/O 点的类型和数量确定。I/O 点数的最大数量取决于所使用的系统配置，即冗余配置还是单一配置、H41q 系统还是 H51q 系统。

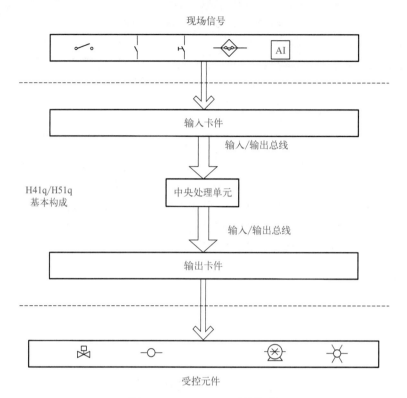

现场信号

输入卡件

输入/输出总线

H41q/H51q
基本构成

中央处理单元

输入/输出总线

输出卡件

受控元件

图 4-4 H41q/H51q 系统构成

I/O 卡件分为安全相关的卡件和非安全相关的卡件两大类。安全相关的 I/O 卡件在系统运行过程中能自动检测故障，并做出故障响应。同时，故障卡件的位置会显示在中央单元的诊断显示屏上。

如果 I/O 卡件还带有线路检测功能，则除了能检测卡件内部元件故障以外，还能够检查线路故障，并把故障所在的卡件内部通道号显示在中央单元的诊断显示屏上。

对于非安全相关的 I/O 卡件，其故障通道所对应的逻辑中的状态值与卡件表面连接的 LED 显示是不一致的。

所有的 I/O 模件都可以带电插拔，而且对两种系统都通用。

2）输入 / 输出总线

输入 / 输出总线（以下简称"I/O 总线"）是联结 I/O 卡件的数据与中央处理单元之间的物理桥梁。输入卡件的数据通过 I/O 总线传送给中央处理单元，经中央处理单元运算后的结果再通过 I/O 总线传送给输出卡件。

3）中央单元

HIMA PES 中的中央处理元件是一个最核心的单元，它起到运算和控制的功能，含有 CPU 的核心卡件被称为中央单元（central unit，以下简称"CU"）。从满足系统安全性来讲，一个系统，无论是 H41q 还是 H51q 系统，配置一个 CU 即可满足安全等级 SIL3 的要求。但从满足现场连续运行的实用性来考虑，每个系统可以配置冗余的 CU，这样既满足了安全要求，同时又能大大降低系统自身故障导致意外停车的概率。

安全系统的 CU 构成框图及其说明如图 4-5、表 4-3 所示。

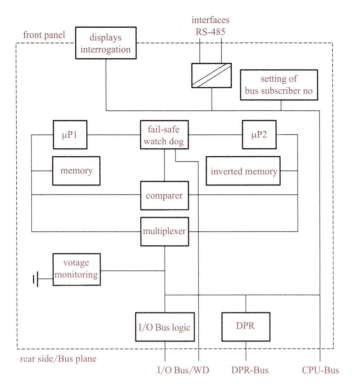

图 4-5 中央处理元件结构

表 4-3 框图说明

框 图	说 明
μP1/μP2	两个时钟同步的微处理器。每台微处理器都有自己的数据存储区，一台微处理器处理实际数据与程序，另一台处理转换的数据与程序
comparer	可测试的硬件比较器，用于检测两台微处理器的所有外部存取数据，在故障情况下，看门狗被设置为安全状态，并显示处理器状态
memory inverted memory	供操作系统与用户程序使用的闪存 EPROM，可用于最小 100000 次的写入周期。数据保存在存储器 SRAM，SRAM 的数据靠带监测功能的后备电池来保持
multiplexer	多路转换器，用来连接 I/O 总线、DPR 和冗余 CU
RS-485	两个电隔离的 RS-485 接口，传输率最高 57600bit/s
interface displays interrogation setting of bus subscriber no	一个 4 位诊断显示窗口和 2 个用于系统、I/O 级和用户程序信息的 LED
DPR	用于与第二个中央单元快速通信的双口 RAM（DPR）
I/O Bus logic	I/O 总线逻辑用于与 I/O 模件的连接
fail-safe watch dog	安全看门狗
votage monitoring	电源监视，可测试（5V 系统电压）； 电池监视； 时钟、后备电池

（1）CU 工作原理

HIMA PES 采集安全相关的过程输入信号，比如来自现场的安全相关的压力、流量、液位、阀位等信号，并且在这些输入信号的值达到或者超过危险临界值时，通过运行在 CU 内的逻辑运算，给出相应危险情况下的输出信号，并最终通过这些输出信号的变化去驱动现场与安全相关的输出设备的动作，比如阀门的开、关，泵的启动、停止等，从而达到使现场从危险状态切换到安全状态的目的。上述过程的输入输出信号通常都是数字量，对现场的动作可以做到快速、安全，是通常意义上的安全联锁系统。当然也包括模拟量信号，在实现安全保护的同时，也能实现控制功能。

每套 HIMA PES 至少配置一个 CU，每个 CU 在出厂时就将操作系统程序（operating system，以下简称"OS"）固化在 EPROM 里，该 CU 上电后就在 OS 的控制下，执行处理用户程序、自检测和通信三大功能。

HIMA PES 的工作原理可以由以下几个步骤来说明。

❶ CU 周期性地扫描来自输入卡件的数据，周期性地把外部系统通信过来的数据存放到指定的输入寄存器。如果存在冗余配置的 CU，则要互相交换数据。

❷ 从存储器中把采集上来的数据赋值给程序中的变量，并开始程序运算。运算过程中需要通信给其他系统的数据则写入指定的输出寄存器。如果存在冗余配置的 CU，则要互相交换输出数据。

❸ 把程序运行的输出结果通过 I/O 总线下达给输出卡件。

❹ 读回当前扫描周期的输出并做出比较，以便做出安全相关的故障响应。再进入下一个扫描周期。

CU 卡件的外观显示是 HIMA PES 的一个人机界面，4 位显示窗口用来显示系统自检测的结果，或者可以通过操作 CU 上面板的按钮调出系统配置的有关信息。显示窗口上的 2 个 LED 分别显示 CU 级的故障和 I/O 卡件级的故障。通过这些显示界面，工程师可以直观地判断出系统当前的状态，从而深入诊断系统问题。

（2）CU 自学习功能

自学习功能的设计目的是使一个没有用户程序的 CU 在插入机架或者重新启动后具备自动从冗余的正在运行的 CU 里面把程序"学习"过来的一种功能，整个过程不需要人工干预。

由于自学习功能的存在，在现场更换一个 CU 后，没有必要再通过工程师站把用户程序下装下去，只需简单地插入即可。特别适合现场对更换 CU 时维护的需要。

自学习功能的运行顺序如下。

❶ 中央模块进入重新引导的指示：RAMT → CHCK → WAIT → STOP。

❷ 以"ERASE APPLICATION"开始（如果中央模块已经空了，每次都会出现此提示）。

❸ 以"LOAD APPLICATION"开始（应用程序从 MONO CU 传送到新插入的中央模块上）中央模块进入重新引导的指示：RAMT → CHCK → WAIT → STOP → INIT → RUN。

4）机架

HIMA PES 和大多数 PLC 一样采用机架式安装方式，以轻松实现从 CU 到 I/O 卡件之间的数据访问，并使系统成为一个整体。机架采用欧盟标准的 19″ 机架，每个机架配有 21 个插槽，可以安装最多 21 块卡件。如图 4-6 所示。

标签字段

图 4-6　HIMA PES 的机架示意图

HIMA PES 的机架因系统类型的不同而异。

4.2.4 HIMA PES 的安全功能

根据 IEC 61511 的标准定义，安全系统的安全性体现在当发生随机故障、公共因素或者系统性故障情况下，系统自身不因这些原因而丧失其安全功能，从而避免险情发生，比如人员的伤亡、环境污染或者设备的损坏。为满足上述要求，HIMA PES 的所有安全相关的卡件在设计过程中都对各种可能存在的故障因素给予了最大考虑，使其在上述情况下都能够"安全切断"，即停止工作。停止工作是安全系统实现安全监控目的的根本保证。

（1）输入卡件安全功能的实现

对于输入卡件，"T"表示卡件的自检测功能。如图 4-7 所示。

❶ 数字量输入卡件。当卡件检测到自身故障时，通过操作系统（OS）的控制，卡件停止了对现场数据的采集，同时用户程序内对应这块卡件的变量也被操作系统赋值为安全值"0"。"0"的出现在安全系统的常规设计上是导向安全的值，因此卡件在硬件设计上都是"0"安全的。

❷ 模拟量输入卡件。在检测到故障时，相应通道的安全响应是可以通过软件组态来灵活控制的。比如出于安全考虑的优先级如果更高，则故障通道的响应为安全值（引起联锁的值）；如果故障所在回路出于可用性考虑更多一些，则故障通道的响应为非安全相关的（只引起报警但不联锁）。

（2）中央单元（CU）安全工作机制

中央单元（CU）安全工作机制如图 4-8 所示。

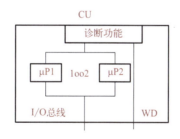

图 4-7　输入卡件安全工作示意图　　　　图 4-8　中央单元（CU）安全工作示意图

为确保 CU 工作的安全性，卡件被设计成双 CPU 的配置，每个 CPU 又各有一个存储区。对于从 I/O 总线上传上来的输入数据，2 个 CPU 都会进行采集和运算。其中一套 CPU 和存储区进行常规的运算和存储，另一套冗余的 CPU 和存储区则进行转换数据的运算和存储。在 CU 运行周期内的适当时间节点，它们的值要进行互较，以通过是否存在偏差来判断卡件是否出错。

看门狗（WD）是一个从 CU 发出的物理上的 24V DC 电压信号。如果是 H41q 的系统，则通过集成在背板上不可见的线路将 WD 信号送给每一个插槽。如果是 H51q 系统，则通过物理接线方式，连接到该 CU 所控制的所有 I/O 机架上，并靠背板将 WD 信号送给每一个插槽。WD 信号是只对输出卡件有安全切断作用的信号。

当 CU 正常工作时，WD 处于被触发的状态，即该信号一直带电。因此，CU 所控制的所有 DO 或者 AO 卡件都能够具备正常工作的必要条件。可以正常地完成用户程序给出的命令。

当 CU 工作出错时，WD 停止被触发的状态，即该信号立即失电。那么 CU 所控制的所有 DO 或者 AO 卡件都不再具备正常工作的必要条件。无论用户程序的输出是什么，卡件的输出都为安全值 "0"。

CU 的安全功能一旦发挥作用，会影响 CU 所控制的所有输出卡件。对于 MS 系统而言，就意味着整个系统的停止工作，但也因此而保障了安全，这就是安全性的体现。

如果现场对连续运行有极高的要求，则可以选择 HS 或者 HRS 系统。由于配置了冗余的 CU，一个 CU 的故障导致的停车概率会因配置的优化而大大降低。

（3）输出卡件安全功能的实现

所有安全相关的输出卡件都满足 SIL3 的要求。

输出卡件通过回读和功能性测试检测到自身故障时，通过每块卡件自身设计上的 "一体化安全切断电路"，中断对输出电路的供电，从而使卡件的输出失电，导向安全。

一体化安全切断电路是 HIMA PES 安全相关的输出模件里特有的电路设计，有三个串联在一起的半导体元件，即除了必须用于安全停车的两个独立元件以外，更多的元件集成在输出模件中去实现安全切断的功能。

4.2.5　HIMA PES 安全切断功能

安全功能主要体现在切断功能上。HIMA PES 的切断功能又因其故障的位置或者严重性的不同而有区别。

（1）卡件级安全切断

只适用于 I/O 卡件。当卡件自检测发现故障时，可以停止该故障卡件的工作。

（2）组级安全切断

通过程序组态，可以最多定义 10 块输出卡件为一个工作组，工作组中的任意一块卡件的故障会引起整个组的安全切断。

（3）机架级安全切断

对于 H51q 系统，当 I/O 总线故障或者输出卡件有双重故障时，通过系统参数的配置，可以切断相应的 I/O 机架。

（4）CU 级安全切断

当 CU 检测到故障，或者系统参数有相关配置，或者 I/O 总线出现严重故障时，触发 CU 级的安全切断。

4.3　H51q 硬件组成

H51q 系统为模块化的结构，中央机架部分包括中央单元、通信模块和电源模块组成。每个 H51q 系统能够扩展到 16 个 I/O 子机架，每个 I/O 子机架又容纳 16 个 I/O 模块。如图 4-9 所示。

H51q 系统特点如下：

❶ 有 TÜV 认证，达到 IEC 61508 标准的 SIL3 安全等级要求，具备极高的可用性；

❷ I/O 卡件冗余；

❸ 具有配置双处理器的安全相关的冗余的中央单元；

❹ IO 总线冗余。

I/O 卡件的冗余方式为如下。

冗余卡件所在的 I/O 子机架采用上下安装的方式，冗余卡件的插槽位置上下对应，必须一致。因此最多 16 个 I/O 子机架中，最多 8 个子机架隶属于 I/O 总线 1，受控于 CU1；另外 8 个 I/O 子机架隶属于 I/O 总线 2，受控于 CU2。如图 4-10 所示。

图 4-9　H51q 系统

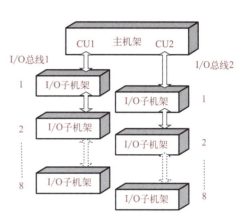

图 4-10　I/O 子机架安装示意图

HRS 类型的系统中的所有卡件均为冗余，任何一个环节的故障都不会对系统的连续运行造成影响，因此在满足安全等级的同时也最能够适应现场对生产连续性的高要求。该系统适用安全等级 SIL3 要求，I/O 点数多，有冗余要求场合。

4.3.1　中央模件

中央模件 F 8650X（如图 4-11 所示）用于 PES H51q-MS、HS、HRS 系统，达到 TÜV AK6/SIL3 的安全等级。其技术数据如表 4-4 所示。

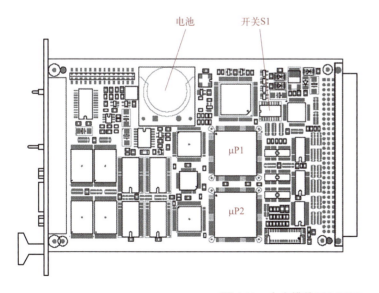

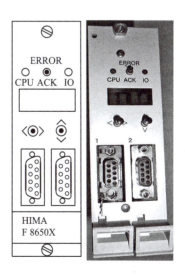

图 4-11　中央模件 F 8650X

表 4-4　F 8650X 技术数据

项目	描述
技术参数	微处理器： 2 个时钟同步的微处理器，每个微处理器的型号为 INTEL 386EX，32 位。 时钟频率为 25MHz。 一个中央控制模块内有 2 个微处理器，每个处理器的内存为操作系统 Flash-EPROM 1MB、用户程序 Flash-EPROM 1MB、数据内存 SRAM 1MB
	通信接口：2 个 RS-485 串行通信口，电气隔离
	诊断显示：4 个字符的点阵显示窗和 2 个 LED 状态指示灯
	故障停车：安全相关的看门狗信号，24V DC 输出，最大 500mA 电流，短路电流保护
	模块结构：两块欧洲标准的印刷电路板，一块用于诊断显示的印刷电路板
	安装空间：8SU
	操作电压 / 电流：5V/2A
中央模件的诊断信息显示	4 个字符的点阵显示窗； 2 个 LED 状态指示灯，用于通用故障的指示（CUP 状态指示灯和可检测 I/O 模块的状态指示灯）； 2 个拨动开关（◇ 和 ◇）用于诊断信息的翻页浏览； 1 个按钮（ACK）用于对故障信息的复位
运行及维护	后备电池的使用寿命（没有供电）为 25℃ 1000 天 /60℃ 200 天。 在 CPU 运行的情况下，推荐的更换期限为 6 年，在诊断显示窗显示 BATI 的三个月内更换电池。 利用开关 S1 的正确设置检查总线工作站的编码及传输速率

　　该模件一般安装在主机架上的 8 ～ 9 号槽位（CU1）和 15 ～ 16 号槽位（CU2），每块卡件占两个槽位，是系统的核心硬件。每块卡件上都有两个 CPU 芯片，主要用于数据的存储、运算，并根据一定的程序，来接受或发出指令以满足用户的要求。

　　面板操作说明如下。

　　两个故障指示灯 CPU 和 I/O，一个按钮复位 ACK，一个 LED 显示屏，当 I/O 故障灯亮时，如果不是 I/O 卡件引起的，可按 ACK 复位；如果是 I/O 卡件上某点故障引起的，则在显示屏上显示出该故障点的位置，处理后复位。当 CPU 灯亮时不要按 ACK，通过显示的错误代码查找故障原因，两个上下、左右拨动开关用于翻看 CU 的内部信息。两个网络接口和操作站及工程师站连接。

4.3.2　协处理器模件

　　协处理器模件 F 8621A（如图 4-12 所示）在 H51q-HRS PES 的中央模件旁，最多可以安装 3 个协处理器模件，协处理器模件内部有微处理器 HD 64180，时钟频率为 10MHz。F 8621A 技术数据如表 4-5 所示。

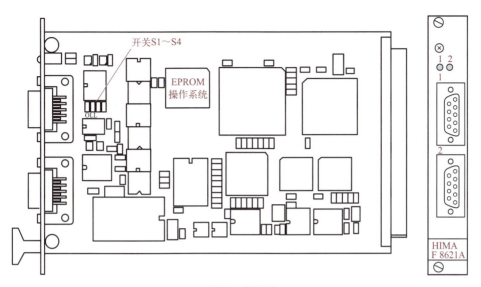

图 4-12　协处理器模件 F 8621A

表 4-5　F 8621A 技术数据

项目	描述
内存	384KB 的静态内存，两块集成电路 CMOS-RAM 和 EPROM； 电源监视模块 F 7131 上有电池后备的 RAM； 内部有双口内存（Dual Port RAM），用于对第二个中央处理模块的交互式访问
RS-485	两个半双工的 RS-485 通信接口，通信接口之间电隔离。传输速率可由软件设定为 300bit/s、600bit/s、1200bit/s、2400bit/s、9600bit/s、19200bit/s、38400bit/s 或 57600bit/s，也可接受通过中央处理单元 CU 上拨码开关设定的数值
安装空间	4TE
操作数据	5V DC，360mA

4.3.3　以太网通信模块

以太网通信模块 F 8627X（如图 4-13 所示）用于 PES H41q/H51q 系统，与 ELoP II 功能块 HK-COM-3 配合使用。其技术数据如表 4-6 所示。

该模块安装在主机架的 13 或 14 和 20 或 21 槽位上，每个卡件占一个槽位。支持 OPC server，可以与黑马安全系统安全通信，用于建立 CU 与操作站、工程师站、笔记本电脑之间的通信。

图 4-13　以太网通信模块 F 8627X

采用 F 8627X 以太网通信模块，H41q/H51q 系统可以同时传送安全相关的安全以太网数据和非安全相关的 OPC 协议数据。

表 4-6　F 8627X 技术数据

项目	描述
通信接口	以太网接口，IEC 802.3 规程，10BaseT 或 100BaseTX；RJ45 口 高速串行通信接口，使用 BV 7053 电缆，通过 RJ-12 接口将高速冗余（HSR）通信模块连接 串行接口 FB 不可用
微处理器	摩托罗拉 CPU MPC860T，32 位，集成 RISC 通信控制器
操作电压及电流消耗	5V，1A
安装空间	3HU（高），4SU（宽）

该模块面板说明如下。

10/100Baset 为以太网接口，HRS 接口如果有冗余，可以通过网线连接到冗余网卡，FB 接口对于本系统无功能。

4.3.4　中央机架套件

中央机架套件 B 5233-2（H51q-HRS 系统）是具有极高可用性的 PES（可编程电子系统），经过 TÜV 测试认证，达到 AK6/SIL3 安全等级。其结构如图 4-14 所示，组成如表 4-7 所示。

图 4-14　中央机架套件 B 5233-2

表 4-7　中央机架套件 B 5233-2 组成

项目	内容
部件	一个 5 个单元高的 19 英寸（约 0.48m）中央机架 K 1412B（包括电缆走线槽、3 个冷却风扇模件 K 9212、铰接安装用于标记的条形面板和 21 模件安装槽位的底板 Z 1001）
背部模件	3 个带解耦、带保险的 24V DC 馈电模件 Z 6011； 1 个用于风扇组运行监视、保险监视的模件 Z 6018； 2 个用于提供看门狗（WD）信号电源电压的带解耦、带保险的模件 Z 6013； 4 个总线终端模件 F 7546（仅包含在 B 5233-2 套件内）； 1 条数据连接电缆 BV 7032（仅包含在 B 5233-1 套件内）

续表

项目	内容
模块	3 个 F 7126 24V DC/5V DC 电源模块，每个 10A（PS1，PS2，PS3）； 1 个 F 7131 电源监视模块； 2 个 F 8650X 中央控制器模块（CU1，CU2）
可选模块	6 个协处理通信模块 F 8621A（CM11-CM13，CM21-CM23）； 10 个通信模块（CM11-15，CM21-25）。 中央套件 B 5233-2 对应于 I/O 级的套件包括： I/O 子机架套件 B 9302[4 个单元高，19 英寸（约 0.48m）机架]； 附加电源套件 B 9361 5V DC[5 个单元高，19 英寸（约 0.48m）机架]

使用 3 个 F 7126 电源模块时，即使在其中 1 个 F 7126 电源模块故障的情况下，只要安装在 I/O 子机架的所有 I/O 模块及安装在中央机架的所有模块的最大消耗电流不超过 18A，系统仍然可以连续安全运行。

4.3.5　I/O 机架

I/O 子机架 B 9302，4 个单元高。其结构如图 4-15 所示，组成如表 4-8 所示。

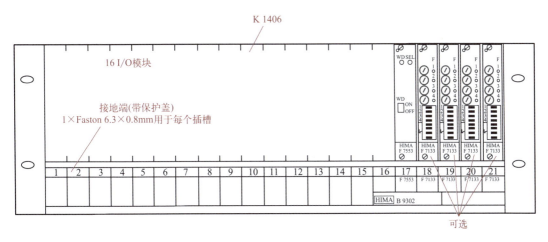

图 4-15　I/O 子机架套件 B 9302

表 4-8　I/O 子机架套件 B 9302 组成

项目	内容
部件	1 个 4 个单元高的 19 英寸（约 0.48m）中央机架 FK 1406 I/O 子机架（包括电缆走线槽、铰接安装用于标记的条形面板）； 1 个通信联接模块 F 7553； 1 条 BV 7032 数据电缆，长度由订货号决定，标准配置为 B 9302（带 0.5m 长数据电缆），电缆长度可选，总线电缆的总长度最长为 30m； 机架 K 1406 的 1～16 槽位用于安装 I/O 模块
可选模块	1～4 个 F 7133 4- 通道带保险及状态监视的电源分配模块，安装在 18～21 槽位中

电源分配模块的保险状态监视在其内部连续切换，通过一个中性触点产生相应的故障状态信号。当某一槽位不需要安装电源分配模块时，可将其相应的故障触点通过跳线旁路。

4.3.6　数字量输入／输出模块

（1）数字量输入模块

16 通道数字量输入模块 F 3236 如图 4-16 所示，其具有安全隔离（safety isolation），安全相关的，达到了 AK6/SIL3 的安全等级。

模块在运行时全方位自动检测所有和安全相关的故障信息。模块在正常工作时自检，当发现通道故障时，操作系统会把整个卡件的 16 个通道全部赋值为"0"，同时 CU 上出现报警。

主要检测过程如下。

❶ 输入信号和 Walking-Zero 进行信息交换。

❷ 滤波电容的功能检测。

❸ 模块的功能检测。

❹ 不对电缆接头（cable）上的 LED 指示灯进行检测。

技术参数如下。

❶ 输入：信号 6mA（包括电缆接头）或机械触点 24V。

❷ 切换时间：典型 8ms。

❸ 操作数据：5V DC，120mA/24V DC，200mA。

（2）数字量输出模块

8 通道数字量输出模块 F 3330 如图 4-17 所示，每一通道可连接阻性或感性负载，负载功率最大为 12W（500mA）。每一通道可直接连接信号灯，最大输出功率 4W。具有一体化安全停车功能、安全隔离功能，当 L 电源断开时，模块没有输出信号。安全相关的，达到了 AK6/SIL3 的安全等级。其技术参数如表 4-9 所示。

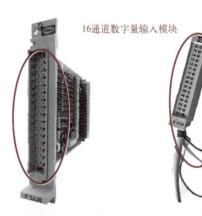

图 4-16　数字量输入模块 F 3236

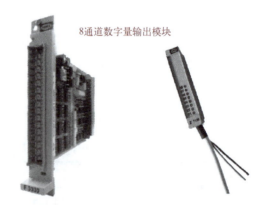

图 4-17　数字量输出模块 F 3330

模块运行时，自动完成所有的自检功能。

自检功能的基本过程如下。

❶ 将输出的信号读回。对"0"信号的操作点的读回信号小于等于 6.5V。在故障情况下，读回数值超过这一数值时，卡件将输出一个"0"信号，此时不进行自检测。

❷ 交换检测信号和 cross-talking（walking-bit 检测）。

表 4-9 数字量输出模块 F 3330 技术参数

项目	参数
输出	500mA，带短路保护电路
内部电压降	最大 2V（在驱动 500mA 负载的情况下）
电流限制器的响应值	> 550mA
允许的接线电阻	最大 11Ω
低电压跳闸	在小于等于 16V 时
短路电流操作点	0.75 ~ 1.5A
输出漏电流	最大 350μA
输出复位时的输出电压	最大 1.5V
检测信号持续时间	最大 200μs
安装空间	4TE
操作数据	5V DC，110mA/24V DC，180mA+Load

注意：

❶ 如果一个 I/O 子机架中所有 DO 输出通道连接的负载均达到 DO 通道的额定负载能力（0.5A），则此 I/O 机架中最多可以安装 10 个 F 3330 卡件；

❷ 可以并联使用，无需外接二极管。

4.3.7 模拟量输入／输出模块

（1）模拟量输入模块

8 通道模拟量输入模块 F 6217 如图 4-18 所示，用于 0 ~ 20mA/4 ~ 20mA 或 0 ~ 5V/0 ~ 10V 信号的输入，分辨率为 12 位，安全相关的，达到了 AK6/SIL3 的安全等级。其技术参数如表 4-10 所示。

表 4-10 模拟量输入模块 F 6217 技术参数

项目	参数
输入电压	0 ~ 5.5V，最大输入电压 7.5V
输入电流	0 ~ 22mA，最大输入电流 30mA
被测量刷新	50ms
安全时间	450ms
输入阻抗	100kΩ
输入滤波器时间常数约	10ms
基本误差	0.1%（25℃时）
操作误差	0.3%（0 ~ 60℃时）

续表

项目	参数
和安全相关的误差极限	1%
电气强度	对地 200V
安装空间	4TE
操作数据	5V DC，80mA/24V DC，50mA

该模块内部有一个和安全相关的冗余处理器系统，因此所有的模块自检功能均在模块内部完成。主要自检过程如下：

❶ AD 转换器的线性化检测；

❷ 8 个通道之间的信息交换；

❸ 输入滤波器的功能检测；

❹ I/O 总线的功能检测；

❺ 微控制器的自检；

❻ 内存的自检。

（2）模拟量输出模块

2 通道模拟量输出模块 F 6705 如图 4-19 所示，每一通道输出 0/4～20mA，具有单独的电气隔离，具有一体化安全停车功能，具有安全隔离。安全相关的，达到了 AK6/SIL3 的安全等级。其技术参数如表 4-11 所示。

图 4-18　模拟量输入模块 F 6217

图 4-19　模拟量输出模块 F 6705

表 4-11　模拟量输出模块 F 6705 技术参数

项目	参数
精度	12 位（4095 个编码），0=0mA，3840=20mA，4095=21.3mA
基本误差	≤ 0.2%（40μA），25℃
操作误差	≤ 0.4%
线路长度	最大 1000m

续表

项目	参数
电气强度	对地 250V
有源输出电压	UQ 10 ～ 30V
安装空间	4SU
操作数据	5V DC，85mA/24V DC，130mA

模块运行时，自动完成小于 1ms 的所有的自检功能。自检功能的基本过程包括 D/A 转化的线性化、输出通道间的信息交换、安全停车。

4.4　ELoP II 系统组态

4.4.1　创建项目和节点

（1）新建工程

打开 Windows 系统开始菜单，然后点击 ELoP II 工程创建向导界面，按照 ELoP II 工程创建向导窗口提示的标准步骤，建立一个新的工程。

（2）确定工程文件存储路径和文件名

在如图 4-20 所示窗口的左侧，选择新项目的存储目录，在 Object name 处写入新建项目的名称。确认建立工程，按 OK，将在指定的路径下生成相应的工程文件。

（3）创建一个新库

此项为可选项，这里存放着用户自定的一些功能块。

在组态窗口左侧，右击所建工程，将显示如图 4-21 所示的菜单，在显示的菜单中，选择 New → Library，即可建立一个用户自定义的库。新建的库初始名称为"NewLib"，可由用户自己修改。

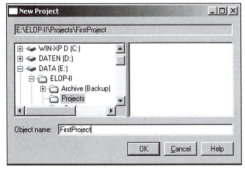

图 4-20　创建项目

图 4-21　创建库

（4）修改库文件名

当库文件新建完成后，光标将会在库文件名的位置闪烁，这时可以修改库文件名。

修改库文件名还有以下方法。

❶ 鼠标单击库文件名，然后修改库文件名。

❷ 右键单击库文件图标，选择 Rename，如图 4-22 所示。

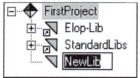

图 4-22 重命名库

（5）创建项目

一个项目（Configuration）中可能有多个节点（Resource）。在组态窗口左侧，右击所建工程，将显示如图 4-23 所示菜单，选择 New → Configuration，将生成新的项目。项目文件的重命名方法同库文件的重命名。

图 4-23 创建项目

（6）在项目下创建节点

在组态窗口左侧，右击所建项目，将显示如图 4-24 所示菜单。选择 New → Resource，将生成新的节点。节点的重命名方法同库文件的重命名。

图 4-24 创建节点

（7）创建程序

用于各 Resource 编程。在组态窗口左侧，右击所建节点，将显示如图 4-25 所示菜单，选择 New → Type Instance，将生成新的程序（Instance）。程序的重命名方法同库文件的重命名。

图 4-25　创建程序

4.4.2　逻辑程序编写

双击 program 图标打开程序。

（1）把组成逻辑的基本模块从库中拖到逻辑编辑区域

在组态窗口左侧，单击标准库（StandardLibs）左侧的"+"，打开标准库中的"IEC61131-3"，可以看到 Bitstr 库，选择与门（AND）功能块并按住鼠标左键，把库中的功能块拖到逻辑编辑区域。在鼠标拖动的过程中，可以看到功能块的外形。

将与门拖到放置的位置，放开鼠标左键，即可以看到与门被放在逻辑编辑区域。如图 4-26 所示。

这种方法同样适用于用户自定义的功能块。

（2）当前页面信息的填写

当把与门放置在逻辑编辑区域时，因为这个与门是第一个被放到逻辑编辑区域的对象，页面数据编辑（Edit Page Data）对话框会自动弹出。其中，Short name 和 Long name 的内容均用于描述当前页面。如图 4-27 所示。

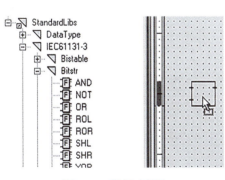

图 4-26　调用功能块

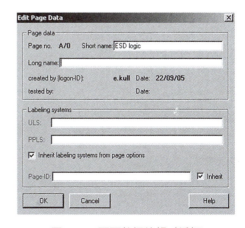

图 4-27　页面数据编辑对话框

（3）结合其他功能块编写逻辑

插入库中的其他功能块到逻辑编辑区域，按住 Ctrl 键并用鼠标选中已有的功能块拖拉到空白位置进行功能块的复制。如图 4-28 所示。

ELoP II 中复制对象不能重叠摆放，否则，复制无效。

（4）栅格按钮和放缩按钮的使用

点击 Toggle grid 按钮选择显示 / 不显示栅格，点击放缩按钮选择调节窗口的显示效果。放缩按钮只对当前选中的区域有效。如图 4-29 所示。

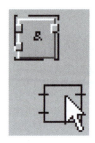

图 4-28 复制程序中的对象

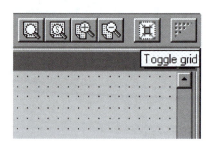

图 4-29 栅格按钮和放缩按钮

（5）添加变量到逻辑中

用拖拉的方法可以将定义好的变量从变量编辑器中复制到逻辑编辑区域。

在变量列表中，用鼠标左键选中调用的变量名，把变量拖到逻辑编辑区域，放开左键，所选变量将显示在放置位置上。如图 4-30 所示。

（6）连接变量和功能块

把鼠标放在两点连接的起始节点上，即变量的输出（variable output），按住鼠标左键，拖到结束位置的节点上，然后放开左键，就可以看到起始点和结束点之间有线连接。这样可以实现不同对象之间连接。操作步骤如图 4-31 所示。

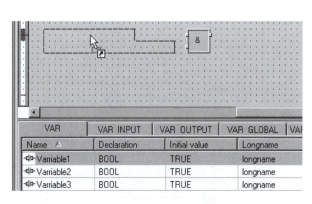

图 4-30 调用变量

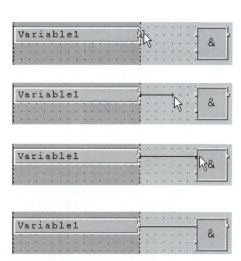

图 4-31 连接变量和功能块（1）

连接线的颜色会根据变量类型的不同而不同，同时，被连接的节点的数据类型必须相互匹配。如图 4-32 所示。

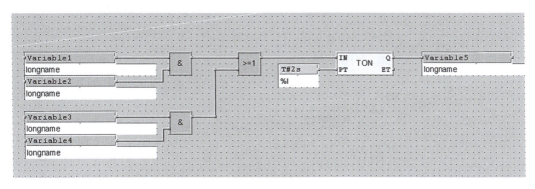

图 4-32　连接变量和功能块（2）

（7）保存逻辑和关闭程序

保存逻辑：按工具栏右上方的 Save 按钮，如图 4-33 所示。

关闭程序：按窗口右上方的 Close 按钮，如图 4-34 所示。

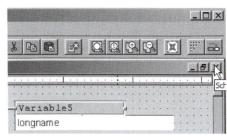

图 4-33　保存逻辑

图 4-34　关闭程序

4.4.3　HIMA 系统硬件和变量组态

（1）节点的系统硬件分配（RT assignment）

在组态窗口左侧中，右击对应的 Resource，打开相应的菜单，选 RT assignment，选择系统配置对应的硬件类型，例如 H41q 配置。如图 4-35 所示。

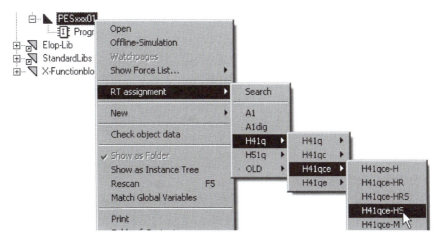

图 4-35　选择节点的系统硬件类型

（2）进入硬件组态画面

在组态窗口左侧，右击对应的 Resource，打开相应的菜单。

选择 Edit cabinet layout，如图 4-36 所示，进入硬件组态（cabinet layout）画面。

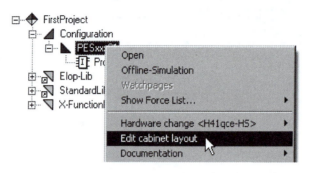

图 4-36　硬件组态画面

（3）将 I/O 模块添加到子机架中（以 H41q 为例）

把模块栏中的模块拖到机架的相应的槽位上，如图 4-37 所示。

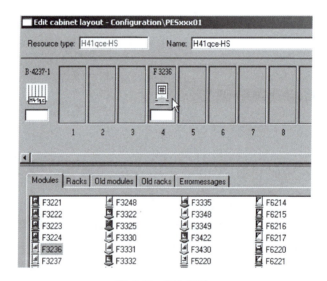

彩图

图 4-37　添加模块

模块的不同图标代表不同的意义。黄色 I/O 图标：代表安全相关的。灰色 I/O 图标：代表非安全相关的。蓝色 I/O 图标：代表用于防爆区域。箭头指向图标：代表输入模块。箭头背向图标：代表输出模块。

（4）I/O 模块通道分配

双击机架中的 I/O 模块图标（如上面添加的 F3236）将打开通道分配对话框（Edit Tag name）。如图 4-38 所示。

（5）将 I/O 变量分配到 I/O 模块通道中

图 4-39 左边表格中列出的是 F3236 模块的 16 个布尔量输入通道。右边表格是所有暂未分配的变量的列表，其中只有布尔量才能与 F3236 模块的通道匹配。

鼠标左击右边变量列表中的变量名并按住左键，把变量拖到左侧模块对应的通道，即可把变量分配到相应的硬件通道中。一旦右侧变量表中的变量分配了通道，就不在右侧变量表里显示了。

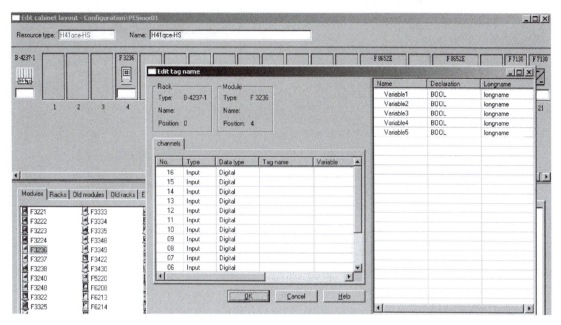

图 4-38　通道分配对话框

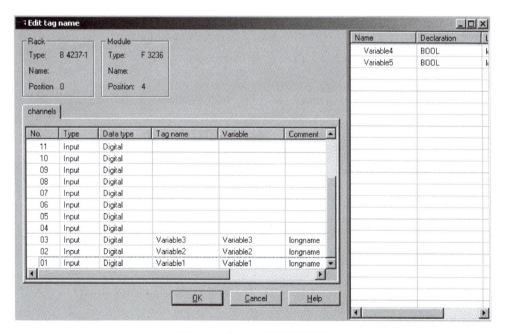

图 4-39　将 I/O 变量通道分配

一个 I/O 变量只能分配到一个 I/O 通道中。

（6）取消变量通道分配

双击将要取消通道分配的变量，删除 Tag name 一栏中的变量名，取消 Assign variable 一栏前面的 √，按 OK 确认。如图 4-40 所示。

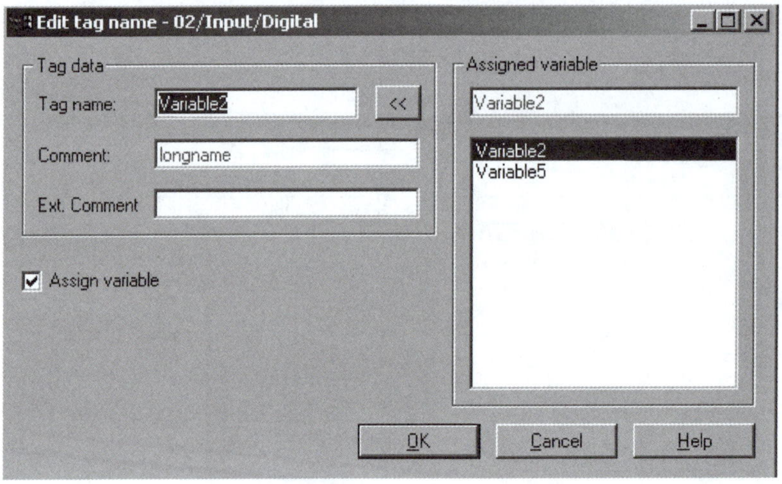

图 4-40　取消变量通道分配

在变量分配对话框（Edit tag name）下方，按 OK 关闭窗口。在硬件分配对话框（Edit cabinet layout）下方，按 OK 关闭窗口。

4.4.4　离线仿真

新建的逻辑可以脱离 PES 硬件系统在 PC 机上进行测试。

（1）进入离线仿真环境

右击相应的 Resource 图标，打开相关菜单，选择 Offline-Simulation，即可进入仿真环境，如图 4-41 所示。离线仿真代码生成过程如图 4-42 所示。

图 4-41　打开离线仿真

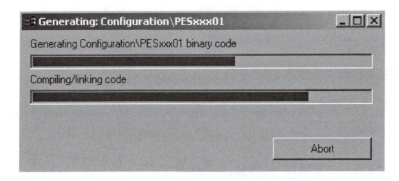

图 4-42　离线仿真代码生成过程

进入离线仿真环境（offline simulation，OLS）将在组态窗口左侧显示相关的窗口。

（2）开启离线仿真

ELoP II 从 V4.1 版本开始，离线仿真是自动开启的，之前的版本需要手动按冷启动（Cold boot）按钮（图标为蓝三角形）。启动后，程序的运行状态由停止（Stopped）变成运行（Running）。

打开程序运行画面，需要双击组态窗口左侧下方的程序图标。如图 4-43 所示。

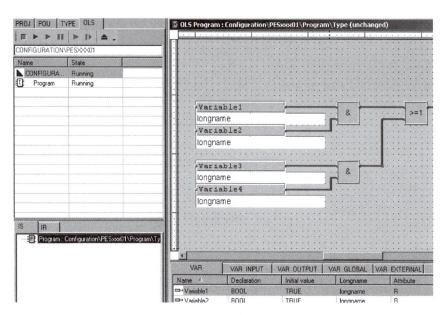

图 4-43　开启离线仿真

（3）改变逻辑信号状态、测试程序

改变逻辑信号状态是在在线测试框（online test field，OLT field）中操作实现的。具体操作如下。

选择变量，如图 4-44 所示。

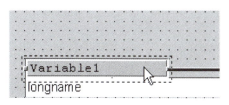

图 4-44　选择变量 **Variable1**

把光标位置向程序画面的空白位置移动，然后松开鼠标左键。如图 4-45 所示。

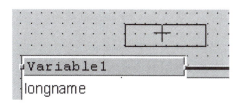

图 4-45　在线测试框

可根据需要适当调整在线测试框的位置。如图 4-46 所示。

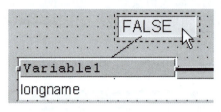

图 4-46　调整测试框

双击在线测试框即可改变变量的信号状态。如图 4-47 所示。

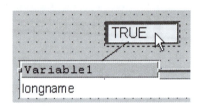

图 4-47　改变变量信号状态

关闭插入在线测试框的程序时，将提示是否保存已做的改动，即 Save change，若选 Yes，在线测试框将被保存在程序中；若选 No，在线测试框将不会被保存在程序中。

新增的在线测试框不会影响程序的代码版本（code version）和运行版本（run version）。

在变量框上直接改变逻辑信号状态的具体操作如下。

把鼠标放在要改变信号状态的变量上。如图 4-48 所示。

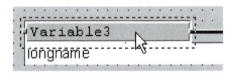

图 4-48　选择变量 Variable3

按住 Alt 键，变量名不再显示，而显示变量的当前状态 TRUE/FALSE。如图 4-49 所示。

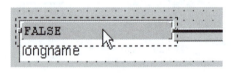

图 4-49　按住 Alt 键

双击变量框可以改变变量的当前状态。如图 4-50 所示。

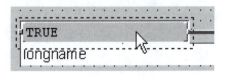

图 4-50　双击变量框

放开 Alt 键，变量名又会显示出来 。如图 4-51 所示。

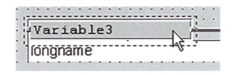

图 4-51　放开 Alt 键

参与逻辑的中间变量不可以改变其状态，其状态由逻辑运算产生。

（4）关闭离线仿真窗口

点击 Close OLS 按钮，即可关闭离线仿真窗口，如图 4-52 所示。

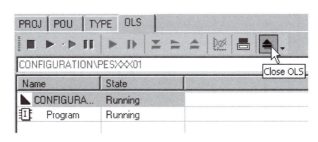

图 4-52　关闭离线仿真窗口

4.4.5　在线运行和测试

（1）在线运行

❶ 程序编译。用户编写的逻辑必须编译生成可执行代码，才能下装到控制器的 CPU 中运行。其步骤如下。

a. 开启可执行代码生成器（Code Generator）。鼠标右击要编译的 Resource，打开相应的菜单，选择可执行代码生成器。如图 4-53 所示。

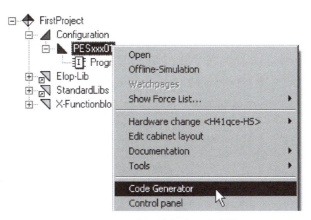

图 4-53　开启可执行代码生成器

b. 确认是否进行编译。如图 4-54 所示。

图 4-54　确认是否编译

确认进行代码编译，逻辑编辑区域的位置自动打开编译信息窗，如图 4-55 所示。

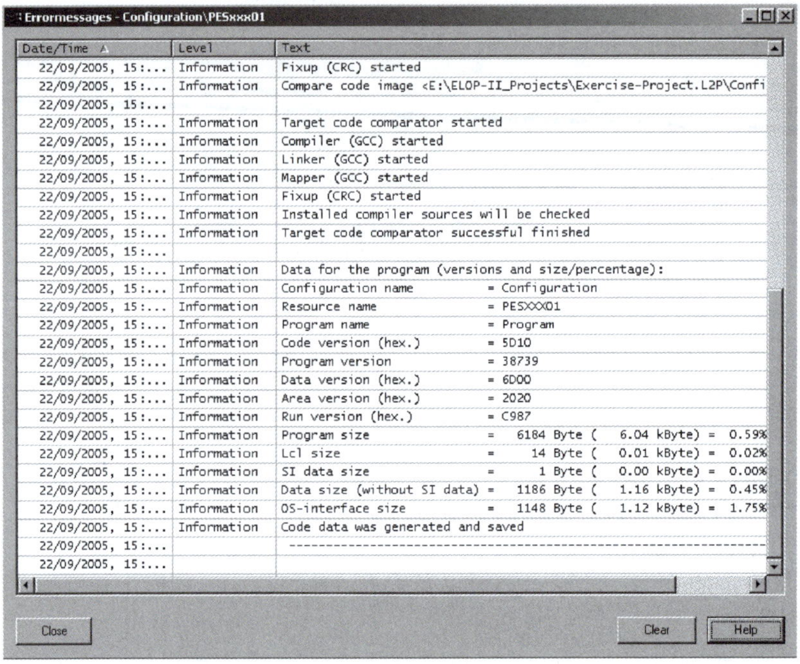

图 4-55　编译信息窗

❷ 程序下装与程序启动。其步骤如下。

a. 打开控制面板（Control panel）。鼠标右击 Resource，打开相应的子菜单，选择 Control panel。如图 4-56 所示。

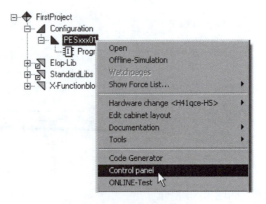

图 4-56　打开控制面板

保持控制面板打开，选择 CP 选项。

b. 程序下装操作。在控制面板中，点击下装 / 重装（Download/Reload）按钮图标。如图 4-57 所示。

图 4-58 是下装程序，下装程序时系统停车。

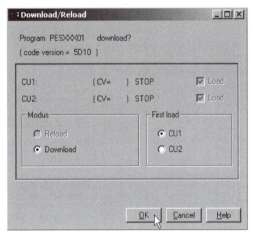

图 4-57　下装 / 重装　　　　　　　　　图 4-58　下装程序

❸ 启动控制器。在控制面板中，点击启动（Start）按钮。如图 4-59 所示。

新的工程的启动模式（Startmode）选择冷启动（Cold start）。如图 4-60 所示。

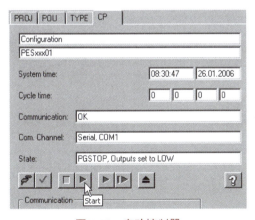

图 4-59　启动控制器　　　　　　　　　图 4-60　控制器冷启动

按 "OK" 确认后，将弹出是否确定需要冷启动的提示（防止误操作）。确认冷启动，状态由 STOP 转为 RUN，如图 4-61、图 4-62 所示。

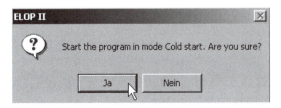

图 4-61　确认是否需要冷启动

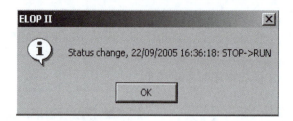

图 4-62　状态变化（STOP → RUN）信息提示

冷启动完成结果如图 4-63 所示。

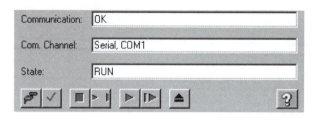

图 4-63　系统运行状态显示

（2）在线测试

只有当 PC 机中的程序代码版本与控制器中的程序代码版本完全相同时，才能进行在线测试。步骤如下。

❶ 打开在线测试。在组态窗口中，鼠标右击，打开相应的 Resource 的子菜单，选择 ONLINE-Test。如图 4-64 所示。

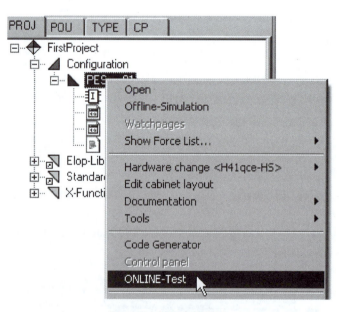

图 4-64　打开在线测试

在线测试打开后，将有 OLT（ONLINE-Test）选项出现在组态窗口左侧。在按钮栏下面，将列出 Resource 中用到的所有功能块。如图 4-65 所示。

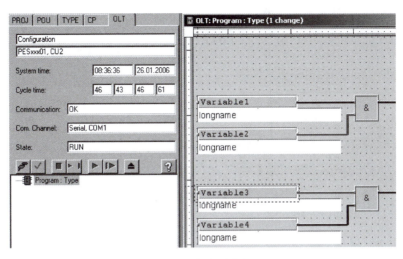

图 4-65　在线测试窗口

布尔量（BOOL）的状态有不同的颜色相对应：Red=TRUE；Blue=FALSE。
❷关闭在线测试窗口。点击在线测试窗口中的关闭（Close）按钮。如图 4-66 所示。

图 4-66　关闭在线测试窗口

在线测试窗口打开时，程序将不能打开和修改！
（3）输入和输出信号强制
❶打开控制面板。鼠标右击相应 Resource，打开相应的子菜单，选择 Control panel。如图 4-67 所示。

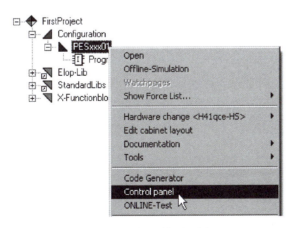

图 4-67　打开控制面板

❷确认强制开关设置（Force switch settings）。在控制面板中，点击 Force switch 按钮，如图 4-68 所示。

强制开关窗口将会显示 Master force、已强制的变量的状态和已强制的输入和输出的个数。在 Set/Reset 的复选框中打钩，如图 4-69 所示。

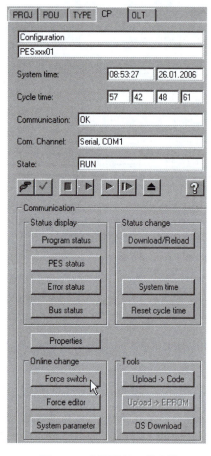

图 4-68 确认强制开关设置

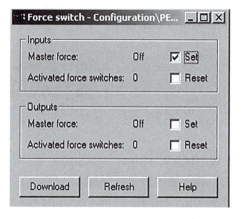

图 4-69 激活 Force switch

举例：见图 4-70。

变量 1 的实际输入值为 FALSE；强制值为 TRUE，通过鼠标双击进行设置；Master force 已开启。

结果：逻辑中将强制值 TRUE 代入逻辑参与运算。

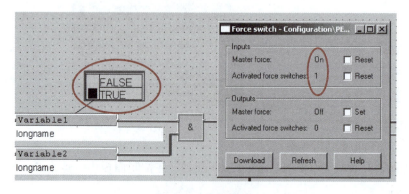

图 4-70 变量强制

4.4.6　备份工程

（1）导出工程

右键 project 打开子菜单，选择 Archive。

（2）选择导出路径

在导出路径选择窗口中，确定备份文件存储路径描述（Description）为可选项，如图 4-71 所示，按 Archive 按钮，相应工程的备份文件将会以 L3P 为扩展名的形式，存放在相应的路径下。如图 4-72 所示。备份文件包含 3 个文件，如图 4-73 所示。

图 4-71　选择导出路径 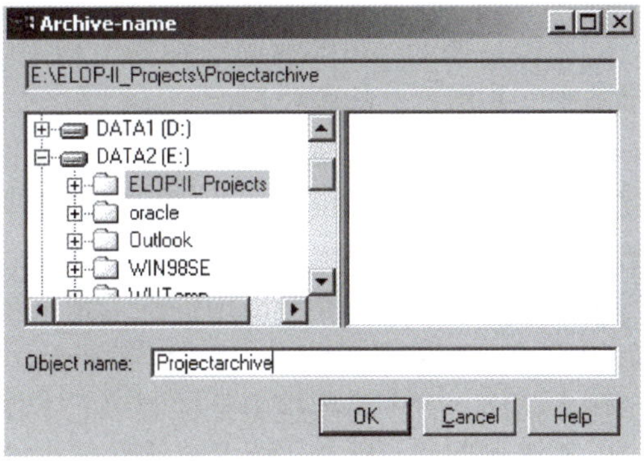　　　　图 4-72　浏览导出路径

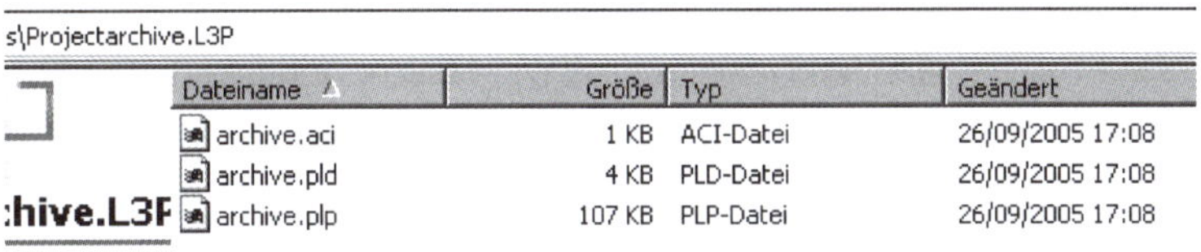

图 4-73　备份文件内容

4.5　ELoP II 系统维护

4.5.1　故障诊断

（1）中央设备中的故障

当冗余中央模件的 PES 故障时，未发生故障的设备会无干扰地接管操作，正常运行的中央模件的诊断显示器上显示"MONO"。

非冗余中央模件的 PES 故障则会导致 PES 停车，并在故障中央模件的诊断显示器上显示"STOP"。

如果按下故障中央模件前面的按钮，则会显示故障代码。

注意：在按"ACK"按钮前，可以将故障历史信息（Control Panel，Display of the error status of the CPU）存储在文件中。按下"ACK"按钮后，处理器 RAM 中所有存储的错误信息会被删除！

当连上编程设备后，可以显示已发生的错误，这些信息存储在 PES 的 RAM 中，对分析错误非常重要，应该通过"打印"或"输出"来保存它们。

如果要替换中央模件，要注意正确的拨码开关位置和正确的操作系统版本。在冗余系统中，如果在更换中央模件后要加载用户程序，注意以下的操作。

❶ 在冗余系统中，可以通过"自学习"加载用户程序。

❷ 确保安装在正确的中央模件上。

❸ 此外，在运行的中央模件中现有的用户程序与替换的中央模件中要加载的用户程序的版本代码必须一致。

（2）输入 / 输出模件的故障

在运行期间，PES 自动识别安全相关输入 / 输出模件中的故障，I/O 故障显示在诊断显示屏中，并指示其故障位置。

如果输入 / 输出模件有线路监测功能，则对连接传感器和执行机构的连线也进行检查，故障显示在诊断显示屏中，并指出故障通道的编号。这种情况下，外部线路也需要检查，并不一定要更换模件。

非安全相关输入 / 输出模件的通道故障会引起逻辑信号状态和电缆连接器上 LED 灯状态的差别，如果逻辑信号与 LED 状态显示不一致，则需要更换相应的输入 / 输出模件。对于输出模件，首先需要检查是控制单元工作出了问题还是有线路干扰。

在操作期间，输入 / 输出模件可以在线插拔。

（3）通信模件的故障

模件故障通过前端 LED 指示。通过系统变量，相应的功能块会告知用户程序。为了保持 SIS 系统的冗余性，故障通信模件必须立即更换。在运行的冗余系统（两个中央模件）中更换故障模件，必须遵循如表 4-12 所示的步骤。

表 4-12　通信模件更换步骤

操作	步骤
通信模件更换	①拧开中央模件的固定螺钉
	②拔出相关的中央模件
	③拧开需要更换模件的固定螺钉
	④拔出故障协处理器模件或通信模件
	⑤拔掉所有接口电缆，包括用于冗余的电缆
	⑥用来替换的模件上的所有拨码开关的位置应与故障模件上的一致
	⑦插上所有接口电缆，包括用于冗余的电缆
	⑧插入替换的协处理器模件或通信模件
	⑨拧紧替换模件的安装螺钉
	⑩插入相关的中央模件
	⑪拧紧中央模件的安装螺钉

（4）模件的维修

用户自己维修模件是不允许的，这不符合本质安全模件和安全相关模件的规章。另外，维修过程中特殊的测试也是必需的，因此故障模件应该送往 HIMA 修理，并附有客户确认的简短的故障描述，包括以下几点。

❶ 模件的 ID 号，例如 F8650E 模件为 01.064894.022。

❷ 到目前为止的用于维修的测量。

❸ 详细的故障诊断（参阅 ELoP II 用户手册和 Resource Type 用户手册），对于冗余的 PES 需要两个中央模件的诊断信息。

❹ 对于输入 / 输出模件，故障描述应包括到目前为止所采用过的用于检修的措施（检查电源，更换模件）。

（5）故障代码

❶ 显示在中央控制模件 CU（液晶屏）上的诊断信息。例如 I/O 区域的错误代码。如表 4-13 所示。

表 4-13　I/O 区域错误（"I/O" 的 LED 灯亮起）

显示代码	说　明
1204	I/O 模件故障位置 1：I/O 总线号 2：I/O 机架号 04：I/O 机架槽位号
1314/2/4	I/O 模件通道故障 1：I/O 总线号 3：I/O 机架号 14：I/O 机架槽位号 /2/4：故障的通道号
14**	四块以上模件或者全部机架的故障 1：I/O 总线或机柜号 4：I/O 机架号 **：（连接电缆、I/O 总线、供电、连接模块）

❷ 逻辑程序中的系统变量显示错误代码，如图 4-74 所示。

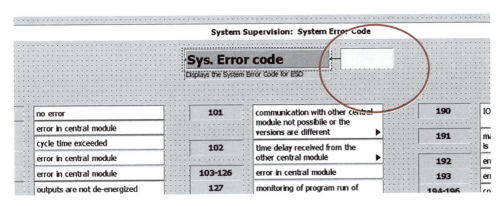

图 4-74　系统变量显示错误代码

❸ Elop II 中的系统控制面板上显示的故障代码，如图 4-75 所示。

图 4-75　系统控制面板上显示的故障代码

错误代码如表 4-14 所示。

表 4-14　错误代码列表

错误代码编号	错误代码产生原因
0	没有错误
1～4	中央模件错误
5	超过循环周期时间
6～12	中央模件错误
13	控制器启动时输出不给电 例如：一个被定义为输出模件的槽插入输入模件的情况
14	逻辑紧急中断
15～16	中央模件错误
17	不同的内存不能被定位
18	允许的时间基数分歧
19	中央模件错误
20～21	另外一个中央模件时间延迟
22	冗余失败
23	恢复冗余（再一次）

续表

错误代码编号	错误代码产生原因
24 ～ 28	中央模件错误
29 ～ 30	I/O 机架的定义不存在，或者耦合模件错误
31 ～ 46	中央模件错误
47	电源监视错误
48 ～ 52	中央模件错误
53	未知的 I/O 模件类型（ELoP II 里错误输入）
54 ～ 87	中央模件错误
88	存在的中央模件不是 S 类型（安全相关类型），但是它被用户程序请求访问
89 ～ 92	中央模件错误
93 ～ 94	用户程序的信号错误
95 ～ 99	中央模件错误
100	由于内存错误，完全初始化
101	和其他中央模件不能够通信，或者操作系统、应用程序版本不一致
102	从其他中央模件收到的时间延迟：CM 之间通信等待的时间已经终止
103 ～ 126	中央模件错误
127	监视 HIMA 程序运行的块
128 ～ 130	中央模件错误
131	通过程序员单元启动（PADT[PC]）
132	按下中央模件上的 ACK 后启动
133	自检后启动
134	打开电源开关后启动
135	电源错误
136 ～ 137	中央模件错误
138	超过 MONO 重新装载的时间
139	MONO 重新装载后，不同范围的版本或修正的新用户程序不相容
140	中央模件错误
141	用户程序的闪存 EPROM 被抹去，准备下装新的用户程序
142	下载后 PES 停止
143	第一次装载修正程序的中央模件一般操作启动
144	MONO 重新装载后通过一般操作启动
145	已经下装完成的第二块中央模件重新装载后启动
146	通过程序员单元热启动（PADT[PC]）

续表

错误代码编号	错误代码产生原因
147	存在的 CM 不是 E 类型的（extended memory，扩展内存），但是它被用户程序请求访问
148	中央模件错误
149	自学习后启动
150	自学习失败
152 ～ 160	中央模件故障
162 ～ 163	中央模件故障
164	用户程序没有装载到闪存上
165 ～ 175	中央模件故障
176 ～ 179	I/O 子机架不存在或连接模件故障
180 ～ 181	I/O 电源故障
182	连接模件故障
183、184	I/O 电源故障
185	连接模件故障
186	中央模件故障
187	I/O 子机架不存在或连接模件故障
189	中央模件故障
190	I/O 子机架挂起
191	F 7553 维修开关已按下
192	连接模件故障
193 ～ 196	中央模件故障
198	中央模件故障
199	事件缓冲初始化
200	模件类型 F 3349 I/O 错误
201 ～ 208	F 6213/14/15/16 输入模件故障
209 ～ 212	中央模件故障
213	F 5220、F 6220 或 F 6221 输入模件故障
214	中央模件故障
215 ～ 216	F 3235 输入模件故障
217 ～ 219	F 3237/F 3238 输入模件故障
220 ～ 222	F 6705 输出模件故障
223 ～ 226	F 3330/31/33/34/35/48 或 F 3430 输出模件故障
227 ～ 228	F 6127 输入模件故障

续表

错误代码编号	错误代码产生原因
229	中央模件跟以太网通信模件（F 8625/26/27/28）出现通信故障
230～239	中央模件故障
241～251	中央模件跟以太网通信模件（F 8625/26/27/28）出现通信故障
252	中央模件故障
253	可以通过按中央模件面板上的按钮删除用户程序（错误代码显示是临时的）
254	通过按中央模件面板上的按钮删除用户程序（正常后，错误代码可以在历史趋势中看到）
255	中央模件故障

4.5.2　模块更换

（1）安全切除（safety switch-off）的概念

PES H51q-HRS 系统发生故障时，系统的响应是固定定义的，或者通过程序块在用户程序中对安全组停车加以定义，或者激活一个用于事故切除的系统变量来定义，也可借助于故障源特性中的 I/O 参数来定义。

在操作期间，当安全相关的模件出现故障时，系统响应如表 4-15 所示。

表 4-15　H51q 系列系统响应

故障位置	资源（Resource）中的 I/O 参数配置设置	系统响应
输出模件 单个错误 （包括电压下降）	仅显示 正常操作	模件切除
	正常操作及每组一个 H8-STA-3 程序块	安全组停车
	事故切除	切除相关的 CPU 的 WD
输出模件中 I/O 总线或双重故障[1]	正常操作	切除相关连接模件的 WD
	事故切除	切除相关的 CPU 的 WD
中央模件（CU）或 CU[2] 与连接模件间的 I/O 总线[3]	与 I/O 参数无关	切除相关的 CPU 的 WD
输入模件	与 I/O 参数无关	这个模件的所有输入为 0 的信号操作
与故障无关	与 I/O 参数无关，事故切除系统变量被激活	相关 CU 的 WD[4] 被切除

[1]在一个输出通道内和一个可测试输出模件的电子切除部件内的故障。
[2]中央模件。
[3]输入／输出总线。
[4]看门狗信号。

表 4-15 中，系统响应及故障排除包括以下几点。

❶ 参数"仅显示"。通过输出放大器的一体化停车切除，如果不可能，就通过连接模件切除 I/O 机架内的看门狗信号（仅限于系统 H51q），若相关中央设备的看门狗信号不切断，则这种参数设置只能达到 RC3。

❷ 参数"正常操作"。反应与参数"仅显示"相同，如果必要，可以再切除相关中央设备的看门狗信号。从 RC4 开始需要这样设置参数，这是常用也是推荐的参数。

❸ 参数"事故切除"。切除相关中央设备的看门狗信号，从而切除输出放大器。

❹ 模件切除。一个故障的、带一体化安全停车的可测试模件会自动切换到安全的失励状态。

❺ 安全组停车。必要时可以在用户程序中定义安全组停车，即属于一个安全组的所有可测试输出模件与故障模件一起被切除。在用户程序内，通过程序块 H8-STA-3，最多可以将 10 个可测试输出模件分配给一个安全组。

❻ 切除相关 CPU 的 WD。在这种情况下，相关中央模件的 WD 切除。

如果采用了带冗余中央模件和公共 I/O 总线的系统，那么输出模件就被分配给两个中央模件，在故障情况下，中央模件的两个看门狗信号都被切除，这表示所有的 I/O 模件都要被切除。

如果采用了带冗余中央模件和冗余 I/O 总线的系统，那么输出模件只与一个中央模件和一个 I/O 总线有关，在故障情况下，只有相关中央模件的 WD 被切除，这就意味着只有相关的 I/O 模件被切除。

❼ 切除相关的连接模件。在这种情况下，相关连接模件的 WD 被切除，这代表与该连接模件相关的所有 I/O 模件将被切除。

(2) 模件的安装和移除

对黑马可编程电子系统 H51q 的模件进行插拔时，必须通过弹出杆，将模件不受干扰地从总线板上移除，以防止系统中产生会触发停车的错误信号。模件不能倾斜。

当模件不使用的时候，要确保对模件的静电放电保护，比如把模件放入包装盒内，在工作的时候要确保在紧急停车系统的保护区域内并戴上防静电护腕，接触接地物体释放身上的静电。

❶ I/O 模件插拔。I/O 模件插拔说明如表 4-16 所示。

表 4-16 I/O 模件插拔说明

拔出	插入
a. 拧开模件的螺钉 b. 连同电缆插头一起拔出模件 c. 卸下电缆插头	a. 插入并固定不带电缆插头的模件 b. 插入电缆插头并用螺钉固定 c. 对于安全相关的模件和具有通道检测功能的模件，通过压下中央模件上的 ACK 键来刷新显示

❷ 连接模件 F7553 插拔。连接模件插拔说明如表 4-17 所示。

表 4-17 连接模件插拔说明

拔出	插入
a. 切除模件（WD 开关拨至"OFF"位置），模件断电 b. 拧开模件上的固定螺钉 c. 拔出模件，与之相关的 I/O 机架被从系统中完全切除	a. 根据 F7553 的数据文件设置模件的拨码开关 b. 插入并固定模件 c. 接通模件（WD 开关拨至"ON"位置） d. 按住中央模件上的 ACK 键直至"RUN"出现在 LED 显示器上

如果拔出模件的时候没有把模件切除，则所有 I/O 机架的看门狗信号关闭。

❸中央模件（CU）插拔。中央模件插拔说明如表 4-18 所示。

表 4-18　中央模件插拔说明

拔出	插入
a. 拧开数据电缆插头的螺钉 b. 抽出数据电缆 c. 完全拧开模件上的固定螺钉 d. 利用弹出杆不受干扰地把模件与总线板分开，以防系统产生能触发停车的错误信号，然后拔出模件 e. 不要触碰模件上的元器件	a. 根据技术参数的要求，检查拨码开关与跳线的设置 b. 完全拔出面板的固定螺钉 c. 把模件移动到连接器上，然后快速推入模件直至模件完全与连接器相接，以防止系统中产生错误信号 d. 拧紧螺钉 e. 插入数据电缆并用螺钉固定

在冗余系统中，新插入的中央模件的操作系统版本必须与已经在系统中使用中央模件的一致。否则错误信息会出现在新插入的中央模件的 LED 显示器上而且新插入的中央模件会进入停止状态。

❹电源插拔。电源插拔说明如表 4-19 所示。

表 4-19　电源插拔说明

拔出	插入
a. 检查电源供应模件 F7126 和电源监控模件 F7131 上的 LED 状态指示（LED 亮表明模件正常，LED 暗表明模件有故障。请注意只能更换故障模件，否则 PES 会被切断） b. 如果 LED 不亮，请检查 24V DC 供电 c. 在拔出有故障的电源模件 F7126 前，检查其他电源供应的输出电压 d. 拧开故障电源模件的螺钉，然后拔出	a. 插入电源模件，拧紧螺钉固定 b. 检查输出电压，必要时应进行调整

❺通信模件插拔。通信模件插拔说明如表 4-20 所示。

表 4-20　通信模件插拔说明

拔出	插入
a. 断开通信电缆的连接 b. 拧开螺钉后，先拔出相关的中央模件 c. 拧开固定螺钉后，拔出通信模件（以太网模件连同所连接的 HSR 电缆一起拔出）	a. 按照技术参数要求检查拨码开关的设置 b. 插入未接电缆的模件并加以固定 c. 连接 HSR 电缆 d. 连接通信电缆 e. 插入相关中央模件用螺钉固定

（3）接地操作

必要条件是接地状况必须良好，并有一个独立的地（如果可能），没有外部的电流流过它。

只允许负极（L-）接地，正极（L+）接地是不允许的，因为传感器线路中的任何接地故障都会导致该传感器超限。

在系统内，L- 只能在一点接地，一般来说，L- 直接在电源后面接地（例如在母排上），接地应该容易连接与断开，接地电阻必须小于等于 4Ω。

（4）测试输入和输出的接地故障

测试外部电缆的绝缘电阻、短路和断路时，电缆的两端都必须断开，以避免过电压损坏模件。

断开传感器和控制元件的连接后才进行接地故障测试，电源分配器上的连接器也必须断电，在控制元件上，负极必须分开。

如果负极用来接地，在测试接地故障时必须断开接地连接。这也适用于已有的接地故障测试设备的接地连接。

（5）更换后备电池

更换电池的时候，中央模件必须从子机架中拿出。建议至少 6 年更换一次（CPU 运行，模件供电），或者当 LED 显示器显示 "BATI" 时，在 3 个月以内更换。把旧电池焊开（先焊开正极，然后是负极），再焊上新电池，要注意极性正确，并且先焊上负极，再焊正极。

电池的主要作用是缓存标记有 "Retain" 变量的值以及维持内部时钟正常工作。

电池电量将耗尽时会在中央模件的 LED 显示屏上显示 "BATI"。系统变量 "SYSTEM normal" 变成 "FALSE"，变量 "SYSTEM.errormask2" 第 7/8 位（中央模件 1/2 故障）和第 15/16 位（中央模件 1/2 电池故障）变为 "TRUE"。

"BATI" 提示将会被更加重要的信息覆盖，例如 I/O 故障。在正常运行系统中（供电正常），电池没电时，系统不会有反应。但是在断电再恢复的时候，电池耗尽的中央模件将会处于故障停止状态。只有在将中央模件从机架拿出后才能更换电池，因此在 PES 正常运行期间不能执行更换电池的操作。

当拔出中央模件时，模件将会丧失运行状态，在此期间会有一定的风险导致另一个中央模件的故障停止。操作步骤为拔出中央模件→更换电池→重新插入中央模件→确认，使系统重新进入冗余运行状态。

4.5.3 应用注意事项

（1）维护检修注意事项

❶ 维护检修必须由两人以上作业，并办理仪表维护检修工作票、联锁票等相关工作票证。

❷ 未经技术主管部门允许，严禁拔插任何组件。如需要，在拔插组件时，必须严格执行正确操作程序，操作时须格外小心，用力适度，确保电缆插接件完全脱开或完全紧固。

❸ 检查或拆卸端子接线时要防止短路。

❹ 修改 PID 参数前，应将其切换至手动操作。

❺ 系统停运必须严格按停运步骤进行。

❻ 软盘、光盘应置于防潮、防冻、防高温、防强磁场、防强射线、防尘的环境中保存。

❼ 必须按规格要求更换熔断器。

❽ 对于有锁紧机构的插件、开关、保险等，在操作时必须先解除锁紧。

（2）投运安全注意事项

❶ 投运必须由两人以上作业。

❷ 投运前应与工艺人员取得联系。

❸ 确认系统处于良好的待用状态。

❹ 确认电源电压、频率、接地符合规格要求。

❺ 必须严格按照投运步骤进行。

❻ 投运后应注意观察系统运行情况。

❼ 投运后不得轻易更改软件内容，不得随意使用对其功能还不完全清楚的指令。

🌱 拓展阅读

关于 HIMA

HIMA 公司创建于 1908 年，总部位于德国曼海姆附近的布鲁尔，是世界著名的安全控制系统专业制造商。自 1970 年 HIMA 公司生产出世界上第一套 TÜV 认证的故障安全型控制系统 HIMA-Planar-System 起，HIMA 公司一直处于安全控制领域的最前沿，并引导了全球先后三代安全控制系统技术的发展，成为该领域领先地位的保持者，在国际市场中占有主要的份额。HIMA 公司是世界上唯一一家既提供安全等级达 AK7（DIN V 19250）/SIL4（IEC 61508）的故障安全型硬接线系统，又可提供安全等级达 AK6/SIL3 的容错可编程电子系统（PES）的制造商。HIMA 集团在全球拥有 22 个分支机构。

1998 年 HIMA 公司推出了 CPU 四重化结构（QMR）的安全控制系统 H41q 和 H51q，在安全控制技术领域作出了重大性突破，首次实现了安全控制系统无故障修复时间限制，该技术是目前世界上安全控制领域中最为先进和可靠的。

开放和独立的 HIMA 安全平台将硬件和软件结合在一个技术平台上，并提供统一的安全概念，拥有超过 50000 个已安装的安全系统（SIL3/SIL4，PLe，CENELEC SIL4）。除了成熟的安全技术外，HIMA 还提供咨询、安全工程和服务以及培训。

HIMA 解决方案可确保整个安全生命周期内的功能安全和 OT 安全、流程效率和工厂可用性，且符合标准。

作为安全专家，HIMA 推出功能安全数字化，并通过整体安全解决方案为客户创造了显著的附加价值。

自 20 世纪 60 年代以来，HIMA 一直是世界过程行业（包括化学品、石化产品、能源和石油和天然气等）巨头值得信赖的合作伙伴。

典型的安全应用包括紧急停车系统（ESD）、火气（F&G）系统、燃烧器控制 / 管理系统（BCS/BMS）、涡轮机械控制（TMC）、带泄漏检测的管道管理控制（PMC）、用于管道超压保护的高完整性压力保护系统（HIPPS）、用于深海的海底系统和罐区的保护系统。

2015 年，HIMA 凭借 CENELEC SIL4 认证的安全 PLC 彻底改变了铁路行业。开放式安全控制器可以轻松集成和维护，为机车车辆车载系统等应用提供整体安全解决方案。铁路解决方案套件包括用于电气化的电力 SCADA、用于铁路隧道控制的 SCADA BMS、超速预防系统、铁路车站联锁系统和自动门控制。

模块小结

ELoP II 控制系统是安全等级达 AK6/SIL3 的容错可编程电子系统，掌握 ELoP II 控制系统基本知识、系统维护、组态应用，是从事 SIS 系统相关仪表工作所必需的。

主要内容	要点
ELoP II 控制系统特点	①达到 IEC 61508 SIL3 对 CPU 的两级容错的技术要求 ②无故障修复时间限制 ③CPU、I/O 卡件、卡笼具有 AK6 认证 ④通信接口有冗余 SIL3/AK6 安全以太网、PROFIBUS-DP、Modbus 接口 ⑤I/O 卡件低密度设计 ⑥编程软件获得安全认证，具有反向编译功能
ELoP II 控制系统配置及硬件组成	（1）机架 H51q 系统为 5 单元高的中央机架、16 个 4 单元高的 I/O 子机架 （2）卡件 安全相关、达到 AK6/SIL3 安全等级 ①中央模块：F8650X 达到 TUV AK6/SIL3 的安全等级，CPU 四重化结构，有四个微处理器 ②数字量输入模块：16 通道 F3236 ③数字量输出模块：8 通道 F3330 ④模拟量输入模块：8 通道 F6217 ⑤模拟量输出模块：2 通道 F6705 ⑥以太网通信模块：F8627X，支持 OPC server
ELoP II 控制系统组态	①系统组态软件 ELOP II ②硬件组态。添加机架、I/O 模块组态、I/O 变量组态 ③软件组态。项目和节点组态、逻辑程序编写、离线仿真
ELoP II 控制系统维护	①故障诊断。检查中央模块、I/O 模块、通信模块等 ②模块更换。更换中央模块、电源模块、I/O 模块等

模块测试

一、选择题

1. HIMA 的 H41q/H51q 系统为 CPU 四重化结构，即系统的中央控制单元共有（　　）个微处理器。

A. 2　　　　　　　　　B. 3　　　　　　　　　C. 4

2. HIMA PES 采用机架式安装方式，机架采用欧盟标准的 19″ 机架，每个机架配有（　　）个插槽。

A. 16　　　　　　　B. 21　　　　　　　C. 18　　　　　　　D. 32

3. 每个 H51q 系统能够扩展到（　　）个 I/O 子机架。

A. 8　　　　　　　B. 12　　　　　　　C. 16　　　　　　　D. 32

4. HIMA 的 H41q/H51q 系统采用 CPU 四重化结构，即（　　）结构。

A. 1oo2D　　　　　　B. 2oo3　　　　　　C. 2oo4D

5. 当 CU 工作出错时，WD 停止被触发的状态，即该信号立即失电。无论用户程序的输出是什么，卡件的输出都为安全值（　　　）。

A. 1 　　　　　　　　B. 0 　　　　　　　　C. 高电平

二、判断题

1. 非安全相关的 I/O 卡件在系统运行过程中能自动检测故障。（　　　）

2. 所有的 I/O 模件都不可以带电插拔。（　　　）

3. WD 信号是只对输出卡件有安全切断作用的信号。（　　　）

4. 当 CPU 灯亮时要按 ACK，通过显示的错误代码查找故障原因。（　　　）

5. 当 I/O 故障灯亮时，如果不是 I/O 卡件引起的，可按 ACK 复位。（　　　）

6. H51q 系统是模块化结构，最多可以连接 16 个 4 单元高的 I/O 子机架。（　　　）

7. 看门狗（WD）是一个从 CU 发出的物理上的 36V DC 电流信号。（　　　）

8. CU 的安全功能一旦发挥作用，会影响整个 CU 下面所控制的所有输出卡件。对于 MS 系统而言，就意味着整个系统的停止工作。（　　　）

三、填空题

1. 中央模件 F8650X 一般安装在主机架上的（　　　）号槽位（CU1）和（　　　）号槽位（CU2），每块卡件占（　　　）个槽位。

2. F3236 为（　　　）通道数字量输入模块。

3. F3330 为（　　　）通道数字量输出模块。

4. F6705 为（　　　）通道模拟量输出模块。

5. I/O 卡件分为（　　　）的卡件和（　　　）的卡件两大类。

四、简答题

1. HIMA PES 安全切断功能有几种？

2. 简述 HIMA H41q/H51q-HRS 系统配置。

安全仪表系统

模块五
HiaGuard 控制系统

模块描述

　　HiaGuard 控制系统是我国北京和利时集团自主开发的面向工业自动化安全领域的安全仪表系统，是我国第一套拥有独立自主知识产权的安全仪表系统，于 2012 年通过德国莱茵技术监督协会 TÜV 认证。HiaGuard 属于 IEC 61508 定义的可编程电子系统（PES），满足 IEC 61508 定义的 SC3 系统能力等级和 SIL3 硬件安全完整性等级，适用于 IEC 61508 定义的 SIL3 及以下安全完整性等级要求的低操作模式的安全相关应用。

　　HiaGuard 控制系统采用带诊断的三取二架构（2oo3D），适用于紧急停车系统（ESD）、火气检测系统（FGS）、燃烧炉管理系统（BMS）、紧急跳闸系统（ETS）、过程停车系统（PSD）以及关键过程控制等应用。

　　本模块学习并熟悉 HiaGuard 系统配置、系统硬件、软件组态、系统维护等。

 学习目标

知识目标：

　　① 了解 HiaGuard 系统特点；

　　② 掌握 HiaGuard 系统架构、系统模块配置、电源配置及各硬件工作原理及功能；

　　③ 熟悉 SAFE-AutoThink（SAFE-AT）软件应用，掌握基于 SAFE-AT 软件的组态流程；

　　④ 掌握 HiaGuard 控制系统维护、故障诊断方法。

能力及素质目标：

　　① 初步具备 HiaGuard 系统硬件的安装技术；

　　② 能熟练使用 SAFE-AT 软件；

　　③ 能运用 SAFE-AT 软件进行联锁保护系统的组态与仿真；

　　④ 会进行 HiaGuard 系统维护、故障诊断；

　　⑤ 增强自豪感，坚定科技报国的信心。

知识思维导图

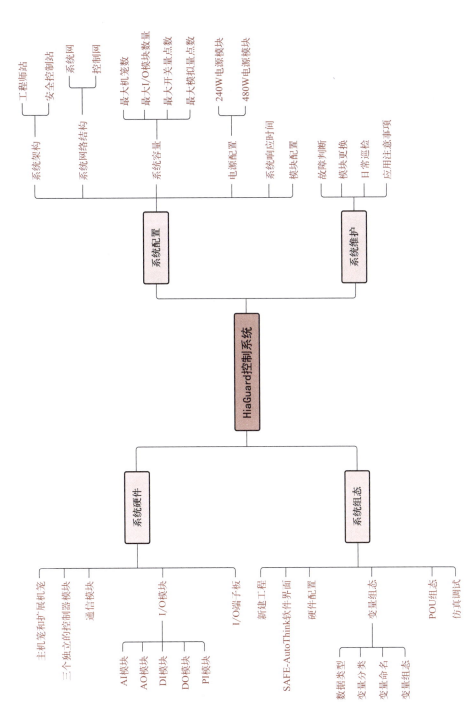

5.1 系统特点

HiaGuard 系统通过工业通信网络，将分布在工业现场附近的安全工程师站、操作员站、历史站、现场控制站等连接起来，以完成对现场生产设备的分散控制与集中管理。

❶ 安全保护系统满足低操作模式，由随机硬件危险失效导致的要求时的平均失效概率（PFDavg）可低至整个安全回路的 10% 以下，有利于安全功能回路其他仪表器件的选择。

❷ 通信模块支持冗余配置，可以提高系统可用性。同时通信模块可以避免外部网络风暴和病毒对安全回路的影响。通信模块失效，安全回路的安全性不受影响。

❸ 控制器采用 TMR 架构，三系控制器在物理上相互独立，最大限度减少共因失效。

❹ 单 I/O 模块即可达到 SIL3，为了实现更高的可用性，I/O 模块支持冗余配置。

❺ 机笼供电采用 1+1 冗余方式，冗余在每个模块内部实现，减少了共因环节，提高了安全性与可用性。

❻ 安全回路可用率可达到 99.999%。

❼ 控制站内及控制站间的 SOE 精度可达到 1ms。

❽ 单控制站最大规模支持 1856 数字量点或 1440 模拟量点。

❾ 组态软件符合 IEC 61508-2010 中对 T3 工具的要求，组态语言支持 FBD、LD 和 ST。

❿ 可以与 HollySys 基本过程控制系统以太网层面实现无缝集成，共用 HMI 界面。

⓫ 系统支持通过 Modbus 与第三方的过程控制系统实现集成。

⓬ 支持符合 IEC 61784-3 标准的控制站间安全通信。

⓭ 支持机组的超速保护（OSP）功能。符合机械功能安全标准 IEC 62061 的 SIL3 等级要求。OSP 功能由 PI 模块实现，超速保护（OSP）功能可独立实现无需控制器模块参与。

5.2 系统配置

HiaGuard 系统是一种基于三重化冗余容错安全控制技术的系统，可用于各种复杂和危险的生产过程，进行实时控制，接收现场信号，执行逻辑运算，输出控制信号，驱动现场执行单元等。

5.2.1 系统架构

HiaGuard 系统由工程师站和安全控制站构成。如图 5-1 所示。

工程师站的组态软件 SAFE-AT 是通过 IEC 61508 SC3 认证的 T3 工具。

安全控制站由符合 IEC 61508 SIL3 要求的控制器模块、I/O 模块及其端子板、网络通信模块等组成。系统的机架分为主机架和扩展 / 远程机架，主机架与扩展 / 远程机架通过中继 / 光纤连接。

现场仪表信号通过端子板和 DB 电缆接入 I/O 模块。

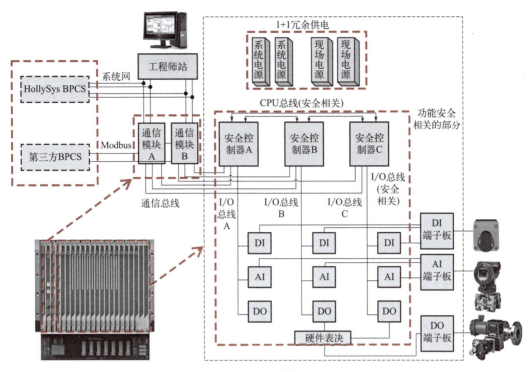

图 5-1　系统架构

三重化的控制器采用三个独立的控制器模块进行配置并同步运行。在每个 I/O 模块上配置三重化的 I/O 通道，I/O 模块独立配置即达到 IEC 61508 SIL3 的要求，为了提高可用性，I/O 模块可冗余配置。三重化控制器之间采用安全通信协议交换数据，每系控制器与本系的 I/O 模块之间也采用安全通信协议交换数据，以使安全回路达到 IEC 61508 SIL3 要求。HiaGuard 系统控制器和各 I/O 模块内部具有多种通过软硬件实现的故障诊断措施和相应的故障处理措施，保证了系统安全完整性等级。独立的 1+1 系统供电和现场供电以及输入 / 输出模块、通信模块支持冗余配置，提高了系统的高可用性。

HiaGuard 系统结构从输入模块，经控制器，到输出模块均完全地三重化。

每个控制周期内安全回路的数据流如图 5-2 所示。

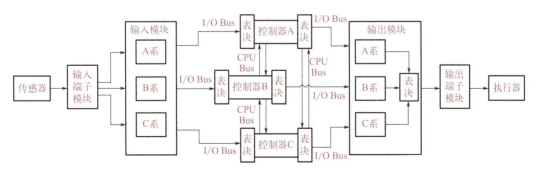

图 5-2　安全回路数据流

❶ 现场传感器信号通过输入端子模块将信号分配到三重化的输入通道。

❷ 每系输入通道通过 I/O Bus 将本系输入数据发送给本系控制器。

❸ 三系控制器通过 CPU Bus 交换输入数据，每系控制器得到三份输入数据。

❹ 每系控制器表决三份输入数据，用表决结果运行用户组态逻辑，得到本系输出数据。

❺ 三系控制器通过 CPU Bus 交换输出数据，每系控制器得到三份输出数据。

❻ 每系控制器表决三份输出数据，得到表决后的输出数据。

❼ 每系控制器通过 I/O Bus 发送输出数据到本系的输出通道。

❽ 每系输出通道通过 2oo3 硬件表决电路得到输出到输出端子模块的信号。

❾ 输出信号通过输出端子模块输出到现场执行器。

5.2.2 系统网络结构

HiaGuard 系统网络主要由工程师站、操作员站、历史站、控制站等部件组成，这些部件构成系统网和控制网，控制网的网络节点由控制站和 I/O 模块构成。HiaGuard 系统支持 15 个域，每个域支持 64 台控制站，单站支持最多 1856 个 I/O 点，主机笼可支持 224 个 I/O 点。

（1）系统网（SNET）

系统网采用 100BASE-TX 以太网，通信速率为 100Mbit/s。由通信模块提供标准 RJ45 系统网接口，且冗余配置。冗余的系统网分别称为系统网 A（SNET A）和系统网 B（SNET B），完成操作员站 / 工程师站和通信模块之间的双向数据传输，同时还可实现控制站间的安全通信功能。

具体功能：接收工程师站的操作命令并应答，向系统控制站发送数据，上传监视数据给工程师站，收发控制站间的安全通信数据，上传监视数据给操作员站，接收 NTP 服务器、历史站或同一域内其他控制站的校时信息。

（2）控制网（CNET）

控制网包括三系控制器之间的 CPU 总线、控制器与 I/O 之间的 I/O 总线以及控制器与通信模块之间的 COM 总线。

本系控制器与另外两系控制器之间互联的总线为 CPU Bus，点对点的拓扑结构，包含安全协议。

控制器与 I/O 模块进行通信的总线为 I/O Bus，包含 PROFISafe 安全协议，使安全回路满足 IEC 61508 的要求。

控制器与通信模块之间通信采用点对点的拓扑结构，通过通信总线 COM Bus 将运行过程数据传递到通信模块，通过通信模块将运行过程数据传递到操作员站或服务器。

5.2.3 系统容量

HiaGuard 系统容量如表 5-1 所示。

表 5-1　系统容量

系统容量项	数量	备注
最大机笼数	7 个	1 个主机笼、6 个扩展机笼
最大 I/O 模块数量	58 对	—
最大开关量点数	1856 点	系统内全部为开关量模块
最大模拟量点数	1440 点	系统内全部为模拟量模块

5.2.4　电源配置

HiaGuard 系统包括两种 AC/DC 电源模块，分别为 240W 和 480W。电源模块为 SIL3 认证范围产品，适用于 SIL3 等级的安全应用。

240W 电源模块用于系统侧供电，也可为现场侧供电。型号包括 QS10.241（普尔世电源）、PRO MAX 240W 24V 10A（魏德米勒电源）和 PIC240.241D（普尔世电源）。

480W 电源模块用于现场侧供电，工程配置时可以根据功率估算进行实际配置。型号包括 QS20.241（普尔世电源）、PRO MAX 480W 24V 20A（魏德米勒电源）和 PIC480.241D（普尔世电源）。

推荐配置：1 个机笼配置 1 对 240W 电源模块和 1 对 480W 电源模块，2 个机笼配置 2 对 240W 电源模块和 2 对 480W 电源模块，方便后续扩展。

特殊情况：在功耗不超过电源供给最大功耗 70% 的情况下，允许 2 个机笼配置 1 对 240W 电源模块和 1 对 480W 电源模块。

电源使用方法如下。上电时，先给现场电源上电，再给系统电源上电。电源具有完备的 DC-OK 故障报警功能（干接点），可用于系统中电源故障的报警。

使用限制如下。

一个机笼对应的一对 240W 电源不能混用，比如不能将 QS10.241 和 PRO MAX 240W 24V 10A 电源构成冗余 240W 电源。

一个机笼对应的一对 480W 电源不能混用，比如不能将 QS20.241 和 PRO MAX 480W 24V 20A 电源构成冗余 480W 电源。

不同机笼的冗余电源可以不同。遵循"单电源模块的降额为 0.7 时，冗余配置现场电源"的设计原则，可以选择 240W 电源或 480W 电源。

❶ 系统侧电源配置。每个机笼提供冗余的系统电源，请按照实际的配置内容设计电源。

❷ 现场侧电源配置。每个机笼提供冗余的现场电源。如果只有 I/O 模块使用现场电源，按照实际的配置内容设计电源。由于 DO 模块输出功率较大，每个 DO 模块现场的输出最大为 8A，所以在设计时需要对 DO 模块的输出能力进行关注。

5.2.5　系统响应时间

系统响应时间与组态相关，下面给出计算公式，可以估算系统最大的响应时间。

系统响应时间可表示为以下公式：

$$T_{\text{Response}} = T_{\text{Filter}} + T_{\text{Input}} + 2T_{\text{Con}} + T_{\text{Output}} \tag{5-1}$$

式中，T_{Response}、T_{Filter}、T_{Input}、T_{Con} 和 T_{Output} 分别为系统响应时间、输入模块滤波时间、输入模块处理周期、控制器配置的运算周期和输出模块处理周期，单位为 ms。其中 T_{Con} 的范围为 10 ~ 1000ms。

最坏情况下，各 I/O 模块的处理周期取值如表 5-2 所示。

表 5-2　I/O 模块最坏情况下的处理周期

模块类型	AI（T_{Input}）	DI（T_{Input}）	PI（$T_{\text{Filter}}+T_{\text{Input}}$）	DO（T_{Output}）	AO（T_{Output}）
处理周期	10ms、15ms（SGM412H）	4ms	根据式（5-2）得出	3ms	4ms

AI 通道的滤波时间 T_{Filter} 为用户可设置的参数，范围为 0～200ms。

DI 通道的滤波时间 T_{Filter} 为用户可设置的参数，范围为 0～32ms。

PI 通道的滤波时间 T_{Filter} 与用户设置的通道齿数参数和当前通道的输入频率相关，PI 通道的处理周期 $T_{\text{Filter}}+T_{\text{Input}}$ 可表示为以下公式：

$$T_{\text{Filter}}+T_{\text{Input}}=（齿数 / 输入频率）\times 1000 \tag{5-2}$$

例如用户设置 PI 通道的齿数为 60 齿，输入频率为 5000Hz 时，则 PI 通道的处理周期为（60/5000）×1000=12（ms）。

现场应用要求系统的响应时间最小时，AO、DO、PI 模块应配置在 6、7 号从站。

5.2.6　模块配置

在配置模块时，单个机笼内系统侧总功耗不能超过系统侧允许的最大功耗，现场侧总功耗不能超过现场侧允许的最大功耗。

❶ 单个机笼，系统侧允许的最大功耗为 240W。

❷ 单个机笼，现场侧允许的最大功耗为 480W。

❸ 模块的板内系统侧和现场侧功耗按照模块的数量计算，输出功耗按照通道的数量计算。

❹ 系统电源功率和现场电源功率的推荐降额系数应不大于 0.7。

5.3　系统硬件

HiaGuard 系统硬件主要由机笼、电源模块、控制器、通信模块、中继模块、光纤模块、输入 / 输出模块等部分组成。

5.3.1　主机笼和扩展机笼

（1）主机笼

SGM101 主机笼是 HiaGuard 控制器、通信模块和 I/O 模块之间信号互联的媒介，具有配置控制站域地址、站地址和信号匹配等功能。

SGM101 是 19 槽主机笼，外观如图 5-3 所示，各种模块安装于机笼内。由左至右，第 1、2 槽是 2 块通信模块插槽；第 3、4、5 槽是三系控制器插槽；第 6～19 槽是 I/O 模块插槽（从第 6 槽位开始，相邻槽位两两冗余），可以安装 HiaGuard 系统 I/O 模块或中继、光纤模块、Modbus 通信模块。

机笼中每两个 I/O 模块插槽为一组冗余槽位。一组冗余槽位既可以安装两个 I/O 模块也可以安装一个 I/O 模块。

以 6# 和 7# 槽位为例，如果冗余配置，6# 和 7# 槽位均安装 SGM610；如果单独配置，把模块安装在 6# 或者 7# 槽位都可以。当模块故障需要更换时，将新模块插在冗余槽位上，等模块自动切换完成后，再将故障模块拔出，整个过程无需更改现有组态，实现无扰更换。

SGM101 主机笼下方接线面板设有冗余 24V DC 系统电源输入接口和冗余 24V DC 现场电源输入接口、域地址和站地址拨码开关、I/O Bus 信号终端匹配电阻拨码开关、校时信号终端匹配电阻拨码开关、I/O Bus 扩展接口以及 7 个 DB78 预制电缆插座。

（2）扩展机笼

SGM110 扩展机笼是 HiaGuard 的 I/O 模块之间信号互联的媒介，为各模块提供电源、支撑和固定等。

SGM110 是 20 槽扩展机笼，外观如图 5-4 所示，由左至右依次可安装 HiaGuard 的 I/O 模块或中继、光纤模块。

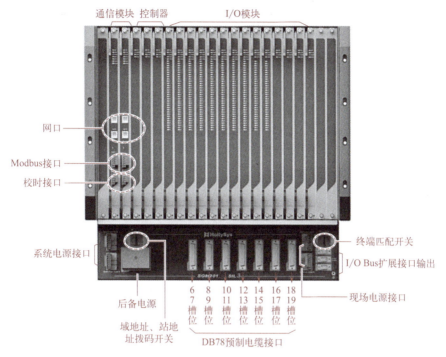

图 5-3　SGM101 主机笼外观示意图

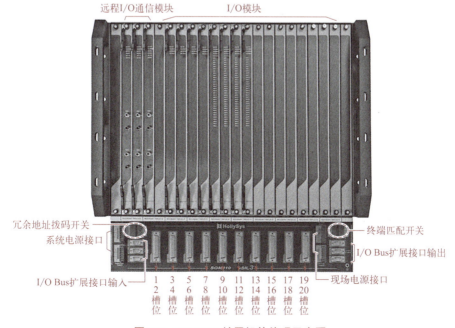

图 5-4　SGM110 扩展机笼外观示意图

扩展机笼下方面板也有冗余 24V DC 系统电源输入接口和冗余 24V DC 现场电源输入接口、扩展机笼冗余地址拨码开关、I/O Bus 信号终端匹配电阻拨码开关、校时信号终端匹配电阻拨码开关、I/O Bus 扩展接口以及 10 个 DB78 预制电缆插座。

5.3.2　控制器

SGM201 是通过 TÜV 认证达到 SIL3 等级的控制器模块，采用三重冗余配置。每套三重化的 HiaGuard 系统包括三个独立的控制器模块，每个控制器模块控制三重化系统的一个独立通道，三重化的三系控制器之间同步运行，支持 3-2-0 降级模式。

模块采用嵌入式无风扇设计，超低功耗运行。冗余 24V DC 电源供电，支持热插拔功能和 SRAM 掉电数据保护功能。模块化设计，插件结构，机笼导轨安装，螺栓紧固，并设有助拔器。

控制器 SGM201 模块通过两个 96 针欧式连接器与主机笼底板相连接，主要完成从输入模块获得本系输入数据、三系交换输入数据并表决、逻辑运算、交换输出数据并表决、向输出模块下发输出数据以及周期性诊断功能，并通过通信模块实现与上位机的数据交换。

SGM201 控制器支持 SOE 事件记录功能，SOE 事件记录精度可达 1ms，最高支持 10000 条 SOE 事件记录。

SGM201 控制器具有丰富的诊断功能，可诊断出电源、时钟、存储器、CPU、外围接口等元件的多种故障，并及时报警。

（1）工作原理

SGM201 控制器由主处理器系统和协处理器系统构成。其原理如图 5-5 所示，外形如图 5-6 所示。

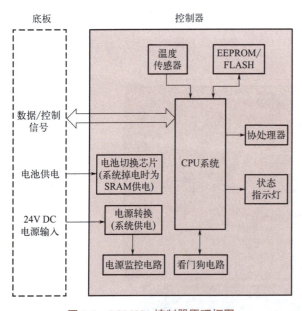

图 5-5　SGM201 控制器原理框图

图 5-6　SGM201 外观图

SGM201 控制器采用 TMR 架构，由物理上分开的三块模块构成冗余的三系。每系控制器通过固定在主笼底板上的连接器与其他两系控制器以及本系 I/O 模块交换数据。本系控制器与另外两系控制器之间通过 CPU Bus 通信，与 I/O 模块通过 I/O Bus 通信。控制器作为

I/O Bus 协议主站，从 AI 或 DI 模块获取来自现场的数据，经过 2oo3 表决、运算、再次 2oo3 表决后，将输出到现场的数据发送给 AO 或 DO 模块。

SGM201 通过通信模块将运行过程数据传递到操作员站或历史站，获得工程组态文件，对系统进行配置。

SGM201 控制器中所有功能单元均采用由主机笼底板引入的两路冗余的系统侧 24V 电源供电。

（2）状态指示灯

SGM201 控制器上电后，其面板上的状态指示灯显示当前模块的工作和通信状态以及是否出现故障。状态指示灯定义如表 5-3 所示。

表 5-3　SGM201 状态指示灯定义

名称	颜色	定义	说明
RUN	绿	亮	正常运行
		闪	模块自检
		灭	未上电或停止运行
ERROR	红	亮	控制器故障
		快闪	控制器正常但没有工程
		慢闪	CPU Bus 故障
		灭	控制器正常
SYNC	黄	亮	控制器同步完成，或只有单系控制器
		闪	控制器正在同步
		灭	控制器未上电或看门狗动作或存在同步故障
IO BUS	黄	闪	I/O Bus 有数据交换
		灭	I/O Bus 无数据交换

（3）拨码开关配置

SGM201 控制器提供了 4 位拨码开关，使控制器上电后执行不同的功能，各拨码开关的定义见表 5-4。

表 5-4　拨码开关定义

拨码位置	含义	ON 的含义	OFF 的含义
1	工程加载使能	原有工程无效，控制器上电时等待下载新工程	原有工程有效，控制器上电时加载之前存储的工程并运行
2	控制器自动运行使能	控制器上电后，自动运行	控制器上电后，不自动运行，需要用户手动运行
3	保留	保留	保留
4	固件更新使能	固件更新，控制器上电时等待更新固件	正常运行，控制器上电时进入正常运行状态

系统运行时，此开关状态不影响控制器的正常运行，也无需特别设置。如果需要通过 HSRTS Tool（HiaGuard）工具更新控制器，按照如下步骤进行：

❶ 拔下每系的控制器和通信模块，将 1 ～ 4 的拨码开关拨到 ON 的位置；
❷ 插上每系的控制器和通信模块，使用 HSRTS Tool（HiaGuard）工具更新控制器；
❸ 拔下每系的控制器和通信模块，将 1 ～ 4 的拨码开关拨到 OFF 的位置；
❹ 插上每系的控制器和通信模块；
❺ 通过算法组态软件重新下装工程。

5.3.3　SGM210 通信模块

SGM210 是 HiaGuard 系统的通信模块，用于实现 SGM201 控制器与上位机的数据交换。

SGM210 通信模块与 SGM201 控制器之间是一对三的工作模式，通信模块与每一系控制器之间采用 COM Bus 交换数据。

SGM210 通信模块给 HiaGuard 系统内部的 SOE 功能模块提供分钟脉冲校时功能。

SGM210 通信模块对外界提供 Modbus 通信接口，实现 HiaGuard 系统数据的共享。

SGM210 通信模块支持冗余配置，采用实时热备份方式。通信模块之间采用无扰切换，以提高系统可用性。

（1）工作原理

SGM210 通信模块由主处理器系统和协处理器系统构成。其原理如图 5-7 所示，外形如图 5-8 所示。

SGM210 支持冗余配置，冗余通信模块之间可无扰切换，所有的通信接口均支持热插拔。通过以太网与工程师站通信，下装工程组态程序、上报系统内部信息。其通过 COM Bus 与控制器通信，上传控制器运行数据至上位机，通过 Modbus RTU 与第三方基本过程控制系统通信，以实现系统集成。

SGM210 通信模块中所有功能单元均采用由主机笼底板引入的两路冗余的系统侧 24V 电源供电。

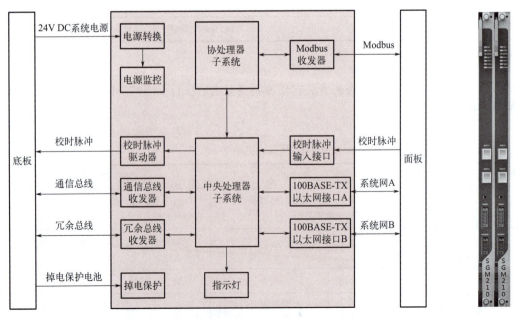

图 5-7　SGM210 通信模块原理框图　　　　　　　图 5-8　SGM210 外观图

（2）状态指示灯

SGM210 通信模块上电后，其面板上的状态指示灯显示当前模块的工作和通信状态以及是否出现故障。状态指示灯定义如表 5-5 所示。

表 5-5　SGM210 状态指示灯定义

名称	颜色	定义	说明
RUN	绿	亮	正常运行
		灭	1. 未上电；2. 硬件故障
STDBY	黄	亮	通信模块为备
		闪	1. 模块为单机运行；2. 模块为双机运行，正在同步关键数据，不允许被拔出
		灭	通信模块为主
ERROR	红	亮	模块故障
		灭	模块正常
		闪	模块无工程
SNET A	黄	亮	系统网 A 正常，且无数据交换
		闪	系统网 A 正常，且有数据交换
		灭	系统网 A 未连接或连接故障
SNET B	黄	亮	系统网 B 正常，且无数据交换
		闪	系统网 B 正常，且有数据交换
		灭	系统网 B 未连接或连接故障
MODBUS	黄	闪	Modbus 有数据交换
		灭	Modbus 无数据交换
TIMING	黄	亮	校时脉冲输入正常
		灭	校时脉冲输入故障

5.3.4　I/O 模块

1）I/O 模块特点

❶ HiaGuard 系统的 I/O 模块均通过 TÜV 认证，模块均采用 2oo3 冗余架构，冗余的三系包含在同一块模块中。其型号、名称与功能如表 5-6 所示。

❷ I/O 模块通过支持 PROFISafe 安全协议的通信总线与控制器完成数据交换。

❸ I/O 模块采用模块化设计，整体结构为插件结构，机笼导轨安装，螺栓紧固，并设有助拔器。

❹ I/O 模块通过欧式连接器与机笼底板相连，配合端子模块完成现场信号的采集与

输出。

❺ I/O 模块面板上的 LED 状态指示灯显示当前模块的工作和通信状态以及故障状态。

❻ I/O 模块可冗余配置，也可单独配置。单 I/O 模块可达到 SIL3 安全完整性等级，冗余配置时，系统可用率更高，可实现无扰切换，切换时间在 10ms 以内。

❼ 所有 I/O 模块内部分为系统侧与现场侧，都采用冗余电源供电，系统侧的供电由冗余的系统 24V DC 提供，现场侧的供电由冗余的现场 24V DC 电源提供。

❽ 系统侧与现场侧之间设有电气隔离，支持带电热插拔。

❾ I/O 模块具有丰富的诊断功能，可诊断出发生在电源、模块自身和外部线缆等位置的多种故障，并及时报警。

HiaGuard 系统的 I/O 模块具体见表 5-6。

表 5-6 I/O 模块一览表

型号	名称	功能说明
SGM410	16 通道 AI 端子	三重冗余、16 通道、4 ～ 20mA、支持 2 线制和 4 线制仪表
SGM410H	16 通道带 HART 功能 AI 模块	三重冗余、16 通道、4 ～ 20mA、支持 2 线制和 4 线制仪表，支持 HART
SGM412H	32 通道带 HART 功能 AI 模块	三重冗余、32 通道、4 ～ 20mA、支持 2 线制和 4 线制仪表，支持 HART
SGM520	8 通道 AO 模块	三重冗余、8 通道、4 ～ 20mA 输出
SGM520H	8 通道带 HART 功能 AO 模块	三重冗余、8 通道、4 ～ 20mA 输出，支持 HART
SGM610	32 通道 DI 模块	三重冗余、32 通道、干接点、支持 1ms 精度 SOE
SGM710	32 通道 DO 模块	三重冗余、32 通道、单通道最大驱动电流 0.5A/24V DC
SGM633	脉冲输入和超速保护 PI 模块	三重冗余、12 路 PI（前 6 路为 TMR 架构，后 6 路为超速保护通道、过零、非过零信号自适应（方波、正弦波）

2）SGM410 AI 模块

SGM410 是 HiaGuard 系统的 16 通道模拟量输入模块，采用 TMR 架构，冗余的三系包含在同一块 SGM410 中，通过欧式连接器与机笼底板相连，配合 AI 端子模块实现对现场 4 ～ 20mA 电流信号的采集功能，采集结果通过各系独立的 I/O Bus 送给各自对应的控制器。

SGM410 支持软件滤波，组态可选 0ms、10ms、20ms、50ms、100ms、150ms、200ms，默认为 100ms。

SGM410 模块信号量程为 4 ～ 20mA，可测量范围为 0 ～ 22mA。

（1）工作原理

现场 4 ～ 20mA 信号由配套 AI 端子模块转换为电压信号后通过 78 芯预制电缆送入 SGM410 模块，SGM410 模块通过固定在机笼底板上的欧式连接器与控制器连接，SGM410 模块内 A、B、C 三系电路同时对现场信号进行采集并通过 I/O Bus 将采集数据及模块诊断结果传输到对应的控制器。

SGM410 模块现场侧负责现场信号的滤波、调理和模数转换工作，系统侧实现通道数字信号的采集、数据处理、通信传输、系统诊断等功能。

SGM410 模块原理如图 5-9 所示，外观如图 5-10 所示。

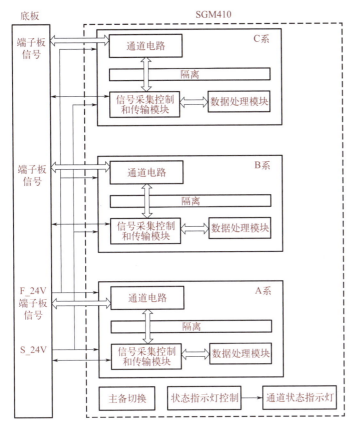

图 5-9　SGM410 模块工作原理框图

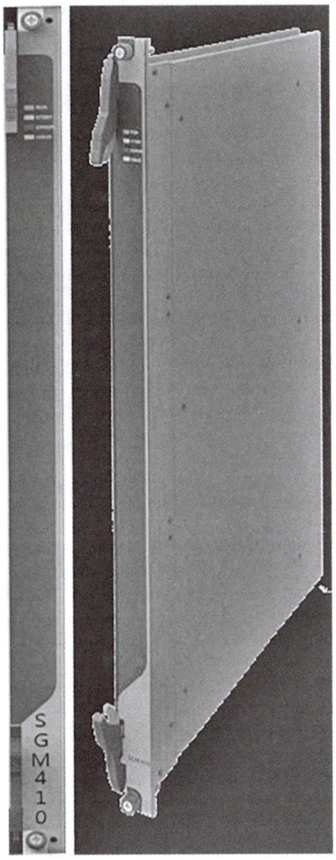

图 5-10　SGM410 外观图

（2）状态指示灯

SGM410 模块状态指示灯定义如表 5-7 所示。

表 5-7　SGM410 状态指示灯定义

名称	颜色	定义	说明
RUN	绿	亮	正常运行
		闪	正在自检
		灭	未上电
STDBY	黄	亮	模块为备
		闪	模块为单机运行（不允许拔出此模块）
		灭	模块为主
ERROR	红	亮	模块故障
		灭	模块正常
IO BUS	黄	闪	I/O Bus 有数据交换
		灭	I/O Bus 无数据交换

3）SGM520 8 通道 AO 模块

SGM520 是 HiaGuard 系统的 8 通道电流型模拟量输出模块，采用 TMR 架构。冗余的三系设计在同一块 SGM520 中，通过欧式连接器与机笼底板相连，通过底板上的 78 针连接器和预制电缆与模拟量输出端子模块连接，根据控制器的输出信号实时完成表决输出工作。

SGM520 模块信号量程为 4 ～ 20mA，输出范围为 0 ～ 22mA。

（1）工作原理

SGM520 模块通过机笼底板与配套端子模块及控制器相连，实现 4 ～ 20mA 电流信号的输出。SGM520 采用 TMR 容错技术设计，三系均接收控制器下发的输出电流值，三系之间通过表决选出一系输出正确的电流。同时三系均通过独立的电流回读电路对输出电流进行监控，发现当前输出系出现故障时，可及时切换到无故障的系进行正常输出。

SGM520 模块输出的电流经过机笼底板和预制电缆传输到端子模块，最终经过端子模块内相关保护电路再输出到现场，因此 SGM520 模块具有足够的抗干扰能力。

SGM520 模块现场侧负责输出信号的数模转换、V/I 转换工作，系统侧实现接收控制器下发的电流输出数据、数据处理、通信传输、模块诊断等功能。

SGM520 模块原理如图 5-11 所示，外观如图 5-12 所示。

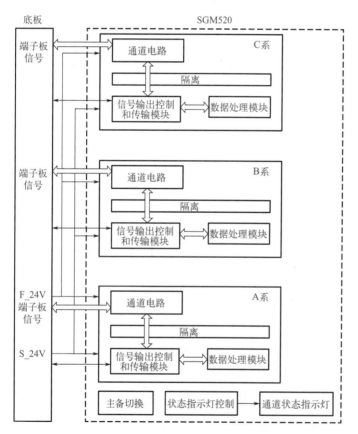

图 5-11 SGM520 模块工作原理框图

图 5-12 SGM520 模块外观示意图

（2）状态指示灯

SGM520 模块状态指示灯说明与 SGM410 模块相同，见表 5-7。

4) SGM610 32 通道 DI 模块

SGM610 是 HiaGuard 系统的 32 通道开关量输入模块，支持常开或常闭干接点信号，采用 TMR 架构，冗余的三系包含在同一块 SGM610 中。

SGM610 具有 SOE 功能。

SGM610 支持软件滤波，可根据现场干扰情况进行设置。

SGM610 具有强大的防护功能，通道误接 ±36V DC 和 220V AC 时不会损坏模块。

（1）工作原理

现场信号经过端子模块送到 SGM610 模块，端子模块与 SGM610 模块通过预制电缆相连。模块内 A、B、C 三系电路同时对现场信号进行采集，采集结果经过隔离送到对应的处理器中。各个处理器针对采集结果进行处理，处理完成后，更新指示灯状态并将采集结果及诊断数据通过独立的 I/O Bus 传输到对应的控制器。

SGM610 模块现场侧负责现场电压信号的滤波、调理和采集、诊断工作，系统侧实现对通道数字信号的数据处理、通信传输、系统诊断等功能。

SGM610 模块原理如图 5-13 所示，外观如图 5-14 所示。

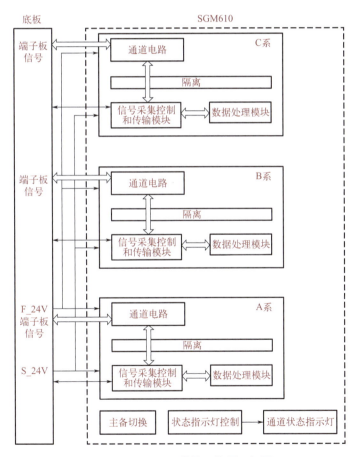

图 5-13　SGM610 模块工作原理框图　　　图 5-14　SGM610 模块外观示意图

（2）状态指示灯

SGM610 模块面板上的状态指示灯定义如表 5-8 所示。

表 5-8　SGM610 状态指示灯定义

名称	颜色	定义	说明
RUN	绿	亮	正常运行
		闪	模块自检
		灭	模块未上电
STDBY	黄	亮	模块为备
		闪	模块为单机运行（不允许拔出此模块）
		灭	模块为主
ERROR	红	亮	模块故障
		灭	模块正常
IO BUS	黄	闪	I/O Bus 有数据交换
		灭	I/O Bus 无数据交换
TIMING	黄	亮	正常接收校时脉冲
		灭	校时故障
1~32	黄	亮	本通道开关闭合
		灭	本通道开关断开

5）SGM710 32 通道 DO 模块

SGM710 是 HiaGuard 系统的 32 通道开关量输出模块，支持 ESD、ETS、FGS、BMS 等组态应用，采用 TMR 架构，冗余的三系包含在同一块 SGM710 中。

SGM710 模块单通道可驱动 0.5A 以下的负载，32 通道可驱动 8A 以下的负载。

（1）工作原理

SGM710 模块内 A、B、C 三系电路同时接收控制器通过 I/O Bus 下发的信号。三系信号在模块内部进行硬件的 2oo3 表决，表决信号经 78 针预制电缆连接到端子模块并最终输出以驱动负载。

SGM710 模块进行内部诊断和外部连线诊断，诊断结果通过 I/O Bus 传输到对应的控制器并最终显示在上层界面上。

SGM710 模块通道灯为硬件点亮，即通道输出电流驱动通道灯；而状态指示灯为软件点亮，模块内部根据模块所处不同状态点亮不同状态指示灯。

SGM710 模块现场侧实现通道输出、数据检测等功能，系统侧实现通信传输、系统诊断等功能。

SGM710 模块原理如图 5-15 所示，外观如图 5-16 所示。

（2）状态指示灯

SGM710 模块面板上的状态指示灯定义如表 5-9 所示。

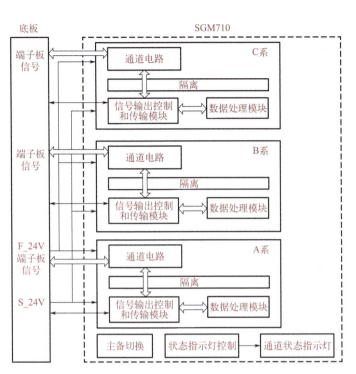

图 5-15　SGM710 模块工作原理框图

图 5-16　SGM710 模块外观示意图

表 5-9　SGM710 状态指示灯定义

名称	颜色	定义	说明
RUN	绿	亮	正常运行
		闪	模块自检
		灭	模块未上电
STDBY	黄	亮	模块为备
		闪	模块为单机运行（不允许拔出此模块）
		灭	模块为主
ERROR	红	亮	模块故障
		灭	模块正常
IO BUS	黄	闪	I/O Bus 有数据交换
		灭	I/O Bus 无数据交换
1～32	黄	亮	本通道输出"1"
		灭	本通道输出"0"

6）SGM633 脉冲输入和超速保护模块

SGM633 是 HiaGuard 系统的脉冲输入和超速保护模块，采用 TMR 架构，冗余的三系包含在同一块 SGM633 中，通过欧式连接器与机笼底板相连，通过底板上的 78 针连接器和预制电缆与 SGM633 端子模块连接。

SGM633 既支持 PI 采集功能，又支持超速保护功能（OSP）。

对于 PI 采集功能，现场脉冲信号通过 SGM633 端子模块送入 SGM633 的 TMR_PI 通道（即三重冗余 PI 通道），经各系独立的 I/O Bus 送给各自对应的控制器。

对于 OSP 功能，现场脉冲信号通过 SGM633 端子模块送入 SGM633 的 OSP_PI 通道（即超速保护 PI 通道），在模块内部进行逻辑运算，经 DO 通道硬件表决后，SGM633 输出超速保护开关信号到现场设备。

SGM633 支持无源磁阻探头、有源逼近探头和涡流探头。

（1）工作原理

现场脉冲信号经过端子模块 PI 通道送到 SGM633 模块，二者通过预制电缆相连。模块内 A、B、C 三系电路同时对现场信号进行采集，采集结果经过隔离送到对应的处理器中，各个处理器针对采集结果进行处理。处理完成后，更新指示灯状态并将采集结果及诊断数据通过独立的 I/O Bus 传输到对应的控制器。三系信号在模块内部进行硬件的 2oo3 表决，表决信号经端子模块的 DO 通道进行输出以驱动负载。

SGM633 模块进行内部诊断和外部连线诊断，诊断结果通过 I/O Bus 传输到对应的控制器并最终显示在上层界面上。

SGM633 模块具有通道指示灯、模块状态指示灯和超速保护指示灯，可以分别指示通道状态、模块状态和超速保护状态。

SGM633 模块现场侧实现通道输入输出、数据检测等功能，系统侧实现通信传输、系统诊断等功能。

SGM633 模块原理如图 5-17 所示，外观如图 5-18 所示。

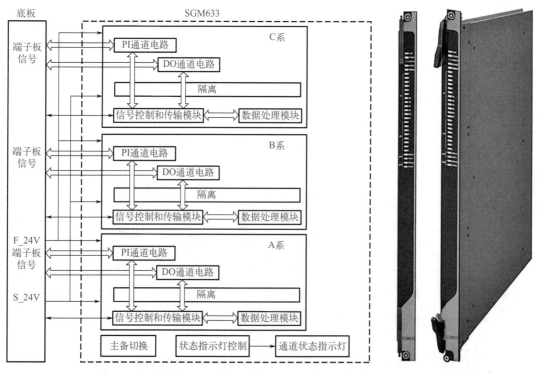

图 5-17 SGM633 模块工作原理框图　　　　**图 5-18 SGM633 模块外观示意图**

（2）状态指示灯

SGM633 模块面板上的状态指示灯定义如表 5-10 所示。

表 5-10　SGM633 状态指示灯定义

名称	颜色	定义	说明
RUN	绿	亮	正常运行
		闪	模块自检
		灭	模块未上电
STDBY	黄	亮	模块为备
		闪	模块为单机运行（不允许拔出此模块）
		灭	模块为主
ERROR	红	亮	模块故障
		灭	模块正常
IO BUS	黄	闪	I/O Bus 有数据交换
		灭	I/O Bus 无数据交换
TIMING	黄	亮	本通道输出"1"
		灭	校时故障
PI：1～6、7A/B/C、8A/B/C	黄	亮	本通道有脉冲信号输入
		灭	本通道无脉冲信号输入
DO：1～8	黄	亮	本通道输出"1"
		灭	本通道输出"0"
ENABLE1	黄	亮	OSP1 使能
		灭	OSP1 不使能
TRIP1	黄	亮	OSP1 跳闸
		灭	OSP1 未跳闸
ENABLE2	黄	亮	OSP2 使能
		灭	OSP2 不使能
TRIP2	黄	亮	OSP2 跳闸
		灭	OSP2 未跳闸

5.3.5　I/O 端子板

I/O 端子板外观如图 5-19 所示，其型号、名称、功能如表 5-11 所示。

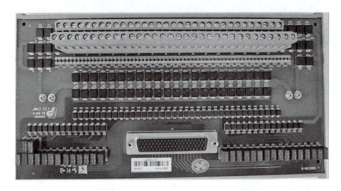

图 5-19　I/O 端子板外观示意图

表 5-11　I/O 端子板一览表

型号	名称	功能说明
SGM3410	16 通道 AI 端子模块	16 通道、过流保护、EMC 保护
SGM3410H	16 通道带 HART 功能 AI 端子模块	16 通道、过流保护、EMC 保护、支持 HART
SGM3412H	32 通道带 HART 功能 AI 端子模块	32 通道、过流保护、EMC 保护、支持 HART
SGM3520	8 通道带 HART 功能 AO 端子模块	8 通道、EMC 保护、支持 HART
SGM3610	32 通道 DI 端子模块	32 通道、过压和过流保护、EMC 保护
SGM3710	32 通道 DO 端子模块	32 通道、过压和过流保护、EMC 保护
SGM3633	脉冲输入和超速保护端子模块	20 通道、过压和过流保护、EMC 保护

5.4　组态

组态是为实现系统对生产过程自动控制的目的，使用软件完成工程中某一具体任务的过程。组态工作包括硬件组态、控制算法组态、图形组态等。

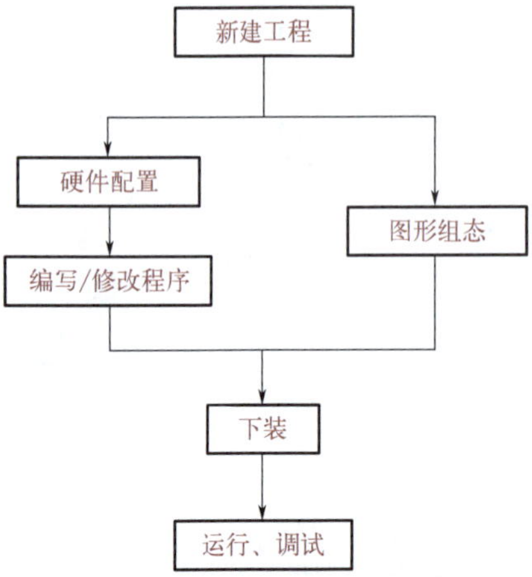

项目组态主要工作流程如图 5-20 所示。

```
新建工程
   ├──────────────┐
   │              │
硬件配置        图形组态
   │
编写/修改程序
   │
  下装
   │
运行、调试
```

图 5-20　项目组态流程

5.4.1　新建工程

新建工程包括操作站组态、控制站组态、控制站用户组态、历史站组态。打开工程总控，选择新建工程（如图 5-21 所示），设置工程名等信息，添加操作站（如图 5-22 所示）、现场控制站（如图 5-23 所示）、操作站用户（如图 5-24 所示），设置历史站（如图 5-25 所示）等。

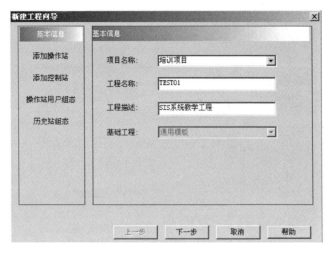

图 5-21　新建工程

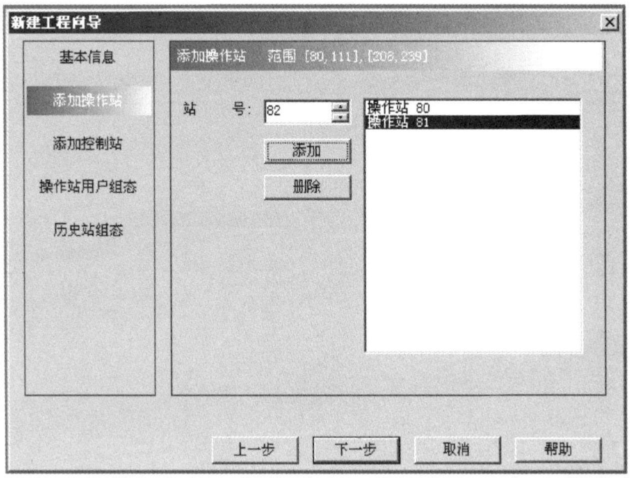

图 5-22　添加操作站

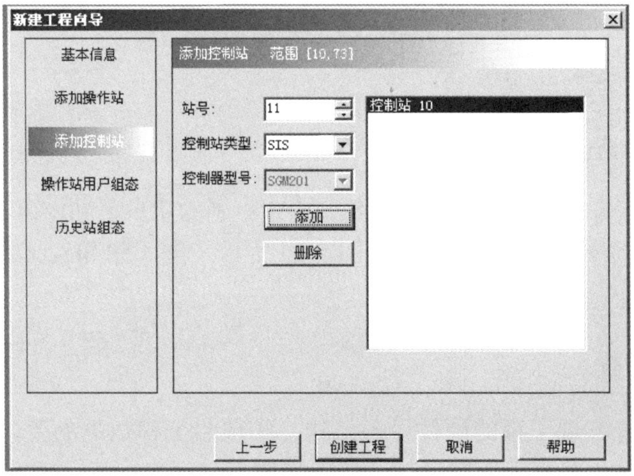

图 5-23　添加控制站

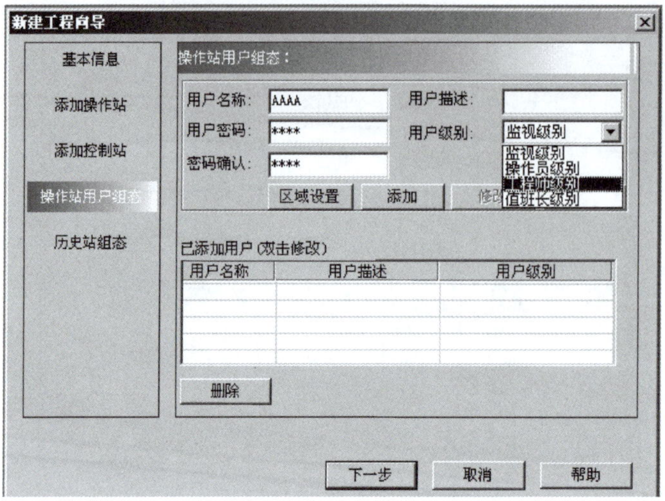

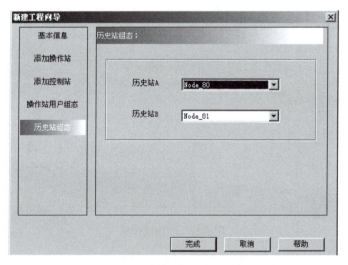

图 5-24　添加操作站用户

图 5-25　添加历史站

5.4.2　SAFE-AutoThink 软件界面

从工程总控界面打开需要组态的控制站，输入正确的用户名和密码（初始状态下默认用户为 administrator，密码为 autothink），如图 5-26 所示。进入到 SIS 现场控制站，如图 5-27 所示。

5.4.3　硬件配置

该功能用于配置实现工程的硬件设备结构，实现与工程数据的关联。双击硬件配置节点，加载设备库窗口，并在工作区域打开"硬件配置"编辑窗口，如图 5-28 所示。选择所需要的硬件模块。

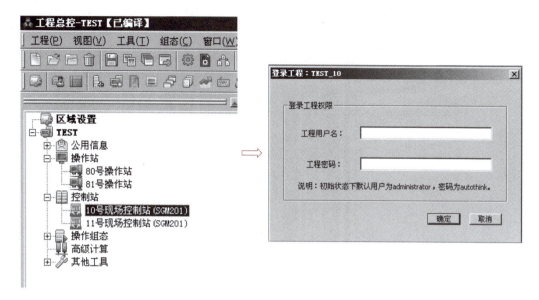

图 5-26　用户名、密码对话框

图 5-27　SAFE-AT 软件界面

　　"硬件配置"窗口中缺省添加了主机笼和三系控制器模块,其中主机笼和控制器模块不能被删除。

　　添加模块时,可以向偶数槽位中添加模块,奇数槽位为冗余槽位,不能添加模块。模块的站地址根据其所在的机笼起始地址换算而来,不能手动设置。

　　双击偶数槽位模块,打开通道编辑窗口。通道编辑用以编辑通道的定义和属性,其中有通道使能和连线诊断使能,DI 模块增加通道 SOE 使能。如图 5-29 所示。

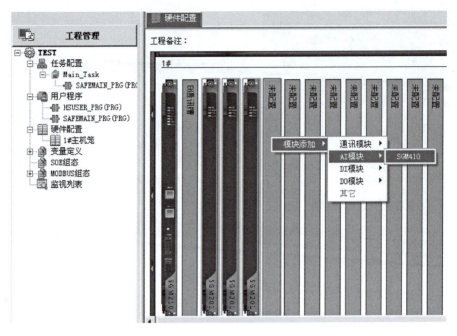

图 5-28   硬件配置窗口

通道号	通道名称	通道类型	通道地址	通道使能	连线诊断使能	
1	DFIO_10_6_1	WORD	%IB2	☑	☐	
2	DFIO_10_6_2	WORD	%IB4	☑	☐	
3	DFIO_10_6_3	WORD	%IB6	☑	☐	
4	DFIO_10_6_4	WORD	%IB8	☑	☐	
5	DFIO_10_6_5	WORD	%IB10	☑	☐	
6	DFIO_10_6_6	WORD	%IB12	☑	☐	
7	DFIO_10_6_7	WORD	%IB14	☑	☐	
8	DFIO_10_6_8	WORD	%IB16	☑	☐	
9	DFIO_10_6_9	WORD	%IB18	☑	☐	
10	DFIO_10_6_10	WORD	%IB20	☑	☐	
11	DFIO_10_6_11	WORD	%IB22	☑	☐	
12	DFIO_10_6_12	WORD	%IB24	☑	☐	
13	DFIO_10_6_13	WORD	%IB26	☑	☐	
14	DFIO_10_6_14	WORD	%IB28	☑	☐	
15	DFIO_10_6_15	WORD	%IB30	☑	☐	

所有通道使能   确定

所有通道不使能   取消

图 5-29   通道编辑窗口

5.4.4   变量组态

（1）数据类型

数据类型包括开关量（BOOL）、整型（INT、WORD、DWORD、BYTE……）、实型（REAL、LREAL）、时间型（TIME……）等。

（2）变量分类

根据数据类型的简易程度可分为简单型和复杂型。

根据数据的有效范围可分为局部变量和全局变量。

根据变量类别可分为局部变量、输入型变量、输出型变量、全局变量。

（3）变量命名

变量的名称只能由字母、数字和下划线组成，长度不超过 32 个字符，并遵循以下原则：

以字母和下划线开头，不能以数字开头；

不区分大小写；

不能以 AT 开头，例如 AT_L1001；

不能以"_A""_B""_C"结束，例如 VAR001_A 等；

变量名不能为空，且不能包括特殊字符；

变量名不能与类型名、程序组织单元（program organization unit，POU）名、任务名、类型转换函数名关键字等重名。

（4）变量调用格式

局部变量可直接调用点名。

全局变量点调用时需要加工程属性。

全局变量的物理点调用时格式为：点名 .AV（AI 点、EREAL 点）、点名 .DV（DI 点、EBOOL 点）、点名 _OUTPUT（DO 点）。常数的赋值格式为：REAL# 数值。全局变量的中间点调用时格式根据其工程属性添加。

（5）变量定义

❶ 变量定义时，在变量声明中选择 VAR_GLOBAL 类别，变量类型选择更改为 EREAL/EBOOL 类型。如图 5-30 所示。

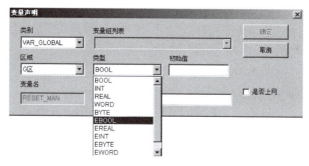

图 5-30　变量类型选择

❷ 直接在全局变量节点下的 AM 列表下添加变量，成功后即可在逻辑程序中使用该变量。如图 5-31 所示。

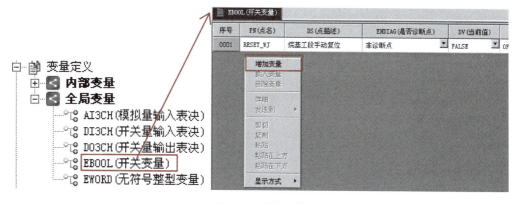

图 5-31　增加变量

（6）变量组态

变量组态用于配置工程所需的变量信息，采用树型结构管理方式，包括全局变量和内部变量两个节点。随着硬件配置中模块的增加，在"全局变量"节点下将出现 AI3CH、DI3CH、DO3CH 列表，且该节点下，用户不能进行添加或删除变量组操作。"内部变量"节点下放置内部变量，其中包括库变量组、I/O 信息变量组、诊断变量组。另外，在此节点下可创建用户自定义变量组。如图 5-32 所示。

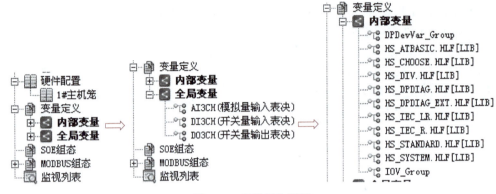

图 5-32　变量组态界面

5.4.5　POU 组态

POU 的分类：程序、功能块、函数。

编程语言：LD、FBD。

POU 的调用：通过已经调用的 POU 来调用。

POU 的命名：POU 名只能包含字母、数字、下划线，第一个字符必须是字母或者下划线，且不能与变量名、变量组名、POU 文件夹名、任务名、工程名、数据类型、关键字、指令库名或功能块名等重名。

（1）新建 POU

新建 POU 操作如图 5-33 所示。

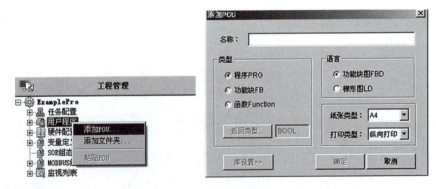

图 5-33　新建 POU

注意程序、功能块、函数的区别。

（2）POU 的操作

选择 FBD 语言时，创建 POU 后，在工作区域自动打开该程序的编辑窗口。如图 5-34 所示。

图 5-34　FBD 语言创建 POU

选择 LD 语言时，创建 POU 后，在工作区域自动打开该程序的编辑窗口。如图 5-35 所示。

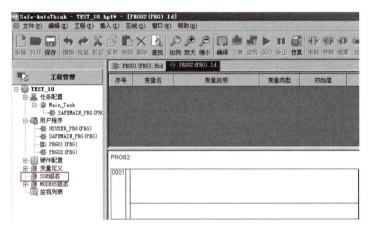

图 5-35　LD 语言创建 POU

注意 FBD 语言与 LD 语言标识的不同。

选用需要的功能块，搭建程序，完成后可点击工具栏中的编译图标进行编译，编译完成后请在 HSUSER 中完成用户自定义程序的调用。如图 5-36 所示。

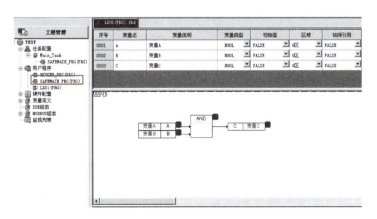

图 5-36　程序编辑

5.4.6 仿真调试

点击工具栏中的仿真快捷键，进入仿真调试模式。可双击需要调试的变量进行变量写入或强制。如图 5-37 所示。

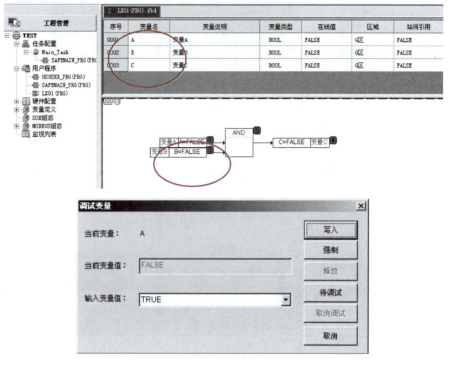

图 5-37 仿真调试

5.4.7 下装

下装是将组态生成的工程运行文件通过网络传送到相应设备的过程。下装包括下装到操作员站、下装到现场控制站。如图 5-38 所示。

下装用于现场调试及运行，使用 SAFE-AutoThink 软件连接真实的主控制器单元，并在其中运行已组态好的联锁程序，执行运算。

操作时选择工具栏的下装图标，通过组态验证后点击运行图标并监视（此过程中需输入正确的控制器密码，密码初始默认为"000000"）。

初始化下装，即把所有变量置为初始值。

图 5-38 下装

下装过程中的组态验证提示如图 5-39 所示。

图 5-39 组态验证提示

工程师站软件用户具有相应权限，下装完成后，点击"在线"→"调试模式"，弹出"控制器密码验证"对话框，输入正确的密码，选择要监视的控制器后，进入调试模式。如图 5-40 所示。

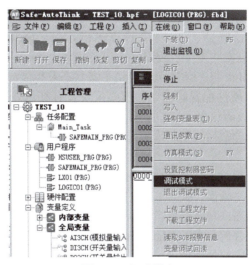

图 5-40 调试模式

运行过程中的控制器密码验证提示如图 5-41 所示。

图 5-41 控制器密码验证

监视过程中的选择控制器提示如图 5-42 所示。

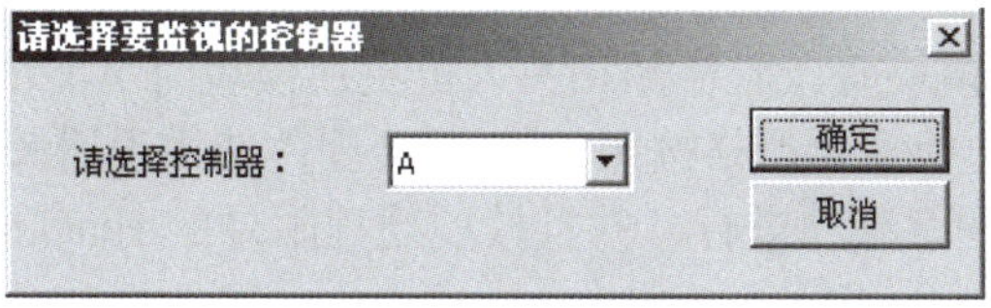

图 5-42 选择控制器

5.5　系统维护

5.5.1　HiaGuard 系统故障判断与处理

（1）故障判断

❶ 观察监控软件的系统故障指示灯，当系统故障指示灯红灯亮或发出报警声响时，说明系统发生了故障。

❷ 查看操作员站的"系统报警"画面，当安全仪表系统发生故障时，"系统报警"画面将以红色的标识显示故障发生的位置以及故障具体信息，并在"系统报警"中将故障信息记录到历史报警信息中。

❸ 检查通信模块、控制器、I/O 模块的故障指示灯"ERROR"灯的情况，当模块"ERROR"灯亮时，说明该模块发生了故障。

❹ 通过 SAFE-AutoThink 组态软件观察模块主备状态及扩展诊断信息。当 I/O 模块发生故障时，SAFE-AutoThink 硬件配置画面中的故障模块会有红色外框指示，并且扩展诊断中会以故障代码的形式显示故障信息。

❺ 通过其他可察觉的异常情况判断系统是否发生故障。

（2）故障处理

❶ 向操作人员及其他相关人员了解故障发生前后的相关信息。

❷ 观察故障现象，观察画面，检查 LED 指示灯状态，听、看设备运行状况。

❸ 调出设备自诊断画面，观察模块自诊断结果。

❹ 根据故障信息初步分析并参考 HiaGuard 系统维护手册。

❺ 根据判断结果做相应的处理措施。

（3）紧急情况处理

❶ 如果操作员站出现死机或白屏现象，请确认操作员站所用计算机或显示器是否损坏，并根据需要进行重启或更换。

❷ 如果出现 HiaGuard 系统操作员站面板无法弹出从而影响整个操作的情况，一般为 HiaGuard 系统故障，此时应及时通知仪表检修人员处理或联系调度。

❸ 仪表检修人员不能解决以上问题时，工艺操作人员应及时将所有的控制切换到就地控制，同时，密切监控相关参数和设备的运行情况，按照操作规程进行操作。仪表检修人员应及时向技术员咨询，将问题查明、解决，试验正常后，方可切换回 HiaGuard 系统控制。

5.5.2　HiaGuard 系统模块更换处理

❶ 模块出现故障后，通知系统相关人员。

❷ 查看并分析故障现象，确认是否需要更换模块。

❸ 当确认必须更换模块时，需告知相关人员更换模块时可能出现的情况，并做好应急处理准备。另外，模块更换需要严格按照 HiaGuard 硬件使用手册及 HiaGuard 系统维护手册中更换模块操作方法及注意事项进行，并且按照规程附录的 HiaGuard 现场问题记录单对更换前后的模块做好记录。

④ 模块更换后，应密切监视模块启动情况，包括指示灯及显示状态等。

⑤ 模块正常运行后，需要通知相关人员系统已正常运行。

⑥ 将故障处理结果汇报给相关负责人。

5.5.3　HiaGuard 系统日常巡检

（1）巡检

为了掌握 HiaGuard 系统运行情况，及时发现和消除运行设备的异常和缺陷，应当定期巡检，确保系统各项正常工作。巡检内容如下。

❶ 检查工程师站是否正常。

❷ 检查操作员站是否正常。

❸ 检查电源是否正常。

❹ 检查网络连接是否正常。

❺ 检查风扇运转是否正常。

❻ 检查机柜内部有无凝露、腐蚀现象。

（2）上电前准备

工程技术人员应在整套 HiaGuard 系统加电前检查下列各项工作。

❶ 现场控制站机柜内各电源单元、控制器及 I/O 模块是否安装牢固。

❷ 现场控制站机柜内各连接电缆是否连接完好。

❸ 各站间通信电缆是否连接完好。

❹ 供电电源线是否连接好，电源电压是否正常，是否符合要求。

❺ 所有地线是否连接好，接地电阻是否符合要求。

❻ 现场信号线是否接好，是否短路，对地电阻、电压是否符合要求，屏蔽线是否接好。

❼ 操作员站（包括专用键盘、鼠标等）、打印机及其他设备是否安装连接完好。

5.5.4　应用注意事项

❶ 严禁擅自改装和拆装系统部件。

❷ 不得随意从机柜上进行接线，如接地线、供电线及通信线缆，应严格按照 HiaGuard 硬件使用手册进行操作。

❸ 严禁在已上电情况下进行拆除或移动操作员站主机。

❹ 禁止对已启动运行的系统电源进行任何操作。

❺ 在系统运行过程中，禁止拔出状态为主的模块。

❦拓展阅读

智能化成就卓越

——和利时成长经历

　　三十多年前，和利时开发出我国第一套具有自主产权的 HS-DCS-1000 分布式控制系统，进入工业自动化领域，和利时由此发端。"天时不如地利，地利不如人和"，"天时、地利、人和"，蕴含着中国人的智慧，也是"和利时"名称的由来，而之所以倒序，是因天地既定，人应为先。此为和利时的"人设"。

如今，和利时在多个领域彻底打破国际巨头对中国市场的垄断，成为我国自主技术创新的典范，并逐渐发展成为现今 5000 余人规模的集团企业。和利时的产品在国内外工业、交通、食药等多个领域和行业得到广泛应用，和利时已发展成为全球智能化系统解决方案主力供应商。

1991 年，怀揣着产业报国情怀的赤子之心，和利时创始人带着 13 名课题人员，仅用了一年时间完成了一套 DCS 样机，基本实现了当时 DCS 的主要功能，并且做到了网络、计算机主板、全部输入输出处理模板等关键技术全部自主设计和工业化实现。

1996 年，公司聚焦 DCS 系统开发和推广，开发部有经验的工程师带领年轻人热火朝天地工作，开发人员也经常到现场服务和解决新产品应用问题，经过实战洗礼的研发新兵，也得以快速成长。

1997 年，和利时成功研制我国第一台核电站计算机系统，填补国内空白并实现出口。同年，签订秦山核电二期两台 60 万千瓦核电站计算机系统的合同。第一套数字式电液调节系统（DEH）成功投运。和利时进入了装备制造业控制领域。

1999 年，公司从 DCS 产品线迅速向多产品线扩张，开启了交通自动化业务，包括铁路售检票系统、变电站继电保护系统、ERP 等，并研发出城市轨道交通综合监控系统软件平台 MACS-SCADA V1.0，签订国内第一个轨道交通综合监控系统项目——北京地铁13 号线供电、环控及防灾报警综合监控自动化系统。

2003 年，公司聚焦 DCS 主业，成立了"杭州和利时自动化有限公司"，加快 DCS 功能性能提升，大幅优化成本。接下来的几年，公司在新业务方面，最关键的突破是高铁列控系统和核电站控制系统。在此时期，公司还投入大量资源，建设了可靠性实验室、系统仿真测试实验室，增设 RAMS 专职工程师，完善研发管理流程，满足越来越高的可靠性、安全性和质量要求。这些基础建设，从技能和意识上强化了研发队伍所必需的专业素养——工匠精神，为公司产品质量的快速提升打下基础。

2006 年，我国首款大型 PLC——LK 大型可编程逻辑控制器在和利时面世，填补了国内空白。同时，我国首台具有自主知识产权的 600MW 机组 DCS 系统进入商业运营。到2009 年，北京地铁亦庄线综合监控系统项目合同在京正式签约，成为轨道交通建设关键设备上首次全面采用国产软件的项目。和利时研发的拥有自主知识产权的 CTCS-H 列控车载设备获得安全产品 SIL4 级证书，是国内首个通过 SIL4 认证的同类产品。

2012 年，发布具有 SIL3 等级的 SIS 产品—HiaGuard，填补中国高端装备在该领域的空白，标志着和利时已具备全集成解决方案的能力。

2013 年之后，集团继续完成 MACS-V6 软件、K 系列硬件系统、SIS 系统和铁路安全平台的开发，这些重大产品的开发之后，大部分研发资源进入业务公司，技术中心职责大幅度压缩为可靠性测试服务、实时操作系统研发等公共研发资源管理，并推出第五代DCS，在提升国内市场份额的同时，大规模进军国际市场。

2015 年，和利时"智能控制系统"被评为首批国家智能制造试点示范项目。到 2017年，和利时 LK 系列 PLC 获阿基里斯信息安全国际认证，和利时成功入选国家第一批智能制造系统解决方案供应商推荐目录。

2021 年，和利时发布 100% 国产化系统——"HOLLiAS MACS IC 完全自主可控DCS 系统"。和利时全国产化 SCADA 系统在国家石油天然气管网集团有限公司成品油管网率先投入应用。公司推出工业革新产品——OCS 工业光总线控制系统，构建新一代过程控制系统。

2022 年，集团管理层决定加强集团公共研发组织建设，按技术中长期规划，从业务公司抽调研发资源，整合成立集团中央研究院，负责集团层面的技术规划、技术平台开发、部分战略新产品开发。

从 13 人的科研团队到 5000 余人的集团，从单一的 DCS 系统到一体化综合解决方案，从国外系统垄断市场的局面到和利时超 45000 个控制系统项目业绩，从专注于工业智能化到现在工业智能化、交通智能化、食药智能化三大业务竞相站在国内的领跑地位，和利时取得了辉煌的成绩，发展为中国自动化领域的领军企业之一。和利时业务也拓展到海外，形成了国内以北京、杭州、西安为三大主要基地，国际以新加坡为桥头堡，包括印度、印尼分公司在内的海内外业务蓬勃发展的格局。

公司的目标是用智能化的平台技术、方案和服务帮助用户实现卓越绩效，即显著提高产品质量、生产效率和装备产能、管理绩效与标准符合度，以及降低能耗和排放，保护环境。和利时通过开发和生产智能化平台与实施智能化方案实现跨越式发展。

和利时多年的发展历程也见证了中国仪器仪表行业的快速蓬勃发展。未来，和利时将以过去的奋斗为基础，努力打造成一家设计、制造和实施智能工厂的公司，为公司和用户共同创造卓越的绩效，以全方位智能化的解决方案和高度的时代责任感，助力中国制造业的高质量发展，为"中国制造"向"中国智造"的迈进贡献自己的力量！

模块小结

HiaGuard 控制系统为第一套国产安全仪表系统，掌握 HiaGuard 控制系统的系统配置、系统维护、组态应用，是从事 SIS 系统相关仪表工作所必需的。

主要内容	要点
HiaGuard 控制系统特点	①系统满足低操作模式 ②通信模块支持冗余配置 ③单 I/O 模块即可达到 SIL3 ④单控制站最大规模支持 1856 数字量点或 1440 模拟量点 ⑤可以与 HollySys 基本过程控制系统无缝集成
HiaGuard 控制系统配置及硬件	HiaGuard 系统由工程师站和安全控制站构成 （1）机架 系统分为主机架和扩展/远程机架，主机架与扩展/远程机架通过中继/光纤实现连接 （2）卡件 ①机笼：19 槽主机笼 SGM101，20 槽扩展机笼 SGM110 ②控制器：SGM201，TMR 架构，三系控制器在物理上相互独立，TÜV 认证达到 SIL3 等级 ③DI 模块：SGM610 32 通道，支持常开或常闭干接点信号，TMR 架构 ④DO 模块：SGM710 32 通道开关量输出模块，TMR 架构 ⑤AI 模块：SGM410 16 通道模拟量输入模块，TMR 架构 ⑥AO 模块：SGM520 8 通道电流型模拟量输出模块，TMR 架构 ⑦PI 模块：SGM633 脉冲输入和超速保护模块，TMR 架构 ⑧通信模块：SGM210，对外界提供 Modbus 通信接口

续表

主要内容	要点
HiaGuard 控制系统组态	①系统组态软件 SAFE-AutoThink，支持 FBD、LD 和 ST 编程语言 ② SAFE-AutoThink 软件界面分为菜单栏、工具栏、工程管理窗口、工作区域、库窗口等 ③硬件组态。添加主机笼、控制器、DI 模块、DO 模块、AI 模块、AO 模块等，变量组态 ④软件组态。POU 组态、仿真调试等
HiaGuard 控制系统维护	①故障诊断。观察系统故障指示灯、查看"系统报警"画面等 ②故障处理。观察故障现象、观察模块自诊断结果、进行相应处理等 ③模块更换。按照 HiaGuard 硬件使用手册及 HiaGuard 系统维护手册进行更换 ④日常巡检。检查工程师站、操作员站，检查电源、网络连接等是否正常

🦭 模块测试

一、填空题

1. 每套三重化的 HiaGuard 系统包括（   ）个独立的控制器模块，每个控制器模块控制三重化系统的（   ）个独立通道。

2. HiaGuard 系统由工程师站和（   ）构成。

3. 变量根据数据的有效范围分为（   ）和（   ）。

4. POU 分为（   ）、（   ）、（   ）三类。

5. 禁止对已（   ）运行的系统电源进行任何操作。

二、选择题

1. HiaGuard 系统支持 15 个域，每个域支持（   ）台控制站。

A. 8   B. 16   C. 32   D. 64

2. SGM410 是 HiaGuard 系统的（   ）路模拟量输入模块。

A. 16   B. 4   C. 32   D. 8

3. SGM610 是 HiaGuard 系统的（   ）路开关量输入模块。

A. 8   B. 4   C. 32   D. 16

4. 变量的名称长度不超过（   ）个字符。

A. 8   B. 4   C. 32   D. 16

5. HiaGuard 系统的组态编程软件是（   ）。

A. TriStation 1131   B. ELoP II   C. SAFE-AutoThink   D. SafeContrix

三、判断题

1. SGM101 是 19 槽主机笼，各种模块安装于机笼内。由左至右，第 1、2 槽是 2 块通信模块插槽。（   ）

2. 三重化的控制器采用三个独立的控制器模块进行配置、不同步运行。（   ）

3. HiaGuard 系统单台控制站支持最多 1856 个 I/O 点。（   ）

4. 变量的名称只能由字母、数字和下划线组成。（   ）

5. POU 的命名第一个字符必须是字母或者下划线。（   ）

四、简答题

1. HiaGuard 系统硬件由哪几部分组成？

2. HiaGuard 系统的控制器 SGM201 面板上状态指示灯有几个？控制器面板的故障指示灯"ERROR"灯亮红灯表示什么？如何处理？

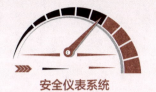

安全仪表系统

模块六
SIS 的安装、调试及维护

模块描述

英国健康和安全执行局（Health and Safety Executive，HSE）对34个事故进行了调查分析，有 6% 的事故是"安装和调试"问题引起的，有 15% 的事故是"操作和维护"问题引起的。如果安全仪表系统没有按照设计要求进行安装，没有按照安全要求规格书的要求进行调试和维护，将产生很大风险。

本模块学习工厂验收测试、SIS 安装和调试、SIS 维护、SIS 检验测试、SIS 现场功能安全管理、SIS 停用等。

学习目标

知识目标：

① 了解 SIS 安装、调试要求，SIS 的检验测试内容；

② 熟悉 SIS 运行环境，以及巡检、网络维护、清洁等日常维护内容；

③ 掌握 I/O 点查找、I/O 点强制及配合工艺完成旁路操作等方法；

④ 掌握卡件更换的基本流程。

能力及素质目标：

① 能进行 SIS 日常维护；

② 会进行 SIS 的 I/O 点强制等在线操作；

③ 遵循标准、规范操作，强化安全责任意识。

知识思维导图

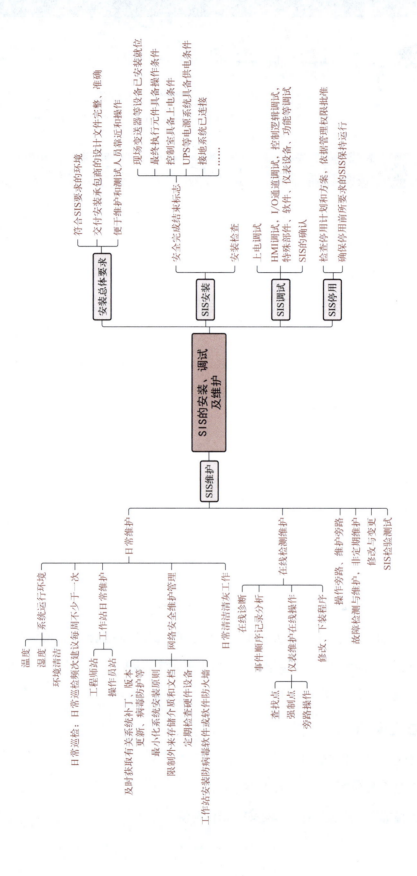

SIS的安装、调试及维护

安装总体要求
- 符合SIS要求的环境
- 交付安装承包商的设计文件完整、准确
- 便于维护和测试人员靠近和操作

SIS安装
- 安全完成结束标志
  - 现场变送器等设备已安装就位
  - 最终执行元件具备操作条件
  - 控制室具备上电条件
  - UPS等电源系统备具供电条件
  - 接地系统已连接
  - ……
- 安装检查

SIS调试
- 上电调试
- HMI调试、I/O通道调试、控制逻辑调试，特殊部件、软件、仪表设备、功能等调试
- SIS的确认

SIS停用
- 检查停用计划和方案，依据管理权限批准
- 确保停用前所要求的SIS保持运行

SIS维护
- 日常维护
  - 系统运行环境
    - 温度
    - 湿度
    - 环境清洁
  - 日常巡检：日常巡检频次建议每周不少于一次
    - 工程师站
    - 工作站日常维护
    - 操作员站
  - 网络安全维护管理
    - 及时获取有关系统补丁、版本更新、病毒防护等
    - 最小化系统安装原则
    - 限制外来存储介质和文档
    - 定期检查硬件设备
    - 工作站安装防病毒软件或软件防火墙
  - 日常清洁清灰工作
  - 在线检测维护
    - 在线诊断
    - 事件顺序记录分析
    - 仪表维护在线操作
      - 查找点
      - 强制点
      - 旁路操作
  - 操作旁路、维护旁路
    - 修改、下装程序
  - 故障检测与维护、非定期维护
  - 修改与变更
  - SIS检验检测测试

6.1 工厂验收测试

安全仪表系统在完成设计、采购后，由工程人员进行组态编程，在系统集成即将结束、准备发货到现场前，将安排业主到集成商/制造商开展工厂验收测试（factory accept test，FAT）工作，FAT 通过后，项目组依据现场施工进度将系统交付到工程现场，并适时开始实施现场安装、调试工作，同时对操作维护人员进行培训，完成现场验收测试（site accept test，SAT）后组织开车前审查，投运成功后进入 SIS 操作运行阶段。如图 6-1 所示。

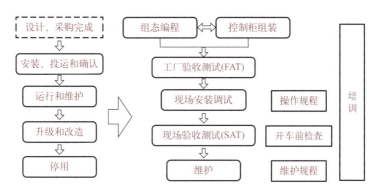

图 6-1　SIS 项目实施流程

工厂验收测试通常在集成商/制造商组装调试场地进行，由制造商和订货方（含用户、设计单位或其授权人员）代表共同参与完成，对 SIS 开展各项功能的测试、记录。通过全面的测试，及时发现并排除软硬件故障，确保设备运输前的质量。

IEC 61511 中定义了工厂验收测试的目的，即订购、供应双方一起测试逻辑控制器及其相关软件，以保证 SIS 能够满足安全要求规格书所定义的要求。在工厂安装之前测试逻辑控制器及其相关软件，能够较容易地识别和纠正误差。

SIS 的工厂验收测试不仅包括对逻辑控制器及其软件、操作员接口的测试，还要对包括 I/O 接口、安全栅、继电器、内部电源、机柜附件等整个 SIS 的软硬件进行全面测试。在 FAT 之前需要准备制造商和订货方双方认可的 FAT 规程，包括必要的测试设备和工具、检查测试科目与内容、测试记录和文档管理、人员责任和具体进度安排、发现问题的处理、工厂验收通过的标准、合适的场地、具备 FAT 条件的系统状态以及最终 FAT 报告的签署和不合格项的处理等。如表 6-1 所示。

表 6-1　FAT 科目

FAT 科目	电源和配电的检查
	系统及 I/O 的功能测试和性能测试
	应用软件的逻辑测试
	系统冗余及通信测试
	系统硬件和辅助设备的机械和集成检查/测试

对测试中发现的问题列入记录表，对 FAT 中所做的修改和变更要进行分析评估，确定它的影响范围和大小，并落实后续行动。

FAT 完成后，要最终形成并签署 FAT 报告。该报告证明 SIS 逻辑控制器（包括相关软硬件和应用软件）满足了安全要求规格书中定义的相关要求，具备了从集成商 / 制造商发货并交付现场安装的条件。如表 6-2 所示。

表 6-2　FAT 记录和文档

FAT 记录和文档	出厂验收测试规程
	出厂验收测试报告
	设计资料检查表
	系统配置检查记录
	I/O 测试记录
	输入和输出功能测试记录
	HMI 功能测试记录
	联锁控制方案测试记录
	系统性能测试记录
	其他测试记录
	不满足项记录表

6.2　SIS 安装和调试

SIS 安装包括传感器、最终执行单元、系统及辅助盘柜、操作员接口、报警系统、各类信号和通信接线等安装工作。安装质量不仅影响日后的 SIS 安装操作和维护，也直接影响后续调试工作的进行。严格按图施工和有效的管理及监督机制是确保安装质量的关键。

6.2.1　安装的总体要求

SIS 安装是整体仪表和电气安装的一部分，可能由相同的承包商和施工人员完成。可以考虑将 SIS 安装工作单独成项，由专门安装人员实施。这有利于将安装环节存在的潜在共因失效降低到最小，并进一步强化 SIS 在测试、培训等工作中的特殊要求及关键价值。SIS 机柜的安装原则上必须在现场机柜间或控制室土建完成后进行，同时应保证安装环境干净整洁，符合 SIS 要求的环境条件。

确保交付给安装承包商的设计文件是完整的、准确的。承包商有接受过相应培训的经历以及工程安装经验，是高质量完成安装任务的重要保证。所有的 SIS 仪表设备，应该遵循制造商的规定和推荐方法、遵循用户现场所在地的相关法律法规和标准规范要求进行安装。承包商自行采购的所有安装辅材，其质量应该满足预期要求。

所有的仪表设备安装位置和安装方式，必须便于维护和测试人员靠近和操作。在安装前和安装过程中，小心谨慎，防止造成对所有现场仪表设备和系统部件的物理损坏或环境损坏。比如系统部件的安装操作，安装人员应具一定的防静电配备，佩戴防静电手环或手套进行系统部件安装工作，无相关配备的应先完成人体放电后操作，且避免直接接触电子元器件。承包商在没有获得书面批准的情况下，不得擅自更改或偏离设计图纸，任何必要的修改应该遵循变更管理程序，所有的变更都应该完整记录，并体现在竣工图上。

6.2.2　SIS 的安装

安装完成一般以下列工作结束为标志：

❶ 现场检测开关、变送器等设备（包括一次元件）已经安装就位，引压管等与过程连接的气密性检查已经完成；

❷ 最终执行元件（包括电磁阀和切断阀）的过程安装和气源等支持系统都具备了操作条件；

❸ 控制室设备具备了上电条件；

❹ UPS 等电源系统已经具备供电条件；

❺ 接地系统已经连接，接地电阻值等符合设计要求；

❻ 所有的配线敷设完毕，从现场设备端子到接线箱端子再到机柜以及柜间的接线已全部完成，并进行了电路完整性的绝缘测试和连接正确性的校对检查；

❼ 熔断器已按照要求的规格型号安装完毕；

❽ 所有的设备、线缆、接线端子等都有与施工图纸相吻合的标牌或标识；

❾ 现场设备接线盒与接线保护管之间按照防爆等防护要求进行了密封，进出控制室的电缆孔洞已全部封堵；

❿ 对安装造成的物理损坏，已经修复完毕；

⓫ 所有的包装材料、运输和安装辅助材料、安装废料等已清除出工作区域。

安装检查是确保 SIS 按照详细设计图安装完成并已准备就绪，可以进行调试和确认等工作的必要措施。系统上电前，通常由系统供应商、用户代表（或监理）和施工承包商来共同完成安装检查，应实地察看控制室环境、系统接地、供电、信号及电源电缆布线、标识等情况，确保严格按图施工。对于现场仪表，应根据仪表安装相关规范和仪表厂家的安装要求，对现场仪表进行仔细检查。对于承包商安装不规范之处提出书面整改意见。

对实际上并不依据设计信息进行安装的情况，应由有资格的人员对其差异进行评价，并确定可能对安全产生的影响。如已确定这种差异对安全没有影响，则把设计信息更新为"竣工"状况，如果这种差异对安全有影响，则应修改安装来满足设计要求。

6.2.3　SIS 的调试

调试是指 SIS 或设备在现场安装完成后的功能检查及确认过程。

上电是系统调试的第一步，常规上电一般在现场信号接线前完成，如设备已接线，现场服务人员应告知用户上电可能存在的风险（触电、设备误启动或毁坏），并由用户先完成现场侧安全确认。特别要关注安全仪表系统本体、关联的现场设备及其附近工作人员，禁止在未确认现场侧安全的情况下进行相关联设备（外供电电源、空开、AO/DO 模块等）的上电。不同工段分步上电时，应按照以上要求逐一进行严格检查。

在正常上电后，可逐步开展调试工作，总体原则是先单体设备或部件调试，后局部、区域调试和回路调试（包括控制逻辑调试），最后整体系统联调。另外，调试应在相应的人机界面（HMI）及操作权限下进行，调试人员通过监控流程图等人机界面开展调试工作。严禁使用高级别的系统权限开展调试。

调试的主要内容和关注点包括系统部件的功能调试，HMI调试，I/O通道调试，控制逻辑调试，特殊部件、软件、仪表设备、功能等的调试。逐项调试过程中，需要有详细的调试记录，说明测试结果以及在设计阶段所确定的目的和准则是否得以满足，如果调试运行中出现失败，则应记录失败的原因，在调试阶段未完成确认的，必须在联调阶段进行联合调试，调试完成后需要签字确认。

这些调试和联调活动，基本可以作为现场验收测试（SAT）或者确认的范围，其主要目标是确保系统满足安全要求规格书指定的要求，包括系统逻辑功能的正确性。

确认应该在工艺物料引入到生产装置之前完成，确保SIS的预防和减轻功能能够及时地发挥作用。确认活动的过程，需要制定详细的工作步骤和程序并遵照执行，该过程涉及的必要文档如表6-3所示。文档的多少取决于系统的规模和复杂性，有必要在确认之初就确定好。

表6-3 确认活动依据和文档

确认活动 依据和文档	确认活动的检查步骤和程序
	安全要求规格书
	系统逻辑组态程序的打印件
	整个系统结构的方框图
	具有物理通道地址分配的输入和输出列表
	带控制点的管道和仪表流程图（P&ID）、仪表索引表
	包括制造商名称、规格型号以及选型信息的仪表规格说明书
	通信图、供电及接地图、与SIS输入和输出有关的BPCS组态
	逻辑图（或因果图）、所有主要仪表设备的安装布置图
	接线箱和盘柜内部接线图、接线箱和盘柜之间的接线图、气动系统的管路配置图
	随仪表设备提供的厂商技术文件（包括技术说明、安装要求及操作手册）、操作和维护规程

顺利完成SIS的确认活动，是将系统交付给工艺操作运行部门的基础和前提。对于每一个SIF，都要签字确认，证明所有的调试及测试都已经成功完成。如果存在任何遗留问题，必须清楚明白地反映在相关的技术文件中，并有解决和何时解决的计划和责任人。对于任何遗留问题，如果调试小组认为有导致危险事件的潜在可能，就应该重新分析研究，甚至建议推迟开车，直到找出解决方案以及存在的问题得到妥善处理。

6.3 SIS 的维护

SIS正常投运后，除了完善竣工资料、文档归档外，便进入SIS的维护阶段，严格按照维护规程和许可程序进行日常维护，是保持SIS正常运行并在需求时发挥作用的重要保障。

SIS 的维护主要涉及日常维护、故障检测与维护、SIS 的修改与变更、检验测试以及现场功能安全管理和停用等。

6.3.1　日常维护

（1）系统运行环境

逻辑控制器通常布置在机柜间，其工程师站、操作员站设置在控制室，机柜间和控制室的环境应满足系统运行要求，并对主要环境因素加以控制。

❶ 温度。为确保逻辑控制器、I/O 卡件、安全栅、电源等设备均处于良好的工作状态，机柜间室内温度应保持在合理区间（冬季 20℃±2℃，夏季 26℃±2℃，温度变化率小于 5℃/h）。

❷ 湿度。机柜间相对湿度应控制在 40%～68%（无结露），湿度变化率小于 6%/h。过高的湿度可能导致电子元器件老化速度加快。

❸ 环境清洁。机柜间和控制室地面、台面、静电地板下方地面应保持清洁。对于机柜、工作站电脑、辅操台、打印机等应做到定期清洁，对于机柜辅操台的空气过滤网和过滤海绵应定期清洁或更换。

❹ 腐蚀性气体和粉尘防护。确保机柜间对腐蚀性气体和粉尘的有效防护，能够确保安全仪表系统运行的稳定性，减少腐蚀可能导致的系统内电子元器件故障。机柜间内气体环境应控制在合理范围内。同时，应避免安全仪表系统模件暴露在金属碎屑、能导电的颗粒或由钻削和锉削产生的灰尘中，避免可能引起的短路现象。

❺ 电磁干扰防护。机柜间控制系统信号电缆应与电气动力电缆隔离。机柜内电气动力电缆，尤其是 380V AC、220V AC 电缆，应沿着独立的线槽敷设至机柜的电源模块/空开/端子排处。

❻ 小动物防护。机柜间应设置防鼠措施，包括防鼠板等，避免老鼠或其他小动物窜入机柜，造成污染乃至短路或断路故障。

（2）日常巡检

安全仪表系统需要通过日常巡检，确认其工作状态是否正常，并发现可能出现的报警和隐患。日常巡检的频次根据各企业管理要求执行，建议每周不少于一次。巡检应至少包括以下内容。

❶ 检查机柜间及工程师站的温度、相对湿度和环境清洁等是否在规定技术指标范围内。

❷ 检查系统所需供电是否符合技术要求。

❸ 检查系统柜冷却风扇运行是否正常，若发现风扇转动异常或损坏，应立即采取措施，予以更换。

❹ 观察安全仪表系统卡件模块等设备的状态指示灯，同时通过系统配置的状态诊断监控软件检查系统运行情况。检查系统运行状态（包括 SOE 中记录有无异常）记录有报警的卡件或设备。

❺ 应建立有效的巡检记录机制，确保巡检工作的可追溯性。

（3）工作站的日常维护和管理

工作站通常包括工程师站和操作员站等，对工作站的维护和管理对于系统的安全可靠运行十分重要。

❶ 日常维护过程中应确保工作站电脑专机专用，不安装外部无关软件或程序，同时，

严禁各类人员在工作站上使用外来介质，包括光盘、移动硬盘、U盘等移动存储介质。

❷ 日常维护过程中应关注工作站的使用情况，如果出现操作系统故障、死机、蓝屏等现象应及时处理。

❸ 对于系统数据、程序文件和专用软件，应定期进行备份并异地存放。

❹ 所用的系统软件、应用软件、专用程序盘、光盘、软盘、移动硬盘、U盘等移动存储介质必须专用，必须由专人保管。

❺ 对于新的或供应商开发的软件（盘），须事先通过安全测试运行后方可正式启用。严禁擅自进行系统软件拷贝、传播和使用。

❻ 维护或进行系统应用开发等需要使用的外来介质，必须经设备维护单位控制系统病毒防治管理人员检测，确认母盘无病毒并签字后，方可使用。

❼ 工作站应设置安全管理要求，包括设置用户密码（可设定多级使用权限，禁止随意进入管理员权限进行删除和改写控制程序等操作，密码要由专人负责管理）。

（4）网络安全维护和管理

❶ 与制造商建立信息沟通渠道，定期进行沟通，及时获取有关系统补丁、版本更新、病毒防护等最新信息。

❷ 采用最小化系统安装原则，禁止安装与工控系统功能和安全防护无关的软件和硬件。

❸ 严格限制外来存储介质和文档的使用，应设置文件隔离终端，外来介质必须经过专用的防病毒查杀工具进行查杀，确认安全后才能安装、使用。

❹ 定期检查控制器、通信模块、交换机、网络拓扑等，确保网络通信传输通畅，检查内容也应包括网闸、防火墙、防病毒服务器等硬件设备。

❺ 工作站应安装防病毒软件或软件防火墙，确保其正常工作，定期更新或升级经验证的病毒库，并做到定期杀毒、定期更新病毒库，确保主机运行环境的安全可靠。

（5）日常清洁清灰工作

❶ 每周至少一次清洁机柜间卫生。

❷ 每季度至少清洁一次操作台、显示器、打印机、工程师站和操作员站过滤网、键盘、鼠标、机柜门滤网等。

❸ 定期整理线缆、空开和操作员站的标识。

❹ 主要设备（机柜内所有设备）在系统运行期间原则上不做清洁清灰，相关工作在停车检修期间执行。

6.3.2　在线检测和维护

（1）在线诊断

安全仪表系统具备强大的在线诊断功能，通过相应软件可对系统的运行状态实现监控和诊断，包括对系统运行状态的实时监控、查看以及对系统故障报警的查看和分析。

实施在线诊断工作，需要严格遵守安全仪表系统相应的技术规定，正确使用相应的监控诊断软件。如Tricon系统诊断软件，包括主机架的在线诊断、扩展机架的在线诊断、主处理器模块的在线诊断、模拟输入/输出模块的在线诊断、数字输入/输出模块的在线诊断、脉冲输入模块的在线诊断、热电偶输入模块的在线诊断、继电器输出模块的在线诊断、通信模件的在线诊断、外部终端板在线诊断等。

（2）事件顺序记录分析

事件顺序记录（sequence of event，SOE）用于记录故障发生的时间和事件的类型，它可以更好地进行事故分析与事后追忆，即可按时间顺序记录各个指定输入和输出及状态变量的变化时间，记录精度可精确到毫秒级。在石油化工领域，一旦在生产运行过程中发生停机、停车，需要通过它来查找事故原因，而这些项目的工艺过程复杂、实时性高，无法用一般的报警记录及历史趋势来做出准确的事故分析。

❶ 事故事件发生后 4h 之内应及时收集 SOE 文件，以免时间太长导致 SOE 文件被后面的信息覆盖，影响对事件发生原因的分析和判断。

❷ SOE 配置文件应包括：SIF 回路中所有的现场输入输出信号，所有 HMI 中可操作软按钮的信号，所有辅操台的开关按钮、蜂鸣器和指示灯状态的信号，所有控制器、网络、机架、电源模块、I/O 卡件的报警状态点和继电器触点状态信号。

（3）仪表维护在线操作

仪表技术人员对安全仪表系统的常规在线操作，主要包括在应用软件中对 I/O 点实施查找、对 I/O 点进行强制以及配合工艺完成旁路操作等。

❶ 查找点。安全仪表系统应用软件均具备 I/O 点或内存点的查找功能，仪表技术人员可通过查找功能找到需要查看的点，读取其状态或数值。

❷ 强制点。强制功能是对 I/O 点或内存点的人为手动赋值操作，原则上不推荐强制操作。如果遇到特殊情况需要实施强制，应在完成相关工作票手续办理之后实施，实施强制之后应做好记录，并在条件允许后适时取消强制。

❸ 旁路操作。旁路操作通常由工艺人员完成，仪表维护旁路的操作应在工艺人员授权（手续授权和程序授权）的状态下完成。

实施仪表维护时，仪表技术人员必须同工艺值班长取得联系。必须由工艺人员切换到硬手动位置，并经仪表技术人员两人以上确认，同时检查旁路灯状态，然后摘除联锁。

摘除后应确认旁路灯是否显示，若无显示，必须查清原因；若旁路灯在切除该联锁前因其他联锁已摘除而处于显示状态，则需进一步检查旁路开关，确认该联锁已摘除后，方可进行下一步工作。

仪表维护处理完毕，投入使用，但在投入联锁前（工艺要求投运联锁），必须由两人核实确认联锁触点输出正常；对于有保持记忆功能的回路，必须进行复位，使联锁触点输出符合当前状况，恢复正常；对于带顺序控制的联锁或特殊联锁回路，必须严格按该回路的联锁原理对照图纸，进行必要的检查，经班长或技术员确认后，方可进行下一步工作。

投入联锁，须与工艺值班长取得联系，经同意后，在有人监护的情况下，将该回路的联锁投入自动状态（如将旁路开关恢复原位等），并及时通知操作人员确认，以及填写好联锁工作票的有关内容。

（4）修改和下装程序

因生产或维护需要，修改和下装程序时，应首先办理相关手续，做到票证齐全，并对现有程序进行备份，之后才能实施修改和下装操作。

在生产过程中，发现工艺设备专业根据生产需要提出修改时，可用"改变下装"形式装载到控制器。首先将修改过的控制程序下装到仿真控制器中，进行模拟测试，测试无误后才能下装到控制器，每次下装到控制器，控制程序的版本就会升级，而旧版本不能进入在线控制界面，所以一定要按系统管理要求及时对最新的版本的所有程序（上位 HMI 程序、下位控制程序和 SOE 配置文件）进行备份，以防不测。

控制器均具备"部分下装"功能，应注意在线运行时只能实施部分下装，确保系统不停止工作。在生产装置正常运行时，不能进行"完全下装"，因为这样会使控制程序停运，进而影响到生产。只能在停车离线时才能实施整体下装/完全下装。

6.3.3 操作旁路和维护旁路

化工企业装置运行期间，因工艺调整或现场仪表故障等原因需要对 SIF 进行旁路操作。通常设置有两类旁路开关：操作旁路开关（operational override switch，OOS）和维护旁路开关（maintenance override switch，MOS）。一般来说，MOS 和 OOS 有类似的功能，但是有不同的用途。如表 6-4 所示。

表 6-4　MOS 和 OOS 区别

MOS	OOS
MOS 由仪表技术人员使用	OOS 由工艺操作人员使用
MOS 用于 SIF 的子系统层面（例如对变送器的旁路）	OOS 用于功能层面（例如对整个 SIF 的旁路）
MOS 用于 SIF 子系统故障时进行检修或更换，此时的工艺过程状态是正常的	OOS 用于因工艺本身的原因需要解除 SIF，此时 SIF 本身的功能是正常的

图 6-2 是 2oo3 表决变送器的 MOS 与 OOS 的设置，从图中可见它们的区别。当工艺条件满足时，OOS 可以自动解除。

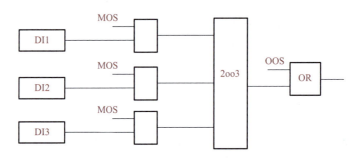

图 6-2　2oo3 表决变送器的 MOS 和 OOS

MOS 主要用于旁路 SIF 回路现场传感器，以便进行维护和在线功能测试。不宜在输出到最终执行元件的信号上设置旁路，因为可能有多个 SIF 对应着该最终执行元件。设置 MOS 一般要遵循如下的原则。

❶ 当传感器被旁路时，操作人员有其他手段和措施触发该传感器对应的最终执行元件，使工艺过程置于安全状态。

❷ 当传感器被旁路时，操作人员有其他手段和措施监测到该传感器对应的过程参数或状态。

❸ 当传感器被旁路时，操作人员有其他手段和措施，并有足够的响应时间代替该传感器相关的 SIF，将工艺过程置于安全状态。

❹ MOS 不能用于屏蔽手动紧急停车按钮信号、检测压缩机工况的轴振动 / 位移信号以及报警功能等。

❺ MOS 的启动状态应有适当的显示。旁路状态的时间不宜太长，如果对该时间有严格的限定，可设计"时间到"报警，但是不能自动解除旁路状态。

❻ 对于 1oo2 或 1oo3 表决的传感器信号，可设置常规的 MOS；而对于 2oo3 和 2oo2 表决的传感器信号，为了降低 SIF 的 PFD，有的企业规范推荐采用旁路为"逻辑 0"的设

计，即 2oo3 降级为 1oo2 而不是 2oo2，2oo2 降级为 1oo2。图 6-3 所示为 2oo3 表决传感器的 MOS 设置。

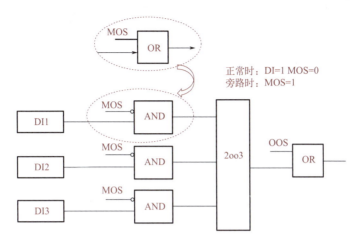

图 6-3 2oo3 表决传感器 MOS 设置

常规的旁路操作，保持旁路后的信号为逻辑 1；对于 2oo3 和 2oo2 输入信号，旁路后的信号为逻辑 0。不过 MOS 设计的降级机制选择，取决于安全性优先还是过程有效性优先。

传统的 MOS 和 OOS 设计，普遍采用一对一的硬接线开关，将这些开关信号连接到 SIS 逻辑控制器的 DI 通道。这种方式操作不便，需要大量的接线。随着网络通信功能安全技术的发展，目前项目上普遍采用 DCS 与 SIS 逻辑控制器相结合的设计思路，即在 DCS 的 HMI 操作画面上设置 MOS 软开关，并在该画面上显示实时的旁路状态。SIS 与 DCS 之间通过 RS-232/RS-485 串行通信接口或者以太网进行通信。

采用 DCS 的 HMI 作为 MOS 的操作和管理界面，主要的关注点是对安全的影响。DCS 属于非安全系统，而 MOS 功能是其相关 SIF 的一部分，这就意味着该 SIF 的安全完整性将会受到影响，因此在设计 MOS 时，有必要考虑附加的安全措施，保证以安全的方式操作和执行 MOS。例如：限制同时执行 MOS 的数量；启动 MOS 信号时进行声光报警；限制 "bypass" 的允许时间；设置总的 MOS "允许 / 禁止" 硬钥匙开关，该开关信号（DI）通过硬接线引入 SIS 逻辑控制器。所有的 MOS 操作应在操作日志或 SOE 记录中。

MOS 设计的技术要点如下。

❶ 旁路操作应有相应的检查和操作规程。

❷ 一个安全相关逻辑组一次仅允许一个旁路操作，报警信号不能被旁路。

❸ 旁路期间，应有相应的操作防护措施。旁路操作应限定在一个操作班次内完成（不超过 8h），避免延续到下一班。

❹ 硬接线的总 MOS "允许 / 禁止" 钥匙开关，应有操作指示灯，指示来自 SIS 逻辑器的 DO 回讯，表明它已处于 MOS "允许" 状态。该硬接线开关在任何情况下都可马上解除所有旁路，即使在功能异常时亦如此。

❺ 当在 DCS 操作员站画面上的 MOS 软开关启动时，同时应有来自 SIS 逻辑控制器的回馈信号显示，以便确认旁路命令确实已经执行。

❻ 旁路操作应有适当的记录，包括 MOS 的仪表位号、启动或结束的时间点，以及执行人（操作员或维修人员）的标识。

❼ DCS 与 SIS 逻辑控制器之间的通信链路出现故障时，必须有相应的报警；通信故障

导致的旁路解除应该在报警后有一定的时间延迟，保证操作员对此作出响应。

旁路操作本身应有报警、记录和显示，在旁路期间也应始终保持对工艺过程状态的检测和指示；旁路操作应有明确的操作程序，并纳入功能安全评估和现场功能安全审计的范围之内；旁路设计应仅限于正常的工艺过程操作界限之内，不能代替或用作安全防护层功能。

6.3.4　故障检测与维护

故障检测与维护是一种常见的非定期的维护服务，它的核心是系统设备出现故障后，找出故障原因并予以解决。这些故障的原因可能是明显的，也可能是不明显的，此时需要维护人员的经验和分析问题、解决问题的能力。

SIS 运行中，通过自动诊断、检验测试、操作员操作监视、维护巡检等途径，检测出或发现系统中存在的故障。SIS 在线诊断功能可以实现逻辑控制器与现场设备等的故障诊断，第一时间通过报警信息提醒相关人员。自动诊断功能包括逻辑控制器自诊断、基于现场设备故障模型的应用软件自侦测。在线的自动诊断无法辨识出 SIS 中的全部故障，也不可能将某些潜在的隐患逐一侦测出来，保证 SIS 安全完整性的重要举措，还包括检验测试。检验测试也被称为功能测试或安全功能测试，它是通过周期性的物理检验和测试，揭示出 SIS 中未被自动侦测出的故障，特别是危险故障和隐患，将其恢复到"如新"的状态。确保 SIS 的操作持续地符合安全要求规格书的要求。

IEC 61511-1 的条款 11.3，规定了当检测出故障时，SIS 如何响应。

（1）特定动作

特定动作是指故障出现后的响应，它应该在安全要求规格书中指定。可供选择的动作包括：关停整个工艺装置；关停由该故障子系统所在的 SIF 防护的某个工艺单元；维持工艺装置的正常操作，采取某些临时的补救措施。

特定动作首先使被控对象达到或保持安全状态，通常选择的是关停。不过如果没有工艺危险存在，避免不必要的关停而保持连续操作可能是更好的选择。采取什么样的"特定动作"，应该基于危险和风险分析对该 SIF 的安全完整性要求，以及是否有其他保护层存在等因素确定。

（2）故障裕度为 1 的子系统（IEC 61511-1 的条款 11.3.1）

在能允许单独一个硬件故障的任何子系统中，检测到危险故障（利用诊断测试、检验测试或其他办法）时，采取特定的动作，使被控工艺对象达到或保持某种安全状态；或者在对故障部件进行维修期间，仍能保持安全连续操作。

如果故障部分的修复不能在规定的平均维修时间（mean time to repair，MTTR）内完成，就采取特定的动作使工艺对象达到或保持某个安全状态。

上述的特定动作，由操作员依据诊断报警信息直接实施时，例如打开或关闭阀门，该诊断报警视为安全仪表系统的一部分，独立于 BPCS 之外。

上述的特定动作，由操作员依据诊断报警信息，通知仪表维护人员对故障进行维修时，该诊断报警视作 BPCS 的一部分，此种情形应随 SIS 其他设备一道，按照 SIS 相应的检验测试和变更管理程序进行管理。

一个冗余的子系统，故障裕度为 1 时，当子系统出现故障，并不一定存在确实的危险。该子系统的故障，有可能在保持 SIF 的前提下进行修复。

（3）故障裕度为 0 的子系统（IEC 61511-1 的条款 11.3.2）

当通过诊断、检验测试或者任何其他方式，检测出或发现在没有冗余的子系统中存在某个危险故障，同时安全仪表功能完全依赖于该子系统，并且以要求模式进行操作时：采取特定动作，使被控工艺对象达到或保持安全状态；或者在规定的 MTTR 内修复故障部件。在进行维修期间，通过附加补救措施或约束条件，确保工艺对象仍然保持安全连续操作。这些附加补救措施或约束条件提供的风险降低能力，应该至少等同于因子系统故障导致 SIF 缺失的风险降低能力。

在 SIS 的操作和维护规程中，应该对这些附加补救措施或约束条件的要求作出明确的规定。如果该故障不能在规定的 MTTR 内修复，那么就要采取特定的动作，使被控工艺对象达到或保持安全状态。

当上述的特定动作，是由操作员依据诊断报警信息直接实施时，例如打开或关闭阀门，该报警就应视为 SIS 的一部分，即独立于 BPCS 之外。

当上述的特定动作，是由操作员依据诊断报警信息，通知仪表维护人员对故障进行维修时，该诊断报警可以视作 BPCS 的一部分。此种情形应随 SIS 其他设备一道，按照 SIS 相应的检验测试和变更管理程序进行管理。

故障裕度为 0 或者说没有故障容错，意味着单一的故障将使 SIF 丧失其设计功能。举例如下。

一个储罐中装有易燃性液体，一台液位变送器检测液位信号，并由 DCS 出口管上的调节阀保持罐中液位的稳定；为了防止罐中物料因液位控制失效溢出，导致火灾等危险后果，在液位 90% 位置安装一台液位开关并由 SIS 接收该 DI 信号。当该开关动作时，关闭入口管切断阀。为了对液位开关进行周期性检验测试（例如每六个月一次），设计了维护旁路开关（MOS）。操作规程要求旁路操作不允许超过 4h，否则将手动关闭进料泵或入口管上的切断阀。同时规定在 MOS 启动时，操作员必须每小时到现场对就地液位计巡视一次，确保在该 SIF 停用期间（检验测试，或者对液位开关进行修理、更换）不会仅仅依赖 DCS 的正常液位调节回路。

本例中的液位开关，就是无故障容错的单一子系统。液位联锁 SIF 对该液位开关子系统全依赖的，因为液位开关的故障（即输出 NC 触点不能打开）将导致 SIF 的功能丧失，MOS 旁路开关允许启动 4h，即为液位开关的 MTTR。维修超过 4h 后手动关闭进料泵和进料切断阀，将保证被控工艺对象达到安全状态。危险和风险评估认为，在液位开关检修时每小时对储罐的就地液位计巡检一次，足以保证替代该 SIF 实现的风险降低。

(4) 连续模式下故障裕度为 0 的子系统（IEC 61511-1 的条款 11.3.3）

当通过诊断、检验测试或者任何其他方式，检测出或发现在没有冗余的子系统中存在某个危险故障，同时安全仪表功能完全依赖于该子系统，并且以连续模式进行操作时，应采取特定的动作，使被控工艺对象达到或保持安全状态。

达到或保持安全状态的特定故障响应动作，应该在安全要求规格书中指定。这些特定动作，可能是关停整个工艺装置，或者关停依赖该故障 SIF 实施风险降低的部分工艺单元。从故障发生到故障被检测出来，并完成响应动作所需的总时间，应该小于危险事件将会发生的时间。

当上述的特定动作是由操作员依据诊断报警信息直接实施时，例如打开或关闭阀门，该报警就应视为 SIS 的一部分，即独立于 BPCS 之外。

当上述的特定动作是由操作员依据诊断报警信息通知仪表维护人员对故障进行维修时，该诊断报警可以视作 BPCS 的一部分。但是此种情形应该随同 SIS 其他设备一道，按照 SIS 相应的检验测试和变更管理程序进行管理。

连续模式涵盖执行连续控制的 SIF，包括连续模式和高要求模式。它的定义为要求的频率大于一年一次，或者大于检验测试检查频率的两倍。这表明，连续模式实际上是指"要求"频繁出现的应用，过程危险不断存在或者接近于不断存在。因此，如果没有故障容错的子系统出现故障，SIF 功能的丧失可能意味着现实的危险。

（5）典型故障维护

通过上述分析，可以将 SIS 常见故障分为系统故障、回路故障和人为故障三类。系统故障和回路故障可分为一般故障和严重故障。一般故障是指通常的卡件故障（系统故障报警无法通过诊断软件进行清除，或者清除后反复出现，检查相关部件或外回路线路正常），在线更换卡件可解决问题。严重故障指引起工艺或设备停车，或者同时出现两个以上的卡件故障。

发生一般卡件故障并在卡件更换后的几天之内的巡检日志上要重点记录更换卡件的状态。发生严重故障所更换的卡件，一定要详细记录系统名称、使用位置、故障现象、诊断信息、卡件系列号，用于后期的故障分析。

若出现控制器故障，或者多块 I/O 卡件同时故障时，应联系系统供应商进行分析和处理，消除隐患。若供应商人员不能及时赶到，仪表技术人员一定要在事件发生后的 4h 之内注意收集 SOE 文件和系统诊断文件，以免事件发生后时间太长导致文件被后面的信息覆盖。若故障导致装置停车事故，要联系制造商相关人员，及时到现场参加事故分析和系统相关信息的收集以及现场勘查、测试等工作，以期及时和全面地收集到真实的信息，找到事故的原因。

常见故障为卡件故障报警时，对发生故障报警的卡件进行诊断分析后，确认需要更换的，需要及时予以更换。卡件更换的基本流程为确认方案、办理手续、插入备卡、备卡正常工作后拔出故障卡四个步骤。

❶ 卡件更换原则列举如下。具体步骤如表 6-5 所示。

a. 插入的卡件如果有损坏的插针，可能会影响到系统的多项功能甚至影响到被控装置，如果发现有插针损坏的应及时返回工厂维修。

b. 如果系统存在两个故障，一个在主处理器，另一个在其他型号的卡件，那么请先更换主处理器。

c. 不可以同时安装两块以上的卡件，应该在安装完一个卡件后等它的 ACTIVE 指示灯亮了后，再进行下一块卡件的安装。

d. 如果一个 I/O 卡件兼有卡件故障和现场外围故障，要先解决现场的故障。

e. 新的卡件安装时要注意是否到位。

f. 记录故障卡件的型号和系列号，并向厂家报备。

表 6-5 更换卡件

操作	步骤
更换主处理器模件（MP）	如果装置在运行，首先要确认至少有一个主处理器卡的黄色 ACTIVE 灯在闪烁
	松开故障 MP 的紧固螺钉，然后用手捏紧紧固螺钉将卡件慢慢地从槽位上滑出
	更换的卡件插入后 1 ～ 10min 内 PASS 灯会亮
	用恰当的力矩拧紧固螺钉，如果卡件没有插好或者固定到位，会影响到卡件正常工作
	新换卡件与其他正常卡件同频闪烁

续表

操作	步骤
更换 I/O 卡件	确认热备槽上的卡件或者同一逻辑槽位的冗余卡件的 ACTIVE 指示灯已经点亮
	确认故障卡件的 ACTIVE 指示灯处于不亮状态
	如果安装有热备卡件的，并且热备卡的 ACTIVE 灯亮，松开故障卡的紧固螺钉用手将故障卡拔出。如果两个卡件的 ACTIVE 灯同时亮，请立即与制造商服务部门联系
	没有安装热备卡的，将完全一样的卡件插到同一逻辑槽位的另外一个空槽中并紧固，新换卡件 PASS 灯将会在 1min 内亮，ACTIVE 灯会在 1～2min 亮

❷ 回路检查具体如下。

a. 进行元件回路检验检测时，必须确认工程值与信号值的对应关系，确认导线绝缘、回路连接线路电压降、负载阻抗、工作电压在允许范围内，确认回路间互不影响，不出现不应有的动作，确认屏蔽线仅单点接地，信号传递的抗干扰能力满足要求，确认校准联锁动作值的回差、重复性和对输入信号的响应时间及灵敏度在规定限内。

b. 对 SIF 回路中的各个接线端子、接线片、接线柱进行检查，检查其氧化、锈蚀、腐蚀情况。检查接线有无松动或者开路或者对地短路等现象，对有问题的部位进行处理或更换。检查电线的氧化程度，对处于腐蚀性较强环境中的电源线（尤其是多股铜导线），若氧化、硫化、受潮等原因造成电源线发黑、变绿、部分线丝断开应予以处理，并采取措施。对于现场防爆接线箱内的电线（亦是两线制或四线制仪表的信号线），要确保防爆接线箱密封良好、不进水、端子无锈蚀、接线不氧化、螺钉不松动。

❸ 工作站电脑故障处理。工作站电脑常见故障包括两类，即硬件故障和软件故障。其处理方式如下。

a. 当工作站故障导致电脑无法正常工作时，首先由维护人员重新启动电脑，如果仍然无法恢复工作，应联系系统工程师或系统供应商，通过重装系统、更换故障硬件、更换电脑等方式处理。

b. 硬件故障包括主机（含内存、硬盘、主板）故障、显示器故障、鼠标故障等。主机故障通常无法操作，表现为死机、数据不刷新、蓝屏等，无法重启恢复。更换部件，重装操作系统和应用软件可恢复。显示器和鼠标故障可通过替换法发现和处理。

c. 软件故障包括 Windows 平台故障、通信接口软件故障等。Windows 平台故障有不确定性，表现为死机、数据不刷新等，可重启计算机恢复。恢复后进入系统进行分析。如果重启仍不能恢复，可重装 Windows 系统。检查通信软件是否正常运行，如果其存在问题导致数据不刷新，可重启解决。同时可以完善通信软件监控脚本，当其因连接原因退出时自动重启并报警。

6.3.5 修改与变更

根据过程安全管理和 IEC 61508/IEC 61511 的规定，任何修改应该遵循变更管理（MOC）规则。

在 SIS 的实际应用中，由于工艺过程或控制策略的变更，修改系统的硬件配置或者修改应用逻辑是经常遇到的。随着技术的发展，安全逻辑控制器运行多年后，其系统软件的升级也不可避免。对 SIS 的修改通常在停车检修期间完成，条件许可的话，也可以在正常生产操作的条件下进行。

修改意味着对原设计的改变，因此"同型替换"不在修改的范畴之内。同型替换是指完全相同的系统或设备的替换，或者用具有相似的特征、功能性以及故障模式的"批准的替代品"替换。例如当卡件出现故障时，用相同的备件更换；或者采用另一品牌，但具有相同技术性能的变送器，替代损坏的变送器。替代品的批准是指根据工厂的内部备品备件管理程序或者 SIS 维护规程，许可采用不同品牌或不同部件号的同类产品，或者复制品。

（1）SIS 修改的原则要求

对 SIS 的任何修改都应在付诸实施之前，进行相应的计划、审查，并依据管理权限得到批准。

❶ 建立 SIS 修改的管理制度和执行流程，包括管理权限和修改变更的控制。

❷ 分析拟议中的修改对功能安全的可能影响，依据对安全影响的范围和深度，返回到安全生命周期被影响的第一个阶段，按照 SIS 安全生命周期活动管理的原则，对影响的环节进行审查和更新。

❸ 在对 SIS 实施任何修改之前，澄清或落实表 6-6 中的问题。

表 6-6　修改之前澄清、落实问题

澄清或落实问题	拟修改的技术依据
	对安全和健康的影响
	修改涉及的 SIS 操作规程的相应变更
	修改需要的时间和进度安排
	拟修改的审批程序和管理权限
	修改涉及的技术细节和实施方案
	如果是在线修改，则还包括需要做的准备工作、工艺操作的配合、厂商的配合、计划安排、修改的实施步骤，以及风险分析和风险管理

❹ 在修改变更前，根据修改的影响范围和管理权限，应该就以上问题进行安全审查，同时确保新增或修改后的 SIF 满足安全功能和安全完整性要求。

❺ 遵循文档管理程序，对 SIS 修改变更涉及的资料信息做好收集、编制，以及整理归档工作。如表 6-7 所示。

表 6-7　修改变更资料整理

SIS 修改变更资料管理	修改变更的描述
	修改的原因
	对涉及的工艺过程的危险和风险分析
	修改对 SIF 的影响分析
	所有的批复文件

续表

SIS 修改变更资料管理	对修改的测试记录
	对修改影响的图纸、技术文件进行更新，并记录修改的背景信息
	对修改后的应用软件进行备份存档
	备品备件的库存变动记录

❻ 在修改变更完成后，根据修改的影响范围和管理权限，进行必要的审查和验收。对于较大规模的扩容改造，有必要按照 IEC 61511 的规定，进行修改后的功能安全评估。

❼ 针对修改涉及的 SIS 操作和维护规程，对操作和维护人员进行相应的培训。

（2）应用软件的修改

IEC 61511-1 条款 12.6 中规定了采用 FPL 和 LVL 编程的应用软件在操作阶段进行修改的步骤要求，确保应用软件修改后仍能满足软件安全要求规格书要求。

应用软件的修改，还要遵循表 6-8 中的附加要求。

表 6-8 应用软件修改要求

应用软件修改附加要求	在修改之前要分析对工艺过程的安全影响，以及分析对应用软件设计的影响
	制定对修改的重新确认和验证计划，并确保按照计划执行
	对修改和测试期间需要的条件进行计划并落实
	修改涉及的所有文档都要更新
	对修改活动进行详细记录
	修改完成后进行备份
	对修改影响的图纸、技术文件进行更新，并记录修改的背景信息
	对修改后的应用软件进行备份存档
	备品备件的库存变动记录

对可编程安全仪表系统的任何修改变更，推荐采用下面的流程。

❶ 建立修改管理程序，以便对修改计划、修改流程以及所需资源进行管理。

❷ 对拟修改内容进行全面的危险和风险评估，包括对系统未修改部分的可能影响。

❸ 修改设计应遵循 IEC 61511-1 所陈述的生命周期流程。

❹ 在对实际运行的系统进行修改前，应该对相关修改的硬件和应用软件进行全面的离线确认（审查分析、离线仿真测试）。

❺ 修改后的安装和调试工作应遵循 IEC 61511-1 定义的安装和调试步骤。

❻ 修改的部件或应用程序投入在线应用之前（即仍处于与被控工艺对象脱离的状态），应该对应用逻辑功能进行测试验证，确认无误后再切换到工艺连接。

❼ 执行修改的作业人员，应该具有胜任相关工作的经验和能力。

❽ 在对应用软件进行离线修改时，应该确认修改采用的版本与在线运行的版本一致。

6.3.6 SIS 的检验测试

SIS 绝大部分时间处于休眠状态，SIS 的运行操作中，在线的自动诊断无法辨识出 SIS 中的全部故障，也不可能将某些潜在的隐患完全侦测出来。保证 SIS 安全完整性的重要举措，还包括周期性的功能测试——检验测试。

检验测试也是功能安全标准的明确要求，SIS 的设计应该为完整测试或部分测试提供便利条件；在工艺装置的周期性停车大检修时间间隔大于周期性检验测试时间间隔时，需要对 SIS 进行在线环境下的检验测试。

检验测试也被称为功能检测，它是通过周期性的物理检验和测试，揭示出 SIS 中未被自动侦测出的故障，将系统恢复到"完好"的状态，来确保 SIS 的应用持续性地符合安全要求规格书的要求。

（1）现场传感器测试和检验

现场传感器检验测试具体内容如表 6-9 所示。

表 6-9　现场传感器检验测试

现场传感器检验测试项目	安装状况和仪表外观目测检查，包括螺栓/保护盖等是否丢失、是否松动，外观是否有损伤
	保温、伴热等系统的检查
	接线情况检查，包括接线端子是否牢固、接线盒是否按照防爆或防水等要求进行密封、接线是否有损坏
	现场各类仪表应该遵循设计或制造商提供的检验方法，对传感器本身的性能指标，包括测量精度、量程范围、重复性、测量方式、信号输出特征等进行检验
	输入回路功能测试，可采用实际被测对象"工艺加载"方式或者信号模拟的方式

"工艺加载"方式是借助现场就地仪表和 DCS 的显示和控制，由操作人员对工艺进行实际操作，检验传感器的性能表现。从理论上来说，这种测试方式能够最大限度地涵盖所有关联的一次元件，但在实际现场检修中不可能对所有的现场传感器采用这种测试方法。不具备条件时，采用信号模拟方式或者在引压口打压方式来检验。

（2）逻辑控制器检验测试

按照系统服务手册和安全手册要求，或者制造商提供的检查和测试程序对逻辑控制器进行逐项检查或测试。制造商提供的"系统点检"服务可作为对逻辑控制器及外围卡件的检验测试。

（3）最终元件检验测试

最终元件检验测试具体内容如表 6-10 所示。

（4）整体功能测试

整体功能测试具体内容如表 6-11 所示。

表 6-10　最终元件检验测试

最终元件检验 测试项目	安装状况和仪表外观目测检查，包括螺栓/保护盖等是否丢失、是否松动，外观是否有损伤，电磁阀的排气口是否有污物堵塞
	气源压力及其操作的检查
	接线情况检查，包括接线端子是否牢固、接线盒密封情况、接线是否有损坏
	通过在操作员站进行"强制"等操作，检查电磁阀的动作，检查切断阀行程和开关时间（若有必要），检查阀位开关的动作等

表 6-11　整体功能测试

整体功能 测试项目	测试与 DCS 等设备的通信
	测试 SOE 功能
	测试第一报警功能
	测试系统诊断和报警功能
	测试电源系统的冗余性以及接地
	根据"因果图"等设计文件测试应用程序
	测试逻辑复位功能
	测试紧急手动停车按钮的功能
	测试系统受环境因素的影响（电磁兼容/射频干扰）

（5）在线功能测试

在某些工况下，可能需要借助旁路（bypass）或者强制（force）等手段，对整个 SIF 或者其中的子系统进行在线功能测试。这时应该有书面的许可，在操作人员的配合下，按照相应的操作和测试程序进行。这种测试应该基于单个 SIF 回路，不宜同时对多个 SIF 回路进行测试，这也意味着不宜对多个 SIF 共享的最终执行机构进行旁路或强制。旁路操作有醒目的显示，并且有时间限制。当在线功能测试完成，SIF 返回到正常工作状态，由操作和维护人员共同检查并签字确认。

对那些不宜进行在线测试的最终部件（例如多个 SIF 共享的最终执行机构），应该制定相应的规则，可以利用工艺单元的停车机会进行测试，或者采取各种可行的方式进行测试。

6.3.7　SIS 现场功能安全管理

要取得和保持 SIS 的功能安全，需要技术体系和管理体系的保障。在 SIS 的现场操作阶段，需要怎样的技术活动？需要怎样的管理活动？有关的组织、部门以及个人的责任是什么？这些都是 SIS 现场功能安全管理讨论的范畴，但却并不是它独有的。

SIS 的功能安全管理是工厂整体安全管理体系的有机组成部分，以全厂过程安全管理的视野，探讨那些对保持 SIS 功能安全有益的一切管理要素和技术活动。

（1）功能安全审计

功能安全审计是系统性的独立审查评估活动，确保为满足功能安全要求所需的规程和程序，符合计划的安排，被有效地执行，并且适用于取得特定的功能安全目标。通过会见、走访、调查，以及审查工厂操作记录，确认工厂是否遵循了这些规章制度和管理程序。实质上是对技术活动和管理活动是否处于正确轨道的监督和控制。

IEC 61511-2 给出了一个可供参考的功能安全审计指导原则，描述了相关的活动。它包括下列内容。

❶ 审计的类别。一般包括第三方的独立审计和自我审计相结合、检验，安全参访（例如巡查工厂并对意外事件进行审查分析），对 SIS 进行问卷调查。

❷ 审计策略。如果审计是常态化的、固定模式的周期性审计，其审计程序应该滚动更新，以便将上次审计的结果作为本次审计的基础，并体现当前的关注重点，以及 SIS 功能安全管理不断改进的历程。审计可采用多种类型并行的方式，它由管理层推动，向管理层反馈相关信息，并适时采取对策。

❸ 审计过程。通常考虑五个关键阶段：审计策略和程序、审计准备和预先计划、审计实施、形成审计报告、审计的后续活动。

（2）功能安全评估

在现场安装和操作阶段，IEC 61511 推荐了 3 个功能安全评估节点：开车前安全审查；SIS 运行一段时间（如半年或一年）后，已经获得了一定的操作和维护经验时；在 SIS 修改变更以后。

特别是在 SIS 运行一段时间后的功能安全评估，是对 SIS 实际绩效的全面评定，它更侧重于评判实际的过程要求，与设计之初风险评估时的假设是否有偏离；评判 SIS 子系统或者部件的实际失效率，与设计阶段的 PFD 计算结果是否吻合。

进行功能安全评估时，需要遵循 IEC 61511 有关评估团队人员能力和独立性的要求。它特别要求评估团队中要有设计、工艺、操作、SIS 维护等多方面的人员。为了保证独立性，需要至少一位来自该 SIS 项目之外的专家参加。

（3）访问安全性

建立访问的安全性管理规则，就是确保仅允许授权的人员访问到 SIS 的硬件和软件，并进行任何更改时都应遵循变更管理（MOC）的批准程序。对 SIS 机柜等物理设备，可采用门锁限制随意打开；对特定区域的访问限制，可采用警示牌等。对软件的访问通常采用密码，或者硬件密钥加密码的混合方式。

（4）文档管理

文档的重要性是毋庸置疑的。随着时间的流逝和人员的变动，唯一跟踪 SIS 现实状态和历史情况的，只有文档资料。应按照 IEC 61508/IEC 61511 规定的文档管理规则来执行，对所有的图纸和资料进行整理，分类造册。同时建立适当的文档控制程序，确保所有的 SIS 文档的升版、修改、审查以及批准都处于受控状态。制定文档的保存规定，避免非授权的修改、损坏或者丢失。

SIS 投运后，竣工图纸和文档成为 SIS 操作和维护的第一手资料，它们是 SIS 设计状态的整体描述，将成为今后一切工作的基础。应该重视 SIS 的日常维护记录的整理和存档，这些资料也可为"经验使用"规则提供依据。

SIS 应用程序的备份以及其他光盘资料，也应该纳入文档管理的范围。

（5）备品备件管理

当 SIS 子系统或部件出现故障时，能否在要求的 MTTR 内将其修复，很大程度上取决于是否有适宜的备品备件。确定备件的品种和数量时，考虑工程中该设备运行的数量、故障率、采购的时间周期等因素。与供货商签订厂外备件服务合同，由厂商建立备件库存，也是备品备件管理的有效模式。

对于大量的现场 SIS 子系统或部件，"同型替换"原则也是改善备品备件管理的有效途径。通常应该采用完全相同的备品备件，若要采用类似的替代品，应获得预先批准，并满足原始技术规格书的要求。

6.4　SIS 停用

当 SIS 运行多年后，退役将不可避免。在 SIS 永久停用之前，首先要对停用计划和方案进行审查，并依据管理权限得到批准；其次，确保停用前所要求的 SIS 保持运行。

正常的 SIS 停用，包括整体停用，也包括其中的部分停用。其原因可能是使用多年后，故障率增高、误停车频繁、综合运行成本大大增加、期望采取新技术和新系统取代它；或者因工艺过程的重大改变，需要停用其中的一部分。

SIS 的停用，不仅仅是关掉电源或者拆除那么简单。因为被控的工艺对象可能仍然整体存在或者部分存在，从这个角度来看，SIS 停用代表着风险降低策略的改变，因此有必要按照 SIS 修改的原则进行处理。在确保替代的风险降低措施存在，或者其风险降低功能不再需要时，SIS 才能停用。例如由于工艺流程的改变，可能原设计的 SIF 不再需要，不过这些 SIF 的子系统可能与其他没有变化的工艺单元的 SIF 有关联，有必要在拆除它们之前进行审核评估。

当 SIS 整体停用时，要评估其中的 SIF 是否需要移到 BPCS 或者其他系统。当 SIS 过于老旧，或基于其他原因决定用全新的系统取代它时，要考虑在将其全部功能移植到新的系统过程中，如何避免或减小对被控对象的冲击和影响。其全部的文档资料和培训程序也需要相应更新。

根据 IEC 61511 的要求，SIS 的停用一般遵循下面的管理原则。

❶ 在对 SIS 停用之前，应该按照 MOC 管理程序对停用计划和方案进行审查和控制，并按照管理权限进行审批。

❷ 停用计划和方案应该包括 SIS 停用的具体实施方法以及辨识可能导致的危险。

❸ 对拟议的停用进行功能安全影响分析，包括对原危险和风险评估进行审查或者必要的更新。评估也要考虑停用活动期间的功能安全，以及停用对相邻工艺单元的影响。

❹ 评估的结果将用作制定下一步安全计划，包括重新确认和验证等行动的基础。

❺ 任何停用活动的执行，必须依据管理权限得到授权批准。

🌱拓展阅读

化学工业灾难

——印度博帕尔事故

事故的发生很少是单一原因造成的。意外事件往往是由一系列罕见事件联合导致的，人们起初认为这些事件相互独立，不太可能在同一时间发生。

博帕尔事故发生在 1984 年，这是一起发生在石油和化工行业的典型事故，在全世界范围引起长期关注，影响重大。事故中泄漏的化工物料为 MIC（甲基异氰酸酯），工厂内有三个储存大约 57m³ 甲基异氰酸酯（MIC）的储罐，泄漏发生于一个储罐，该储罐的存储量超过了公司的安全规定。按理说，储罐中的液位不该超过 60%，但事故发生时却达到 87%。MIC 是一种极具毒性的化学品，沸点只有 36℃ 到 39℃，易挥发且易燃，稍微接触就会造成眼睛疼痛，浓度高的情况甚至会导致窒息。显然，过量存储剧毒化学品本质上是极其不安全的，这也为事故的发生埋下了隐患。

操作规程明确要求储罐采用制冷系统，使罐内的物料温度保持在 5℃ 以下，并在温度达到 11℃ 时报警。由于运行费用的原因，制冷系统停用，罐内物料温度接近 20℃，报警值也从 11℃ 改为 20℃。

事故的起因是，工人冲洗一些堵塞的管道和过滤器时，没有按照要求加装盲板。水通过阀门泄漏到了 MIC 储罐中。温度计和压力表指示的温度和压力异常未被引起重视，因为操作人员认为仪表读数不准确。本来放空洗涤设备可以中和掉释放物料，由于装置正处于停车检修状态，冲洗设备被认为不需操作，也被停掉，再者，洗涤设备本身设计的容量也不够。另外，火炬可以烧掉释放的部分 MIC 物料，但是，当时火炬也处于检修停用状态，同样，火炬设计的处理能力，也不足以处理当时的释放量。MIC 可能也泄漏到了邻近的储罐，但是液位计错误地指示这些罐并未充满。水幕对中和释放的 MIC 是有效的，不过当时的释放点处于离地面近 33m 高处，水幕根本达不到那个高度。工人们眼睛和喉咙感到不适，意识到可能有释放发生，但当时管理人员没有理睬这些工人的反映，MIC 主管找不到氧气面罩，当厂长被告知发生了事故时，他用怀疑的口吻说，工厂正在停车检修，不可能发生气体泄漏。工人们开始惊慌和奔逃，结果在短短两小时内，约 25t 的 MIC 泄漏至空气中，8km 外的居民遭遇了巨大的生命威胁，造成了惨重的损失。

正是这一系列的原因导致了这起事故的发生，据国际聚氨酯协会异氰酸酯分会提供的数据，该起事故共造成 6495 人死亡、12.5 万人中毒、5 万人终身受害。博帕尔事故给我们敲响了警钟，我们必须在化工装置的设计中落实本质安全的原则。

模块小结

安全仪表系统是安全生产的重要保障，其设计、安装、调试都要遵循标准规范，维护更为重要。从事 SIS 系统相关仪表工作必须掌握 SIS 系统安装、调试、维护相关知识。

主要内容	要点
SIS 安装	SIS 安装内容包括传感器、最终执行单元、系统及辅助盘柜、操作员接口、报警系统、各类信号和通信接线等 ① SIS 安装由专门安装人员实施 ② SIS 仪表按照制造商规定和推荐方法、标准规范要求安装 ③ 仪表设备安装位置和安装方式便于维护和测试人员靠近和操作 ④ 安装前和安装过程中，防止对所有现场仪表设备和系统部件的物理损坏或环境损坏 ⑤ 对不依据设计信息进行安装的情况，应由有资格的人员对其差异进行评价，并确定可能对安全产生的影响

主要内容	要点
SIS 调试	SIS 调试包括系统部件的功能调试、HMI 调试、I/O 通道调试、控制逻辑调试，以及特殊部件、软件、仪表设备、功能等 ①先单体设备或部件调试，后局部、区域调试和回路调试，最后整体系统联调 ②调试应在相应的人机界面及操作权限下进行，严禁使用高级别的系统权限开展调试 ③逐项调试过程中，都须有详细的调试记录 ④确认在工艺物料引入到生产装置之前完成调试，制定详细的工作步骤和程序并遵照执行
SIS 维护	SIS 维护包括日常维护、故障检测、修改变更、周期性检验测试，以及现场功能安全管理和停用等 ①日常维护。系统运行环境控制、日常巡检、工作站的日常维护、网络安全维护、日常清洁等 ②故障检测。通过自动诊断、检验测试、操作员操作监视、维护巡检等途径，检测出或发现系统中存在的故障并处理 ③修改变更。对工艺过程、常规控制系统、安全系统、设备以及规程进行变更，必须遵循变更管理规程 ④周期性检验测试。测试必须面向整个系统，且有明确的目标要求 ⑤现场功能安全管理。功能安全审计、功能安全评估、访问的安全性管理规则、文档管理、备品备件管理等

参 考 文 献

[1] 张建国. 安全仪表系统在过程控制工业中的应用 [M]. 北京：中国电力出版社，2010.

[2] 石油化工仪表自动化培训教材编写组. 安全仪表控制系统（SIS）[M]. 北京：中国石化出版社，2009.

[3] 俞文光，孟邹清，方来华，等. 化工安全仪表系统 [M]. 北京：化学工业出版社，2021.

[4] 格鲁恩，谢迪. 安全仪表系统工程设计与应用 [M]. 张建国，李玉明，译. 北京：中国石化出版社，2017.

[5] 石油化工安全仪表系统设计规范 [S]. GB/T 50770—2013.

[6] 电气/电子/可编程电子安全相关系统的功能安全 [S]. GB/T 20438—2017.

[7] 过程工业领域安全仪表系统的功能安全 [S]. GB/T 21109—2007.

[8] 保护层分析（LOPA）应用指南 [S]. GB/T 32857—2016.

[9] 危险与可操作性分析（HAZOP 分析）应用指南 [S]. GB/T 35320—2017.

[10] 信号报警及连锁系统设计规范 [S]. HG/T 20511—2014.

[11] 石油化工紧急停车及安全联锁系统设计导则 [S]. SHB—Z06—1999.

[12] 危险与可操作性分析质量控制与审查导则团体标准 [S]. T/CCSAS001—2018.

[13] 王树青，乐嘉谦. 自动化与仪表工程师手册 [M]. 北京：化学工业出版社，2020.